工业和信息化普通高等教育
“十三五”规划教材立项项目

高等院校“十三五”规划教材
Python 系列

Python Pr

Python程序设计

快速编程入门+典型案例分析+项目开发实战

郑阿奇◎主编
曹弋 俞海兵 赵桂书◎副主编

人民邮电出版社
北 京

图书在版编目（CIP）数据

Python程序设计 ： 快速编程入门+典型案例分析+项目开发实战 ： 微课版 / 郑阿奇主编. -- 北京 ： 人民邮电出版社，2023.7（2024.5重印）
高等院校“十三五”规划教材. Python系列
ISBN 978-7-115-61372-1

Ⅰ. ①P… Ⅱ. ①郑… Ⅲ. ①软件工具－程序设计－高等学校－教材 Ⅳ. ①TP311.561

中国国家版本馆CIP数据核字(2023)第077676号

内 容 提 要

本书以 Python 3.*x* 为平台，介绍 Python 程序设计和应用，主要内容包括 Python 概述、数据类型、程序控制结构、组合数据类型、自定义函数及应用程序构成、文件操作、数据可视化、常用模块应用和项目实战。本书以典型案例开篇来介绍 Python 程序基本构成、书写特点、初学者容易出现的错误、错误产生原因和解决办法等内容，并在后续章节配有典型案例，将知识讲解和常用算法编程相结合，帮助读者积累算法实现的经验，提高实战能力。第 9 章中的项目实战案例经过精心设计，综合应用 Python 主要功能解决实际问题。

本书配有 PPT 课件、教学大纲、电子教案、源代码、课后习题答案、模拟试卷及答案等教学资源，用书教师可在人邮教育社区免费下载使用。

本书可作为高等院校相关专业 Python 程序设计课程的教材，也可作为培训机构或 Python 自学者的参考书，还可作为从事 Python 应用开发人员的参考资料。

◆ 主　　编　郑阿奇
副 主 编　曹　弋　俞海兵　赵桂书
责任编辑　王　迎
责任印制　李　东　胡　南
◆ 人民邮电出版社出版发行　　北京市丰台区成寿寺路 11 号
邮编　100164　　电子邮件　315@ptpress.com.cn
网址　https://www.ptpress.com.cn
三河市兴达印务有限公司印刷
◆ 开本：787×1092　1/16
印张：15　　2023 年 7 月第 1 版
字数：423 千字　　2024 年 5 月河北第 5 次印刷

定价：59.80 元

读者服务热线：(010)81055256　印装质量热线：(010)81055316
反盗版热线：(010)81055315
广告经营许可证：京东市监广登字 20170147 号

前言

党的二十大报告指出，“教育、科技、人才是全面建设社会主义现代化国家的基础性、战略性支撑。必须坚持科技是第一生产力、人才是第一资源、创新是第一动力，深入实施科教兴国战略、人才强国战略、创新驱动发展战略，开辟发展新领域新赛道，不断塑造发展新动能新优势。”

Python 由荷兰的吉多·范罗苏姆（Guido van Rossum）在 20 世纪初设计，它提供了高效的高级数据结构，还能简单有效地面向对象编程。随着版本的不断更新和语言新功能的添加，Python 逐渐被用于独立、大型项目的开发。Python 丰富的标准库，提供了适用于各个主要系统平台的源码或机器码。

Python 简单易学、功能强大，使用 Python 进行编程是目前应用开发中的一种潮流。我们已经在新能源软件开发等项目中应用 Python 解决问题，并充分感受到了其便捷性与高效性。为了满足市场对 Python 应用人才的需求，我国高校的许多专业已经开设了 Python 程序设计课程，全国计算机等级考试也包含二级 Python 语言程序设计。

编者根据多年教学和应用开发实战经验编写本书。本书具有如下特点。

（1）入门简单。本书从典型案例入手，介绍 Python 程序基本构成、书写特点、初学者容易出现的错误、错误产生的原因和解决办法等，帮助读者扫除在 IDLE 下进行 Python 程序设计的主要障碍。然后介绍 Python 内置函数、标准库和第三方扩展库的使用区别。

（2）理解容易。本书在全面介绍数据类型的基础上介绍程序控制结构，通过分析案例帮助读者逐步积累程序设计方法。在此基础上，用案例引出异常处理和面向对象程序设计的知识。

（3）结构清晰。本书对组合数据类型、自定义函数及应用程序构成，以及文件操作知识的介绍注重基本性、相关性和系统性。每一部分均包含综合案例，帮助读者提升解决问题的能力。

（4）应用性强。基础部分的典型案例注重基本算法和程序结构，绘图、图表和图形界面程序设计部分的典型案例注重基本应用，常用模块介绍包含基本应用的几个方面。本书通过实训检验读者对主要综合案例的理解，并在此基础上提出问题，引导读者设计、增加、修改程序功能，帮助读者逐步提高编程能力。

（5）项目实战案例经过精心设计，多次完善，综合应用 Python 的主要功能来解决实际问题。主要内容包括项目数据库表结构、程序设计方法、项目模块结构、各功能模块开发等。

本书配有 PPT 课件、教学大纲、电子教案、源代码、习题参考答案、模拟试卷及答案等教学资源，用书老师可在人邮教育社区免费下载使用。

本书由南京师范大学郑阿奇任主编，曹弋、俞海兵和赵桂书任副主编。

由于编者水平有限，书中不当之处敬请读者批评指正。

编 者

本书微课索引

续表

所属章节	页码	内容
5.5.4	P123	【例 5.8】有 *n*（如 *n*=16）个人围成一圈，从 1 开始按顺序编号，从第一个人开始报数，报到 js（如 js=5）的人出局，即退出圈子，剩下的人重新围成一圈，从报到 js 的后一个人开始继续游戏，问最后留下的人的编号
6.1.5	P133	【例 6.3】创建用户账号二进制文件，输入并显示账号信息
6.2.2	P137	【例 6.4】创建存储商品订单信息的 CSV 文件，内容包括订单号、用户账号、支付金额和下单时间
6.2.4	P140	【例 6.5】创建 Excel 文件 netshop.xlsx，其中包括一个“订单表”工作表，用来存放所有订单记录
7.1.4	P147	【例 7.2】画实时时钟
7.2.1	P153	【例 7.3】绘制 $y=x^2$ 的曲线
7.2.2	P153	【例 7.4】绘制指数衰减曲线
7.2.4	P159	【例 7.6】绘制学生课程成绩等级柱形图、散点图、折线图和饼图
	P160	【例 7.7】采用子图对象绘图
7.3.4	P167	【例 7.10】设计计算圆周长和面积的程序
7.3.6	P170	【例 7.12】设计一个简单的、具有加减乘除功能的图形计算器
8.1.2	P177	【例 8.2】以【例 8.1】为基础，结合 Python 的 pydub 和 PyAudio 库实现一个公交车语音播报应用
8.2	P179	【例 8.3】一篇英文阅读的词频分析和词云可视化
8.3.2	P182	【例 8.4】用爬虫爬取网上的中国大学排名数据，以“软科中国大学排名”为例，访问其 2022 中国大学排名主页 https://www.shanghairanking.cn/rankings/bcur/202211
8.4.2	P187	【例 8.5】使用 Python PIL 图像处理技术研究一个著名的自然界未解之谜——天池水怪
8.5.2	P191	【例 8.6】预先将一张照片放在当前目录下，先用 OpenCV 对其进行预处理，然后用分类器检测出其中的所有人脸并用方框标识出来
8.5.3	P192	【例 8.7】用电脑摄像头实时抓拍人脸，再将其与预先保存的一张目标人像照片进行比对，判断两者是否为同一人
9.1.2	P197	商品销售和数据分析方案
9.2.3	P198	用户管理模块开发
9.2.4	P201	功能导航开发
9.2.5	P202	商品选购模块开发
9.2.6	P207	下单结算模块开发
9.2.7	P216	销售分析模块开发
9.3	P219	Python 应用程序打包发布

目录

第1章 Python概述

1.1 Python简介

Python的英文原意为“蟒蛇”，它的诞生是极具戏剧性的。据荷兰人Guido van Rossum（简称Guido）的自述记载，Python语言是他在圣诞节期间为了打发时间开发出来的。之所以选择Python作为该编程语言的名字，是因为他是一个名为Monty Python的戏剧团体的忠实粉丝。

从整体上看，Python语言的语法非常简洁明了，即便是非软件专业的初学者，也很容易上手。和其他编程语言相比，在实现同一个功能时，采用Python语言编写的代码往往是最短的。因此，Python看似是“不经意间”开发出来的，但丝毫不比其他编程语言差。事实也是如此。1991年，Python第一个公开发行版问世，并且它是开源的；从2004年起，Python的使用率呈线性增长，受到编程者的欢迎和喜爱；2010年，Python荣膺TIOBE 2010年度语言桂冠；2017年，在IEEE Spectrum 发布的2017年度编程语言排行榜中，Python位居第一。我国也在此后将Python语言程序设计作为全国计算机等级考试二级内容的一部分。

目前，市场上广泛流行的Python版本是Python 2.x和Python 3.x，但Python 3.x并不能完全兼容Python 2.x，因此，Python 2.x的代码不能完全被Python 3.x的编译器编译。

Python的强大之处是可通过第三方库进行任意扩展，目前已经有成千上万个扩展库可供使用。Python在统计分析、移动终端开发、科学计算可视化、逆向工程与软件分析、图形图像处理、人工智能、游戏设计与策划、网站开发、数据爬取与大数据处理、密码学、系统运维、音乐编程、计算机辅助教育、医药辅助设计、天文信息处理、化学、生物学等众多专业和领域获得了广泛应用。大中型互联网企业在自动化运维、自动化测试、大数据分析、网络爬虫、Web等方面对Python的应用更加普遍。

1.2 Python安装及集成开发环境

Python不但是开源的，而且可应用于多种平台，包括Windows、UNIX、Linux和MacOS X等。一般情况下，Linux发行版和MacOS X等自带Python，不需要安装和配置就可直接使用。但自带的Python版本一般不是最新的。用户可以通过在终端窗口中执行“Python”命令来查看本地是否已经安装Python以及安装的Python的版本。

1.2.1 Python安装

这里介绍如何在Windows平台上安装Python。

1. 下载 Python 安装文件

在 Python 官网可以获取 Python 安装文件。

对于 Windows，要求选择 Windows 7 以上的 64 位操作系统版本。浏览 Python 官网页面，从下载列表中选择 Windows 平台 64 位安装文件。

2. 在 Windows 平台安装 Python

在 Windows 平台安装 Python 的步骤如下。

（1）双击下载安装文件（如 python-3.x.x-amd64.exe），进入 Python 安装向导，安装期间可修改 Python 默认安装目录，直到安装完成。安装完成后，Windows“开始”菜单中就会包含“Python 3.x”子菜单。

（2）如果在安装 Python 时没有将 Python 安装目录加入 Windows 环境变量 Path 中，则需要手动添加。

1.2.2 Python 自带集成开发环境

对于 Windows 操作系统，安装 Python 后，在“开始”菜单中会包含“Python 3.x”子菜单，其下包含 4 个选项：“IDLE (Python 3.x 64-bit)”“Python 3.x (64-bit)”“Python 3.x Manuals (64-bit)”和“Python 3.x Module Docs (64-bit)”。单击“IDLE (Python 3.x 64-bit)”进入 Python 自带的 IDLE（Integrated Development and Learning Environment，集成开发和学习环境）。Python 的系统提示符为“>>>”。

1. 在窗口中直接执行 Python 语句

由于 Python 是解释型程序设计语言，因此在窗口中系统提示符“>>>”后可以直接输入语句，执行后将立即显示结果。

下面依次输入 3 条 Python 语句：

```
>>> x = 3                          # 给变量 x 赋值
>>> y = 5                          # 给变量 y 赋值
>>> print(x+y)                     # 显示表达式 x+y 的值
```

print 语句直接输出结果。

```
8
```

需要说明的是，Python 对于语句的格式要求特别严格，“>>>”提示符后面只能有一个空格，多一个就会报错。

2. 创建 Python 程序并运行

在窗口中直接执行 Python 语句一般用于简单测试语句功能，真正要实现某些应用功能，需要把编写的程序保存在 .py 文件中，然后执行该文件中的程序。

在 IDLE 中操作如下。

（1）单击“File”菜单下的“New File”命令，在打开的文件编辑窗口中输入由上述 3 条语句组成的简单程序：

```
x = 3
y = 5
print(x+y)
```

（2）单击“File”菜单下的“Save”命令，指定保存文件的目录 D1 和文件名 test1.py。

（3）单击“Run”菜单下的“Run Module”命令，显示运行结果，如图 1.1 所示。

8
>>> |

图1.1 运行结果

本书约定，每一章都创建一个对应的目录（如第1章创建目录D1）并将其存放于用户指定的目录下（编者存放于E:/MyPython）。本书所有实例文件均存放在对应章的目录下。

1.2.3　PyCharm集成开发环境

除了Python官方提供的IDLE，还有许多第三方提供的Python集成开发环境，如PyCharm、Wing Python IDE、PythonWin、Eclipse、PyDev、Eric等。

PyCharm是由JetBrains打造的Python集成开发环境，它具备一般Python集成开发环境的功能，比如调试、语法高亮、项目管理、代码跳转、智能提示、自动完成、单元测试和版本控制等。另外，PyCharm还提供一些可以用于Django（一个Web应用框架）开发的功能。所以PyCharm是目前比较流行的Python集成开发环境。

1. PyCharm的安装

PyCharm针对Windows、MacOS X、Linux分别有PyCharm Professional（专业版）与PyCharm Community（社区版，免费、开源的版本）。

下面以在Windows下安装社区版为例简单说明PyCharm安装过程。

（1）在http://www.jetbrains.com/pycharm网站下载PyCharm Community安装文件。

（2）双击Pycharm Community安装文件，根据安装向导安装PyCharm。在安装完成后重启计算机。

（3）初次启动PyCharm，会出现提示信息弹窗，在窗口中用户可以选择是否从指定位置导入已有设置，通常不要导入。

（4）用户选择完成后，出现PyCharm启动画面，接着进入欢迎界面。

2. PyCharm集成开发环境

在欢迎界面上，可选择创建新工程（命令为“New Project”）和打开已有工程（命令为“Open”）。

工程是Python组织文件的工具，必须先创建工程，然后在工程下建立、运行Python文件。一般来说，用Python解决一个应用问题，需要使用很多个文件才能完成，如图片、Python文件等，这些文件通过工程组织起来。不同的工程存放在不同目录中。

（1）单击“New Project”，在打开的对话框中指定要创建的工程的存放目录和工程名，本书将第*x*章的工程命名为D*x*（*x*=1,2,3,4,5,6,7,8,9），读者可根据自己的实际情况和使用习惯对工程进行命名。设置完成后，单击“Create”。

（2）初次进入PyCharm，会显示提示信息弹窗，勾选窗口左下角“Don't show tips”后，单击“Close”将其关闭，进入当前创建工程的开发环境。

（3）如果觉得默认开发环境界面的背景色太深，可以进行调整。选择“File”→“Settings”，在弹出窗口左侧选择“Appearance & Behavior”下面的“Appearance”，在“Theme”列表中选择“IntelliJ Light”项后，单击“OK”，此后，界面的背景色就变成了浅灰色。

3. 编辑并运行Python程序文件

（1）右击刚创建的D1工程的工程名，在打开的快捷菜单中选择“New”→“Python File”。在系统显示新建Python文件的对话框中输入“test1”作为Python文件名称，按“Enter”键，系统将显示带选项卡的程序编辑窗口，对应文件为test1.py（.py是Python程序文件的扩展名）。

（2）在程序编辑窗口输入Python测试程序。

（3）右击，在弹出的快捷菜单中选择“Run 'test1'”，运行程序。在程序编辑窗口下部区域会显示运行结果。

Python将 .py文件视为程序模块，如果一个应用需要若干个程序模块配合完成，且这些程序模块中有一个主程序模块，则它将成为程序运行的入口。为了简单起见，我们测试程序时一般将一章的所有 Python 实例文件均组织在该工程中。在该工程中，可以选中文件后运行它，或者直接指定要运行的文件。

1.3 Python 程序基本构成：从一个典型案例说起

1-1 【例 1.1】

本节通过一个典型案例来介绍 Python 程序基本构成。

【例 1.1】通过求一元二次方程的根来说明 Python 程序的基本构成。

程序如下（abcx.py）：

```
# 求一元二次方程 a*x^2 + b*x + c = 0 的根
import math
a = float(input("a="))                  # 提示 a=，将输入的系数 a 转换为浮点数放到变量 a 中
b = float(input("b="))
c = float(input("c="))
if a == 0:                              # 如果 a 的值等于 0，则执行语句（1）（2）
    x = -c / b                          # 语句（1）
    print("x=", x)                      # 语句（2）
else:                                   # 否则（a 的值不等于 0），执行语句（3）（4）（5）
    t = b*b - 4*a*c                     # 语句（3）
    x1 = (-b + math.sqrt(t)) / (2*a)    # 语句（4）用 math 库中的 sqrt() 函数来计算平方根
    x2 = (-b - math.sqrt(t)) / (2*a)    # 语句（5）
    print("x1=", x1)
    print("x2=", x2)
```

第 1 次程序运行，输入 a、b、c（a=1，b=3，c=2），其中 a 不等于 0，运行结果如图 1.2（a）所示。

第 2 次程序运行，输入 a、b、c（a=0，b=1，c=2），其中 a 等于 0，运行结果如图 1.2（b）所示。

第 3 次程序运行，输入 a、b、c（a=-1.5，b=6，c=6.84），其中 a 和 c 包含小数，运行结果如图 1.2（c）所示。

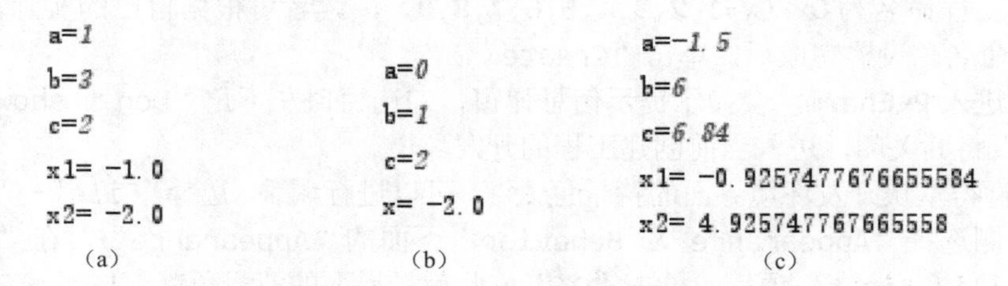

图1.2 输入不同系数Python程序运行结果

1.3.1 注释

Python 使用注释主要是为了方便阅读程序，共有 3 种注释方式，【例 1.1】中使用了其中的两种。

（1）如果单行文字采用 # 开头，其后就是注释内容。一般采用这种注释来描述此后一段程

序的功能。

例如：

```
# 求一元二次方程 a*x^2 + b*x + c = 0 的根
```

（2）采用#开头，并写在一行语句或表达式的后面的注释，一般用来说明该行语句或表达式的作用。

例如：

```
a = float(input("a="))              # 提示 a=，将输入的系数 a 转换为浮点数放到变量 a 中
```

（3）块注释（即多行注释），一般用于注释内容较多的情形。虽然块注释也可采用多行用#开头的注释来表示，但用3个单引号（' ' '）或者3个双引号（" " "）将注释进行标识会更自然。

例如：

```
""" 本程序求一元二次方程的根
    输入系数 a、b、c，可包含小数
    程序保存在文件 abcx.py 中    """
```

1.3.2 标识符、变量名和关键字

【例1.1】中使用了7个变量，其中a、b、c用于存放一元二次方程的系数，t用于存放b*b-4*a*c的计算结果，x、x1和x2用于存放方程的根。

变量名与标识符和关键字有关。

1. 标识符

在Python语言中，变量、函数、对象等都是通过标识符来命名的。标识符的第一个字符必须是字母或下画线，其他字符可以是字母、数字和下画线。而且，Python中的标识符是区分大小写的。在Python 3.x中，非ASCII标识符也是允许的。

2. 变量名

Python中的变量可以存储规定范围内的值，且不需要声明。变量的数据类型由当前存放于变量中的值的数据类型决定，且变量中存放的值的数据类型可以改变。

变量命名需要注意如下几点。

（1）变量名必须以字母开头。虽然变量名也可以下画线开头，但以下画线开头的变量在Python中有特殊含义，所以普通变量应当避免使用。

（2）变量名中不能有空格或标点符号（括号、引号、逗号、斜线、反斜线、冒号、句号、问号等）。

全角标点符号，如句号（。），是中文符号，可以作为变量名，并且可用中文的下画线开头。

（3）不能使用Python系统的关键字作为变量名。随着Python版本的变化，关键字列表可能会有所变化。

（4）不建议使用系统内置的模块名、类型名、函数名、已导入模块名及其成员名作为变量名，这会导致系统混乱和无法正常运行。可以通过dir(__builtins__)查看所有内置对象的名称。

（5）变量名对英文字母的大小写敏感，如my和My是不同的变量。

3. 关键字

关键字也称保留字，是 Python 内部定义并保留使用的标识符。

if、else、elif、import、as、True、False 等都是 Python 的关键字。Python 3.x 的关键字可参考附录 B（按照字母顺序排列）。

Python 的关键字也对英文字母的大小写敏感。例如，True 是关键字，而 true 不是关键字。

1.3.3 数值型和字符串型

计算机对数据进行处理时需要知道它的类型，如“汉字 +abcd1234”是字符串型的数据，不能进行数值运算；而“-123.62”是数值型的数据，不能获取其中的部分字符。

Python 中的数据类型很多，但最基本的是数值型和字符串型。【例 1.1】中使用了浮点型和字符串型。浮点型是数值型的一种，关于数值型，第 2 章将会系统介绍。

1. 浮点型

包含小数的数值就是浮点型数值，它可以表达的数值范围很大，但精度有限。

【例 1.1】中变量类型分析如下。

（1）a、b、c 这 3 个变量是浮点型的，无论它们输入时是否包含小数，都将通过 float() 函数转换成浮点数，然后存放到变量中。例如：

```
b = float(input("b="))
```

（2）由于 t、x、x1、x2 存放浮点数运算产生的结果，因此也是浮点型的。例如：

```
x = -c / b
```

（3）如果 a、b、c 这 3 个变量变成整数：

```
a = int(input("a="))
b = int(input("b="))
c = int(input("c="))
```

则用于存放对整数进行乘（*）和减（-）运算得到的结果的 t 是整数：

```
t = b*b - 4*a*c
```

而用于存放对整数进行除（/）和求平方根（math.sqrt()）运算得到的结果的 x、x1、x2 是浮点数。例如：

```
x1 = (-b + math.sqrt(t)) / (2*a)
```

2. 字符串型

【例 1.1】中“a=”“b=”“c=”“x=”“x1=”和“x2=”均是字符串常量。

1.3.4 赋值语句

在赋值语句中，左值必须是变量，而右值可以是变量、值或结果为值的任何表达式。赋值运算符最常用的是“=”，其功能是把右值赋给左值指定的变量。赋值运算符的格式很丰富，在 2.1.4 小节中会进行系统介绍。

赋值语句有两个用途：定义新的变量和让已定义的变量指向特定值。

【例 1.1】中包含 7 条赋值语句，均采用“=”赋值运算符。

例如：

```
t = b*b - 4*a*c
```

1.3.5 分支语句

程序一般按照顺序执行语句，当需要根据条件控制执行不同的语句时，就需要使用分支语句。

1. 分支语句基本形式

分支语句有 3 种基本形式，【例 1.1】使用了 if 条件 :A 语句块 else:B 语句块的形式：

```
if a == 0:
    A 语句块
else:
    B 语句块
```

条件：a == 0。

A 语句块：在条件 a == 0 成立时执行的语句，功能是计算 x 的值。

B 语句块：在条件 a == 0 不成立时执行的语句，功能是计算 x1 和 x2 的值。

条件（a == 0）和 else 后面的冒号（:）必不可少。

2. 缩进格式

Python 使用缩进来表示一起执行的语句块，而不像其他语言使用花括号（{ }）或者 begin-end 进行标识。在 Python 中，像 if、while、def 和 class 等后面的语句，首行以关键字开始，以冒号（:）结束，该行之后的一条或多条语句就是语句块，它们将一起执行。

语句块缩进的空格数是可变的，但是同一个语句块的语句必须缩进相同的空格数，这个要求必须严格执行。

1.3.6 输入、输出及内置函数

所有程序一般都包含 3 个过程：输入、处理、输出，又称 IPO（Input，Processing，Output）处理过程包含的内容很多，程序的主要代码就是处理输入数据的方法。这里先介绍输入和输出。

1. 输入函数

在【例 1.1】中，一元二次方程的系数 a、b、c 通过下列输入语句输入：

```
a = float(input("a="))
b = float(input("b="))
c = float(input("c="))
```

input("提示串") 函数让用户可以从标准输入设备（如键盘）输入各种字符，并可以按“Enter”键结束输入。“a=”“b=”和“c=”会在输入前显示出来。

因为通过 input() 获得的 a 是字符串，不能直接用于后面的数值运算，所以要通过 float() 函数将字符串转换为浮点数，b、c 同理。浮点数可以包含小数，也可以不包含小数。如果确认系数只能是整数，则可以使用 int() 函数转换。

输入方式丰富多彩，将在 3.1.1 小节进行详细介绍。

2. 输出函数

在【例 1.1】中，平方根的计算结果需要通过输出语句输出：

```
print("x1=", x1)
print("x2=", x2)
```

print(输出项 ,…) 是输出函数，用于将输出项显示出来。“x1=”是字符串常量，在输出中会直接显示；x1 是变量名，在输出中显示的是变量的值。

输出方式也丰富多彩，将在 3.1.2 小节进行系统介绍。

3. 内置函数

内置函数（如 input()、float()、print() 等）是 Python 程序最常用的函数，用户编写程序时可以直接使用。

把实现某一类功能的若干个函数存放在一个文件中，这个文件就称为 Python 标准库。Python 安装后，标准库就已经存在，如果用户在编写程序时需要使用，则要在程序开头导入对应标准库。

例如，【例 1.1】导入和使用了 math 标准库：

```
import math
x1 = (-b + math.sqrt(t)) / (2*a)
```

1.3.7 程序行组成

在【例 1.1】中，一行为一条语句，但实际上 Python 允许一条语句占用多行，或者一行写多条语句，或者存在空行。

1. 多行一条语句和一行多条语句

Python 一般以换行符作为语句的结束符，但是当一条语句太长时可以使用反斜线（\）将其分为多行。也可以在同一行中写多条语句，语句之间使用半角分号（;）分隔。例如：

```
item1 = "one"; item2 = "two"; item3 = "three"
total = item1 + ',' + \
    item2 + ',' + \
    item3
print(total)
```

语句中如果包含圆括号（()）、方括号（[]）和花括号（{}）就不需要使用反斜线。例如：

```
days = [ 'Monday' , 'Tuesday', ' Wednesday' ,
   'Thursday ' , ' Friday ' ]
print(days)
```

2. 空行

函数之间或类的方法之间用空行分隔，以表示一段新的代码的开始。类和函数入口之间也用一行空行分隔，以突出函数入口的开始。空行与代码缩进不同，它并不是 Python 语法的一部分。书写时不插入空行，Python 解释器运行不会出错。但是插入空行可以分隔两段不同功能或含义的代码，便于日后代码的维护或重构。

1.4 程序分析和简单调试：以一个典型案例展开

编写 Python 程序时往往会出现问题，特别是初学者不熟悉 Python 的规则，出现的问题更是五花八门。但归纳起来，一般包括语法错误和运行错误。

Python 自带的 IDLE 在编写程序，特别是调试 Python 程序的功能方面，相对第三方提供的集成开发环境（如 PyCharm 等）要弱得多，但就测试单条语句而不是具有一定规模的程序来说，采用 IDLE 也足够了。

1-2 【例 1.1】简单调试

1.4.1 语法错误

初学者开始编程时，编写的程序经常会出现语法错误，只要程序有语法错误，PyCharm 就会将错误所在的位置用红色标出，同时包含语法错误的程序文件（.py）的标签在资源管理器中会显示红色波浪线，包含该文件的工程名也会显示红色波浪线。

下面列出对于【例 1.1】而言，初学者编写程序时可能出现的几种语法错误。采用 Python 自带的 IDLE 进行测试。

（1）将 a==0（两个等号，判断 a 是否等于 0）写成 a=0（缺少一个等号）。

运行程序，系统会显示图 1.3（a）所示的消息“invalid syntax”，意思是“无效的语法”，单击“确定”。在程序编辑窗口中用红色背景显示语法错误位置，如图 1.3（b）所示。

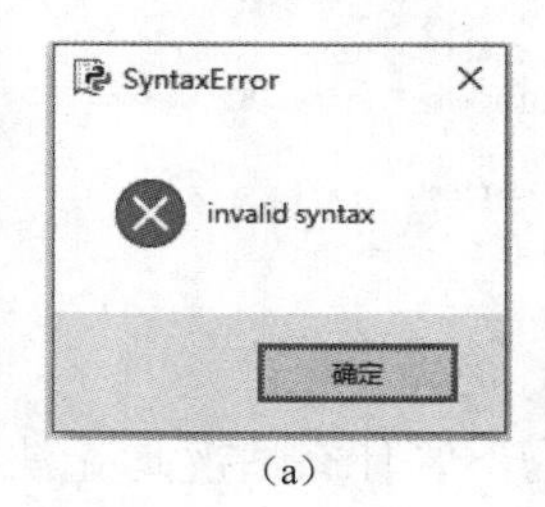

（a）

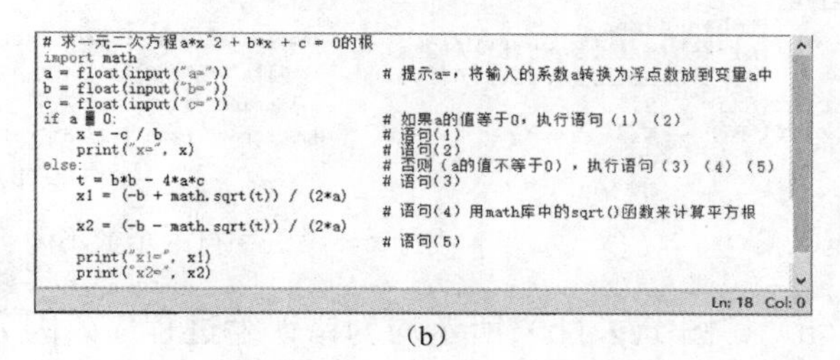

（b）

图1.3 运行存在语法错误的程序

根据发现的问题，修改程序，去除语法错误。

（2）将 if a==0: 写成 if a==0（缺少冒号），运行程序显示如图 1.4（a）所示。

因为语句后面有注释（以 # 开头的内容），所以红条显示在注释内容的后面；如果本行没有注释，则显示图 1.4（b）所示的红条。

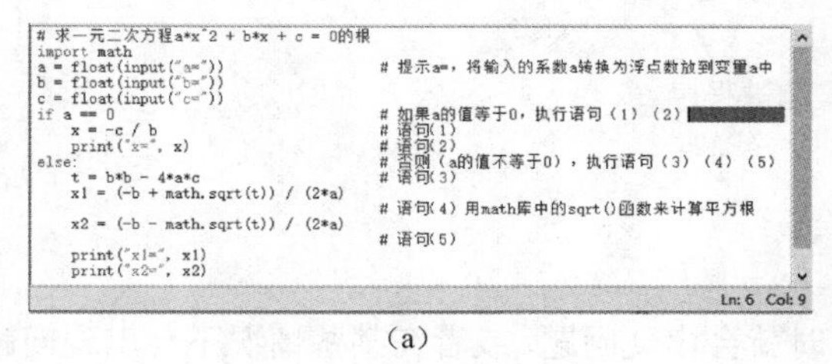

（a）

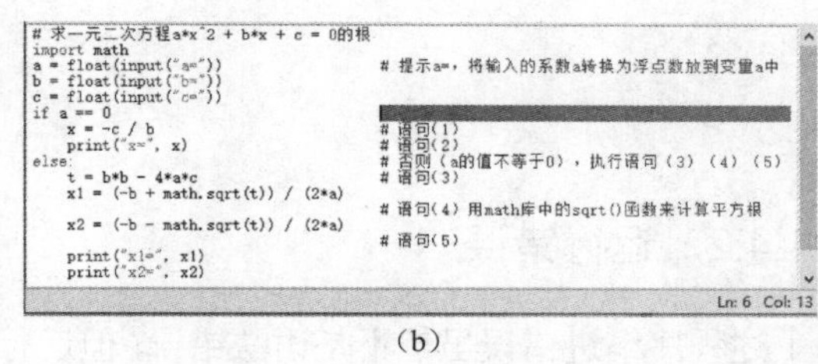

（b）

图1.4 运行存在语法错误的程序

（3）将 if a==0:（半角冒号）写成 if a==0：（全角冒号），运行程序显示的错误将指向全角冒号（：）。这种情况初学者比较容易遇到。

使用“else:”语句时也要注意冒号全半角的问题。

在 Python 中除了字符串数据和用户自己定义的变量名可以使用全角的 ASCII 字符，其他所有的关键字、运算符等均使用半角的 ASCII 字符。

（4）Python 通过缩进对齐语句块，虽然并没有规定缩进字符的个数，但每个一起执行的语句块的缩进字符个数必须相同（见图 1.5（a）和图 1.5（b）），否则就不会被认为是一起执行的语句块。

如果程序缩进如图 1.6（a）所示，不管 a==0 是否成立，语句均会被执行，这就不符合编程的意图。而且在 a==0 时执行该语句就会显示 x1 变量名没有定义的错误，如图 1.6（b）所示。

```
if a==0:
    x=-c/b
    print("x=",x)
else:
    t=b*b-4*a*c
    x1=(-b+math.sqrt(t))/(2*a)
    x2=(-b-math.sqrt(t))/(2*a)
    print("x1=",x1)
    print("x2=", x2)
```

（a）

```
if a==0:
  x=-c/b
  print("x=",x)
else:
      t=b*b-4*a*c
      x1=(-b+math.sqrt(t))/(2*a)
      x2=(-b-math.sqrt(t))/(2*a)
      print("x1=",x1)
      print("x2=", x2)
```

（b）

图1.5　缩进字符的个数相同

```
if a==0:
    x=-c/b
    print("x=",x)
else:
      t=b*b-4*a*c
      x1=(-b+math.sqrt(t))/(2*a)
      x2=(-b-math.sqrt(t))/(2*a)
print("x1=", x1)
print("x2=", x2)
```

（a）

```
a=0
b=1
c=2
x= -2.0
Traceback (most recent call last):
  File "E:\MyPython\Code\D1\abcx.py", line 18, in <module>
    print("x1=", x1)
NameError: name 'x1' is not defined
```

（b）

图1.6　缩进字符的个数不同

图 1.7（a）、图 1.7（b）所示均为错误缩进程序，因为不管什么情况均无法执行 print 语句。

```
if a==0:
    x=-c/b
      print("x=",x)
else:
    t=b*b-4*a*c
    x1=(-b+math.sqrt(t))/(2*a)
    x2=(-b-math.sqrt(t))/(2*a)
  print("x1=",x1)
  print("x2=", x2)
```

（a）

```
if a==0:
  x=-c/b
    print("x=",x)
else:
  t=b*b-4*a*c
  x1=(-b+math.sqrt(t))/(2*a)
  x2=(-b-math.sqrt(t))/(2*a)
    print("x1=",x1)
    print("x2=", x2)
```

（b）

图1.7　错误缩进程序

1.4.2　运行错误

上述程序缩进错误虽然不是语法错误，但运行时就会出现问题，或者在某些情况下会出现问题。

程序运行出现错误的情况很多，程序的规范程度和复杂程度决定了调试程序时发现的运行错误的复杂程度。这里仍然以【例 1.1】为例让读者有初步的体会。

1. 几种运行错误

（1）使用 Python 的内置函数，但在程序前面不导入对应的模块，而在程序中直接引用 math.sqrt(t)；或者在采用“import math”方法导入和使用函数时没有加模块名前缀。修改程序如下：

```
x1 = (-b + sqrt(t)) / (2*a)
x2 = (-b - sqrt(t)) / (2*a)
```

在这两种情况下运行程序，输出的错误信息如图 1.8 所示。

（2）将输入的数据直接进行数值运算。修改程序如下：

```
a = input("a=")
b = input("b=")
c = input("c=")
```

这时 a、b 和 c 获得的值均为字符串，两种情况的输出错误如图 1.9 所示。

```
==================== RESTART: E:\MyPython\Code\D1\abcx.py ====================
a=1
b=3
c=2
Traceback (most recent call last):
  File "E:\MyPython\Code\D1\abcx.py", line 14, in <module>
    x1 = (-b + math.sqrt(t)) / (2*a)
NameError: name 'math' is not defined
>>>
==================== RESTART: E:\MyPython\Code\D1\abcx.py ====================
a=1
b=3
c=2
Traceback (most recent call last):
  File "E:\MyPython\Code\D1\abcx.py", line 14, in <module>
    x1 = (-b + sqrt(t)) / (2*a)
NameError: name 'sqrt' is not defined
>>>
```

图1.8　运行程序输出的错误信息

```
==================== RESTART: E:\MyPython\Code\D1\abcx.py ====================
a=1
b=3
c=2
Traceback (most recent call last):
  File "E:\MyPython\Code\D1\abcx.py", line 13, in <module>
    t = b*b - 4*a*c            # (3)
TypeError: can't multiply sequence by non-int of type 'str'
>>>
==================== RESTART: E:\MyPython\Code\D1\abcx.py ====================
a=0
b=1
c=2
Traceback (most recent call last):
  File "E:\MyPython\Code\D1\abcx.py", line 13, in <module>
    t = b*b - 4*a*c            # (3)
TypeError: can't multiply sequence by non-int of type 'str'
>>> |
```

图1.9　使用字符串进行数值运算导致输出错误

（3）对于一元二次方程 a*x^2+b*x+c=0，在 a=0 时，b=0 应该是错误的输入，但实际应用时可能输入了这个数据，程序语句：

```
x = -c / b
```

就会出现被 0 除的现象，运行程序显示的错误如图 1.10 所示。

（4）输入数据类型错误的数据。输入语句如下：

```
b = float(input("b="))
```

如果 b 的数据输入为“2B”那么可能是误输入 B，或者把数字 8 误输入为字母 B。在执行时无法实现浮点数转换。运行程序显示的错误如图 1.11 所示。

```
==================== RESTART: E:\MyPython\Code\D1\abcx.py ====================
a=0
b=0
c=2
Traceback (most recent call last):
  File "E:\MyPython\Code\D1\abcx.py", line 10, in <module>
    x = -c / b                         # (1)
ZeroDivisionError: float division by zero
>>>
```

图1.10　显示被0除错误

```
==================== RESTART: E:\MyPython\Code\D1\abcx.py ====================
a=1.3
b=2B
Traceback (most recent call last):
  File "E:\MyPython\Code\D1\abcx.py", line 7, in <module>
    b = float(input("b="))
ValueError: could not convert string to float: '2B'
>>> |
```

图1.11　显示不能实现浮点数转换

如果输入语句为：

```
a = input("a=")
b = input("b=")
c = input("c=")
```

输入语句不会出错，但在程序中遇到字符串转换数值函数时就会出错。

（5）输入错误的数据，运行程序显示的错误如图 1.12 所示。

如果输入 a=2、b=1、c=4，则 t=b*b-4*a*c<0，只有复根，而在 sqrt(t) 中需要 t>0。也就是说，t<0 这种情况程序没有考虑，所以需要完善程序。

```
==================== RESTART: E:\MyPython\Code\D1\abcx.py ====================
a=2
b=1
c=4
Traceback (most recent call last):
  File "E:\MyPython\Code\D1\abcx.py", line 14, in <module>
    x1 = (-b + math.sqrt(t)) / (2*a)
ValueError: math domain error
>>> |
```

图1.12　输入错误的数据导致的错误

2. 异常处理

在【例 1.1】运行时，如果出现错误（如出现前面几种运行错误），程序就会因无法运行而崩溃。为了防止程序崩溃，在设计程序时需要加入异常处理（清除原来程序注释）。

代码如下（abcx_try.py）：

```
# 求一元二次方程的根
import math
try:
    a = float(input("a="))
    b = float(input("b="))
    c = float(input("c="))
    if a == 0:
        x = -c / b
```

```
        print("x=", x)
    else:
        t = b*b - 4*a*c
        x1 = (-b + math.sqrt(t)) / (2*a)
        x2 = (-b - math.sqrt(t)) / (2*a)
        print("x1=", x1)
        print("x2=", x2)
except ZeroDivisionError:                          #说明（1）
    print('除数为 0 错误！')
except:
    print('程序捕捉到异常！')                        #说明（2）
```

运行程序，几种情况的异常处理运行结果如图 1.13 所示。

```
a=0        a=1        a=0           a=1
b=1        b=3        b=0           b=0
c=3        c=2        c=2           c=2
x= -3.0    x1= -1.0   除数为 0 错误！ 程序捕捉到异常！
           x2= -2.0
 (a)        (b)         (c)           (d)
```

图1.13　异常处理运行结果

（1）ZeroDivisionError 是同类“除数为 0 错误”错误编号的符号表示。程序设计者可以根据情况一一列出不同错误的不同处理方法。

（2）其他出错处理。

1.4.3　运行结果不正确

1.4.1 小节和 1.4.2 小节通过【例 1.1】介绍了程序语法错误和运行错误的几种情况，找出这两类错误相对比较容易。而且通过完善程序可以对可能出现的错误进行控制，使程序尽可能不要出现系统错误。这方面在第 2 章会进一步介绍。

在实际开发时，随着程序规模的扩大和复杂程度的提高，最麻烦的问题是运行时没有显示任何系统错误，但运行结果就是不正确，此时需要通过集成开发环境提供的调试程序的各种方法去寻找原因。选择第三方集成开发环境（如 PyCharm）除使用方便外，最主要的原因就是其调试功能很强大。

关于用 PyCharm 调试 Python 程序的内容，限于本书篇幅，将通过网络文档提供（参考附录 F.4）。

1.5　Python 内置函数、标准库和第三方扩展库

Python 内置函数是 Python 基本功能的重要表现，在 Python 程序中可以直接使用；标准库是 Python 安装后就已经存在的，但需要在程序开头导入后才能使用；第三方扩展库需要先到网络上下载，然后才能安装使用。标准库和第三方扩展库均是为了扩展 Python 的功能，是 Python 功能不断增强的源泉。

1.5.1　内置函数

Python 包含 68 个内置函数（参考附录 C），如【例 1.1】中的 input()、print()、int()、float() 等，这些函数在程序中可以直接使用。

内置函数是 Python 内置对象类型之一，这些内置对象都封装在内置模块 __builtins__ 之中，具有非常快的运行速度，在编程时应该优先使用。使用内置函数 dir() 可以查看所有内置函数和内置对象：

```
>>> dir(__builtins__)
```

使用 help(函数名) 可以查看指定函数的用法。

1.5.2　标准库

Python 标准库很多，但使用方法基本相同。本小节先介绍 Python 标准库，然后介绍标准库的使用方法。

1. 标准库

根据功能可以把标准库分成若干个大类（参考附录 F 中 F.1），如数学、文本、日期时间、文件和目录、多媒体、图形界面、进程和线程、互联网和协议、压缩和加密等。

每一大类包含若干个标准库，如数学大类包含的标准库如下。

numbers：数值类。

math：数学函数。

cmath：复数的数学函数。

decimal：定点数与浮点数计算。

fractions：有理数。

random：生成伪随机数。

其中，math 标准库包含数值表示函数、数学常数、幂函数与对数函数、三角运算函数、特殊函数等。幂函数与对数函数中包含 exp()、sqrt()、pow()、log() 等。sqrt() 就是【例 1.1】中使用的求平方根函数。

2. 标准库使用

导入标准库有下列几种方式。

（1）import 模块名 [as 别名]

每一个标准库和安装到 Python 中的扩展库在操作系统中都是一个库文件，在加载到程序时也称为模块，一个模块包含若干个函数。

使用这种方式导入模块中的函数，需要在函数（有的称为对象）之前加上模块名作为前缀。如果为导入的模块设置了一个别名，可以“别名 . 函数名”的方式来使用其中的函数。在输入“模块名 . ”后系统会自动列出该模块中包含的函数。

例如，【例 1.1】导入和使用了 math 标准库：

```
import math
x1 = (-b + math.sqrt(t)) / (2*a)
```

（2）from 模块名 import 函数名 [as 别名]

这种方式仅用于导入明确指定的函数，可以指定函数别名。因为这种方式仅导入必需部分，所以可以提高访问速度。使用时不需要加上模块名作为前缀。

```
from math import sqrt                          # 只导入 math 模块中的 sqrt() 函数
x1 = (-b + sqrt(t)) / (2*a)                    # 调用 sqrt() 函数不加前缀
```

或者

```
from math import sqrt as 开根
x1 = (-b + 开根 (t)) / (2*a)
```

（3）from 模块名 import *

使用这种方式可以一次导入模块中通过 __all__ 变量指定的所有函数，且可以直接使用模块中的所有对象而不需要用模块名作为前缀。

```
from math import *
x1 = (-b + sqrt(t)) / (2*a)                    # 调用 sqrt() 函数不加前缀
```

这种方式虽然简单，但会降低代码的可读性，很难区分自定义函数和从模块中导入的函数，导致命名空间混乱。如果多个模块中有同名的函数，只有最后导入的模块中的同名函数是有效的，其他模块中的同名函数都无法使用。

1.5.3 第三方扩展库

网络上有许多第三方开发者为 Python 提供了扩展库，在需要时可先在 Windows 命令提示符窗口下进行安装，然后在 Python 中采用 import 命令导入。

pip 是 Python 官方提供的安装和维护第三方库的工具。

1. 安装第三方库

Python 第三方库安装方式包括 pip 在线安装、自定义安装和文件安装。对于 Python 3.x 的环境，可以采用 pip3 命令代替 pip 命令来为 Python 3.x 安装第三方库。

（1）pip 在线安装

在命令提示符窗口下使用 pip 在线安装第三方库需要联网。

```
pip install <库名>
```

如果 pip 安装过程出现中断，可以采用 pip3 进行安装。例如：

```
c:\…>pip3 install jieba
```

此时，pip 工具默认从网络上下载 jieba 库安装文件并自动将其安装到系统中。

但在 Windows 操作系统中，有一些第三方库无法用 pip 在线安装，此时，需要使用其他的安装方法。

（2）自定义安装

自定义安装一般适用于在 pip 中尚无登记或安装失败的第三方库。

自定义安装指按照第三方库提供的步骤和方式安装。第三方库都有主要用于维护库的代码和文档。

打开开发者维护的第三方库的官方网页，浏览该网页找到下载链接，根据指定步骤安装即可。

（3）文件安装

由于 Python 的某些第三方库仅提供源代码，因此通过 pip 下载的文件无法在 Windows 系统中编译，会导致第三方库安装失败。美国加利福尼亚大学尔湾分校提供了以下网址：

http://www.lfd.uci.edu/ ~ gohlke/ pythonlibs/

其中列出了一批 Python 用户在 Windows 下使用 pip 安装时可能出现问题的第三方库。

下载需要的安装库文件到本地目录。然后，采用 pip 命令安装该文件。

如果需要在没有网络的条件下安装 Python 第三方库，只能采用文件安装方式。其中，.whl 文件可以通过 pip download 命令在有网络的情况下获得。

另外，安装和维护第三方库的 pip 工具可使用下列命令及时更新，否则可能无法安装较新版本的第三方库。

```
C:\…>python.exe -m pip install --upgrade pip
```

2. 维护第三方库

pip 工具还可对第三方库进行基本的维护，使用 pip -h 可以列出如下的 pip 常用参数。

pip install <库名>：安装第三方库。

pip download <库名>：下载第三方库。

pip uninstall <库名>：卸载已经安装的第三方库，卸载过程可能需要用户确认。例如：

```
c:…\>pip uninstall jieba
```

pip list：以列表显示已经安装的第三方库。

pip show < 库名 >：显示指定已经安装的第三方库的详细信息。

pip search < 关键字 >：搜索关键字对应的 Python 库。

3. PyCharm 同步第三方库

安装第三方扩展库后，在 IDLE 中就可以用 import 命令导入并使用，因为 IDLE 是 Python 的原生集成开发环境。但在 PyCharm 中可能还不能找到系统模块和安装的扩展库，需要进行相关设置。

选择“File”菜单中“Settings”命令，在弹出的对话框左侧的“Project: D1”下选择“Python Interpreter”，在界面右侧的 Python Interpreter 列表后，单击按钮，在弹出的快捷菜单中选择“Show All…”，在弹出的对话框中选择（或添加）Python 的安装目录，系统就会显示出当前 Python 已经安装的扩展库。单击“Apply”后单击“OK”按钮。PyCharm 就会保存 Python 安装的扩展库到自己的环境中。此后在 PyCharm 中编程时就能导入和使用这些扩展库。

在 Python 源文件（.py 文件）中直接使用 help(模块名) 就能查看该模块的帮助文档，如 help('numpy')。

【实训】

1. 使用 Python 命令方式（在“>>>”系统提示符后输入语句）实现下列功能：

（1）一次输入两个整数并将其存放到 n1 和 n2 中；

（2）计算 n1 除 n2 的平方根并将其存放到 f1 中；

（3）输出 n1、n2 和 f1 的值。

2. 使用 Python 程序方式（创建 .py 文件）实现上述功能，并按以下要求进行调整。

（1）输入两个整数，运行程序，观察结果。

（2）输入两个整数，其中 n2=0，运行程序，如果程序出错，完善程序。

（3）输入一个整数和一个实数，运行程序，如果程序出错，分析原因。

3. 在【例 1.1】的基础上按照以下要求修改、运行并调试程序。

（1）假设 a、b、c 系数只能是整数，应如何修改程序？

（2）假设 a、b、c 系数用变量 sa、sb、sc 从键盘接收字符串输入，应如何修改程序？

（3）假设判断 a 等于 0 的同时 b 等于 0，显示“系数输入错误！”，应如何修改程序？

4. 按照下列要求修改、运行并调试【例 1.1】中的程序：

（1）将第 1 行的注释语句改成 3 行，更详细地说明程序功能；

（2）采用“from math import sqrt as 开根”导入 math 模块中的 sqrt() 函数；

（3）让 a、b、c 系数接收整型输入；

（4）将部分多条语句放在一行中。

【习题】

一、选择题

1. 下列说法错误的是（　　）。

A. Python 是开源的

B. Python 是解释型程序设计语言

C. Python 程序可以生成 .com 文件并独立执行

D. 在 Windows 下编写的 Python 程序可以在 Linux 下运行

2. 下列说法错误的是（　　）。
   A. Python 3.x 可以运行使用 Python 2.x 语法的程序
   B. 第三方集成开发环境也能开发 Python 的社区版和专业版
   C. Python 在不同行业中的应用主要通过扩展库实现
   D. Eclipse 可以开发 Python 程序
3. 下列关于 Python 语句的说法错误的是（　　）。
   A. 一行可以写多条语句　　B. 一行中的多条语句就是一起执行的语句块
   C. 一起执行的语句块不一定对齐　　D. 变量名可以以全角下画线开头
4. 下列变量名不正确的是（　　）。
   A. Print　　B. my:1　　C. for_a　　D. 我的 Python
5. 下列情况无法运行的是（　　）。
   A. 语句格式不正确　　B. 语句块缩进不一致
   C. 条件写得不正确　　D. 在语句前有 #
6. 下列说法错误的是（　　）。
   A. 字符串不可以与数值一起进行运算
   B. 一条 print 语句可以同时输出类型不同的数据
   C. 只包含数字的数据就是数值数据
   D. 存放数值的变量也可存放字符串
7. 下列关于缩进的说法错误的是（　　）。
   A. import 语句不能缩进　　B. 同一个语句块语句只要缩进一致即可
   C. 以 # 开头的语句也可以缩进　　D. 不同语句块缩进的字符数可以不相同
8. 下列关于函数的说法错误的是（　　）。
   A. 内置函数无法加前缀　　B. 扩展函数不一定需要加前缀
   C. 扩展函数需要用 pip 安装　　D. 内置函数可以无参数

二、填空题

1. Python 自带的命令直接执行的环境是________________。
2. 本章介绍的 Python 第三方集成开发环境是________________。
3. Windows 环境的第三方库安装采用________________命令，显示已经安装的第三方库采用________________命令。
4. 在 Python 导入扩展库 abc 采用________________命令。
5. Python 采用________________管理应用程序文件。
6. Python 语言源程序文件的扩展名为________。
7. 在一行上写多条语句时，每条语句之间用________分隔。
8. 一条分为多行的语句采用__________作为行结束符。

三、简答题

1. 为什么说 Python 是解释型程序设计语言？
2. 为什么 Python 应用范围很广泛？
3. 第三方集成开发环境有什么优点？

第2章 数据类型

Python 程序最基本的元素包括常量、变量、函数和通过运算符把它们有机地组织起来的表达式。不同数据类型对应着不同的运算符和不同的操作方法。Python 3.x 中内置的最主要的数据类型为数值型、布尔型和字符串型，通过导入相关函数库可以处理日期时间类型，也可以将这些数据类型组合起来形成组合数据类型。

2.1 数值型

数值型包括 int（整型）、float（浮点型）和 complex（复数型）等。

2.1.1 整型

Python 3.x 支持任意大小的整型数。整型数可以表示成十进制、八进制、十六进制和二进制形式。

十进制整型常量：数码为 0 ～ 9，如 -135、57232。

八进制整型常量：必须以 0O 或 0o 开头（第 1 个字符为数字 0，第 2 个字符为字母 O，大小写都可），数码为 0 ～ 7，且通常是无符号数，如 0O21（表示十进制数 17）。

十六进制整型常量：前缀为 0X 或 0x（第 1 个字符为数字 0，第 2 个字符为字母 X，大小写都可），其数码为 0 ～ 9，以及 A ～ F 或 a ～ f（代表 10 ～ 15），如 0X2A（表示十进制数 42）、0XFFFF（表示十进制数 65535）。

二进制整型常量：前缀为 0B 或 0b（第 1 个字符为数字 0，第 2 个字符为字母 B，大小写都可），其数码为 0 和 1，如 0b1101（表示十进制数 13）。

几种整型常量的运算示例如下：

```
>>> 10 + 2
12
>>> 0O10 + 2
10
>>> 0X10 + 2
18
>>> 0b1101 + 100
113
```

Python 支持在数字之间使用下画线来分隔以提高数字的可读性，类似于数学上使用的千位分隔符。下画线可以出现在数字中间任意位置，但不能出现在开头和结尾，也不能使用多个连续的下画线符号。

正确使用下画线的示例如下：

```
>>> 1_000_000
1000000
>>> 1_2_3_4
1234
>>> (1_2+3_4j)
(12+34j)
```

2.1.2 浮点型

浮点型是一种表达实数的方式，浮点数是浮点型实数。

浮点型常量就是包含小数的常量，可直接写成带小数点的小数形式（如 158.20、-2.9），也可使用指数形式（具体形式为小数 +E+ 阶码，e 也可）表示（如 -0.23E18、2.3e-6），而 e-19（阶码标志 e 之前无数字）、2.1E（无阶码）等都不是正确的浮点型常量。

浮点数运算的示例如下：

```
>>> 0.3 + 1.21                          # 1.51
>>> 0.4 - 0.1                           # 0.30000000000000004      见说明（1）
>>> 0.4 -0.1 == 0.3                     # False
>>> abs(0.4 - 0.1 - 0.3) < 1e-6         # True                     见说明（2）
```

（1）浮点数默认采用本机双精度（64 位）表示，有大约 17 位十进制数精度，数值绝对值为 10^{-308} ～ 10^{308}。Python 3.x 浮点数的表达精度、范围等基础信息，可以通过 sys 模块从 sys.float_info 获取。

由于精度的问题，有些十进制实数不能用浮点数精确表示。

例如，十进制数 0.1 对应的二进制数：

$0.1_{(10)}=0.00011001100110011\ldots_{(2)}$

由于计算机存储数据的位数是有限制的，因此十进制数 0.1 转换成二进制数后，无法被精确表示。如果要存储的二进制数的位数超过了计算机存储位数的最大值，其后续位数会被舍弃。

（2）计算机在对不能精确表示的十进制实数进行运算时，结果会有一定的误差。同时，应尽量避免在实数之间直接进行相等性测试，而应以两者之差的绝对值是否足够小作为两个实数是否相等的依据。

（3）如果需要进行非常精确的运算，可以使用 decimal 模块，它实现的十进制实数运算能满足会计、金融等方面的有较高可靠性及精度要求的应用。

decimal 模块的使用示例如下：

```
import decimal
a = decimal.Decimal("10.0")
b = decimal.Decimal("3")
print(10.0/3)
print(a/b)
```

运行结果：

```
3.3333333333333335
3.333333333333333333333333333
```

可以看到，相比于普通运算的结果，使用decimal模块得到的结果更精确。

（4）如果decimal模块还是无法满足实数运算的精度需求，则可以使用fractions模块。

fractions模块的使用示例如下：

```
from fractions import Fraction
print(10/3)
print(Fraction(10,3))
```

运行结果：

```
3.3333333333333335
10/3
```

Python标准库的fractions模块中的Fraction对象支持分数运算，Fraction(分子,分母)可表示“分数”，使用分数的numerator属性可得到分数的分子，分数的denominator属性可得到分数的分母。

Fraction对象的使用示例如下：

```
>>> from fractions import Fraction
>>> x = Fraction (3,4)
>>> x.numerator              # 3
>>> x.denominator            # 4
>>> x ** 2                   # Fraction(9, 16)
>>> y = Fraction (2,5)
>>> x - y                    # Fraction(7, 20)
>>> x * y                    # Fraction(3, 10)
>>> x / y                    # Fraction(15, 8)
>>> a = Fraction (3.2)
>>> a                        # Fraction(3602879701896397, 1125899906842624)
```

这样，通过fractions模块就能解决浮点数准确运算的问题。

2.1.3　复数型

复数包含实数与虚数。复数可表示成实部+虚部j形式，如-5.8+6j、4.5+3e-7j。用complex(a[,b])可创建复数a+bj。

使用“复数.real”和“复数.imag”可从复数中提取它的实部和虚部。

Python内置函数abs(复数)可用来计算复数的模，使用复数.conjugate()可得到共轭复数。Python还支持复数之间的加、减、乘、除等运算。

复数间的运算示例如下：

```
>>> x = 3+4j
>>> x.real                   # 3.0
>>> x.imag                   # 4.0
>>> abs(x)                   # 5.0
>>> x.conjugate()            # (3-4j)
>>> y = -5+6.2j
>>> x + y                    # (-2+10.2j)
>>> x - y                    # (8-2.2j)
>>> x * y                    # (-39.8-1.3999999999999986j)
>>> x / y                    # (0.15447667087011352-0.6084489281210592j)
```

2.1.4 数值运算符

数值运算符用于对数值进行连接运算，包括算术运算符、位运算符和赋值运算符。

1. 算术运算符

算术运算符如表 2.1 所示。

表 2.1 算术运算符

名称	运算符	说明
加	+	两个数相加
减	-	取负数或用一个数减去另一个数
乘	*	两个数相乘或返回一个被重复若干次的字符串
除	/	两个数相除
模	%	两个数整除后的余数
幂	* *	计算一个数的幂
整除	/ /	两个数相除

部分算术运算符的使用示例如下：

```
>>> a = 10
>>> b = 26
>>> b / a                        # 2.6
>>> b // a                       # 2
>>> b % a                        # 6
>>> a ** 2                       # 100
```

标准库 operator 提供了大量运算函数，可以用函数方式实现运算功能。

使用函数实现运算功能的示例如下：

```
>>> import operator
>>> operator.add(2, -6)          # -4
>>> operator.mul(2, -6)          # -12
```

2. 位运算符

位运算符将十进制整数转换为二进制数后按对应的二进制位进行运算（默认各位右对齐，左侧补 0），再把运算结果转换为十进制数返回。

设 a 为 15（即二进制 0000 1111），b 为 202（即二进制 1100 1010），位运算符及相关示例如表 2.2 所示。

表 2.2 位运算符及相关示例

<table>
<tr><th>名称</th><th>运算符</th><th>位运算表达式</th><th>二进制结果（十进制结果）</th></tr>
<tr><td>按位与</td><td>&</td><td>a&b</td><td>0000 1010 （10）</td></tr>
<tr><td>按位或</td><td>|</td><td>a|b</td><td>1100 1111 （207）</td></tr>
<tr><td>按位异或</td><td>^</td><td>a^b</td><td>1100 0101 （197）</td></tr>
<tr><td>按位取反</td><td>～</td><td>～a</td><td>1111 0000 （240）</td></tr>
<tr><td>左移位</td><td><<</td><td>a<<2</td><td>0011 1100 （60）</td></tr>
<tr><td>右移位</td><td>>></td><td>a>>2</td><td>0000 0011 （3）</td></tr>
</table>

按位与运算的规则为：1&1=1、1&0=0、0&1=0、0&0=0。

按位或运算的规则为：1|1=1、1|0=1、0|1=1、0|0=0。

按位异或运算的规则为：1^1=0、0^0=0、1^0=1、0^1=1。

按位取反的规则为：～0=1，～1=0。

左移位时右侧补 0，每左移一位相当于乘 2；右移位时左侧补 0，每右移一位相当于除以 2。

位运算符的使用示例如下：

```
>>> a = 15
>>> b = 202
>>> a & b                                  # 10
>>> a | b                                  # 207
>>> a ^ b                                  # 197
>>> ～a                                    # -16
>>> a << 2                                 # 60
>>> a >> 2                                 # 3
```

其中，整型变量 a 实际对应的 16 位二进制数如下：

a = 0000 0000 0000 1111

～a 是对 a 的每一位取反，对应的二进制数为：

～a = 1111 1111 1111 0000

这是二进制补码，表示的数值为 -16，对应无符号数 240。

3. 赋值运算符

赋值运算符如表 2.3 所示。

表 2.3 赋值运算符

运算符	名称	等效性
=	赋值	c = a + b
+=	加法赋值	c += a 等效于 c = c + a
-=	减法赋值	c -= a 等效于 c = c - a
*=	乘法赋值	c *= a 等效于 c = c * a
/=	除法赋值	c /= a 等效于 c = c / a
%=	取模赋值	c %= a 等效于 c = c % a
**=	幂赋值	c **= a 等效于 c = c ** a
//=	取整除赋值	c //= a 等效于 c = c // a

Python 不支持递增运算符（++）和递减运算符（--）。

赋值运算符的使用示例如下：

```
>>> a = 10
>>> a += 10
>>> a
20
>>> b = -10
>>> -b
10
>>> --b                                    # 相当于 -（-b）=b
-10
>>> b **= 3                                # b^3=-1000
>>> b
-1000
```

```
>>> 2--6                    # 2-（-6）=8
8
>>> 2+-6
-4
>>> x,y,z = 1,2,3           # 同时给多个变量赋值
>>> x,y,z
(1, 2, 3)
>>> x
1
>>> a = b = c = 3
>>> print(a, b, c)
3 3 3
```

2.1.5 用于数值型计算的常用函数

Python 用于数值型计算的常用函数包括内置数值计算函数、数学模块函数和随机数模块函数。

1. 内置数值计算函数

内置函数是 Python 语言固有的功能，可直接在程序中使用。Python 提供的内置数值计算函数如表 2.4 所示。

表 2.4 Python 提供的内置数值计算函数

函数	描述
abs(x)	返回数值 x 的绝对值
round(x)	将 x 四舍五入并取整
pow(x, y)	返回数值 x 的 y 次方
divmod(x, y)	返回除法结果及余数
max([x1, x2, …])	求最大值
min([x1, x2, …])	求最小值
sum([x1, x2, …])	求和

内置数值计算函数的使用示例如下：

```
>>> abs(-2.5)                        # 2.5
>>> round(3.14)                      # 3
>>> pow(12, 2)                       # 144
>>> divmod(73, 10)                   # (7, 3)
>>> max([1, 90, 23.5, 92])           # 92
>>> sum([1, 3, 5, 7, 9])             # 25
```

2. 数学模块函数

用“import math”导入数学（math）模块，以“math. 函数名 ()”的形式引用。常用的 math 模块中的函数如表 2.5 所示。

表 2.5 常用的 math 模块中的函数

函数	描述
ceil(x)	返回 x 的上限，即大于或等于 x 的最小整数
fabs(x)	返回 x 的绝对值
floor(x)	返回 x 的下限，即小于或等于 x 的最大整数

续表

函数	描述
gcd(x1, x2, …)	返回给定的多个整数参数的最大公因数
lcm(x1, x2, …)	返回给定的多个整数参数的最小公倍数
ldexp(x, i)	返回 x * (2**i) 的值
modf(x)	返回 x 的小数和整数部分，两个结果都带有 x 的符号并且都是浮点数
exp(x)	返回 e 的 x 次方，其中 e = 2.718281…，是自然对数的底数
log(x[, base])	返回 x 以 base 为底的对数；若省略 base 参数，则返回 x 的自然对数（以 e 为底）
log2(x)	返回 x 以 2 为底的对数
log10(x)	返回 x 以 10 为底的对数
pow(x, y)	返回 x 的 y 次方
sqrt(x)	返回 x 的平方根
acos(x)	返回以弧度为单位的 x 的反余弦值，结果在 0 到 pi 之间
asin(x)	返回以弧度为单位的 x 的反正弦值，结果在 -pi/2 到 pi/2 之间
atan(x)	返回以弧度为单位的 x 的反正切值，结果在 -pi/2 到 pi/2 之间
cos(x)	返回 x 弧度的余弦值
sin(x)	返回 x 弧度的正弦值
tan(x)	返回 x 弧度的正切值
degrees(x)	将角度 x 从弧度转换为度数
radians(x)	将角度 x 从度数转换为弧度

（1）以上这些函数并不适用于复数，如果涉及复数计算，可使用 cmath 模块中的同名函数（请读者参阅 Python 官方文档）。

（2）所有 math 模块中的函数的返回值均为浮点数。例如：

```
>>> import math
>>> math.fabs(math.floor(-2.5))          # 3.0
>>> math.lcm(3, 18, 9, 6, 12)            # 36
>>> math.ldexp(5, 3)                     # 40.0
>>> math.modf(-3.1416)                   # (-0.14159999999999995, -3.0)
>>> math.exp(2)                          # 7.38905609893065
>>> math.log10(math.pow(10, 6))          # 6.0
>>> math.sqrt(19)                        # 4.358898943540674
>>> math.sin(math.radians(30))           # 0.49999999999999994
>>> math.degrees(math.atan(1))           # 45.0
```

3. 随机数模块函数

随机数（random）模块实现了满足各种分布的伪随机数生成器，用“import random”导入，以“random. 函数名 ()”的形式引用。常用的 random 模块中的函数如表 2.6 所示。

表 2.6　常用的 random 模块中的函数

函数	描述
random()	返回一个 [0.0, 1.0) 的随机浮点数
uniform(a, b)	返回一个介于 a 和 b 之间的随机浮点数
randbytes(n)	生成 n 个随机字节

续表

函数	描述
randrange(n1, n2[, step])	返回 n1 至 n2（步长为 step，默认 step=1）的随机元素。 例如 range(1, 10, 2)=1, 3, 5, 7, 9
randint(a, b)	返回随机整数，且满足大于等于 a 且小于等于 b
choice(列表)	从非空列表中返回一个随机元素
shuffle(列表)	将列表随机打乱

例如：

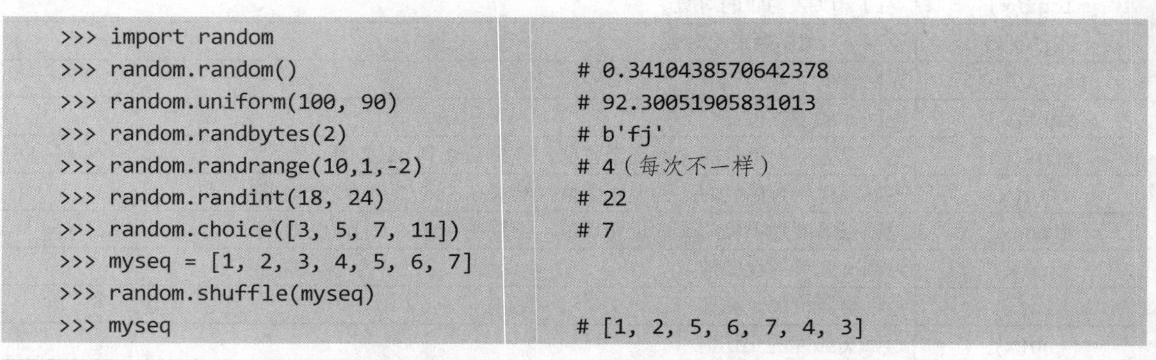

```
>>> import random
>>> random.random()                         # 0.3410438570642378
>>> random.uniform(100, 90)                 # 92.30051905831013
>>> random.randbytes(2)                     # b'fj'
>>> random.randrange(10,1,-2)               # 4（每次不一样）
>>> random.randint(18, 24)                  # 22
>>> random.choice([3, 5, 7, 11])            # 7
>>> myseq = [1, 2, 3, 4, 5, 6, 7]
>>> random.shuffle(myseq)
>>> myseq                                   # [1, 2, 5, 6, 7, 4, 3]
```

由于函数生成的随机性，读者运行的结果可能会与本书的结果不一致，但只要数值所在的范围正确就行。另外，random 模块中还包含 gauss(平均数，标准差) 函数，4.5.1 小节的讲解中将会用到。

2.2 布尔型

布尔型数据可用于条件语句、循环语句，根据条件判断的结果来决定程序流程和分支的走向，也可用于在逻辑运算中表示逻辑结果。

2.2.1 布尔型及其运算

布尔型数据是布尔值，它有自己的运算符。使用比较运算符和判断运算符进行运算产生的结果是布尔值。

1. 布尔值

布尔值只有两个：真（True）和假（False）。

Python 中的任何对象都可以判断其真假，在下列情况中对象的布尔值为 False。

（1）None。

（2）数值中的 0、0.0、0j（虚数）、Decimal(0)、Fraction(0, 1)。

（3）空字符串（''）、空元组（()）、空列表（[]）、空字典（{}）、空集合（set()）。

在其他情况中对象的布尔值默认为 True，除非它使用了 bool() 方法且返回 False 或使用了 len() 方法且返回 0。

2. 布尔运算

布尔运算包括非（not）、与（and）和或（or），优先级从高到低。布尔运算的规则如下。

（1）非运算（not x）：如果 x 为 False，则结果为 True，否则为 False。

（2）与运算（x and y）：如果 x 为 False，则不用考虑 y，结果为 False；如果 x 为

True，则结果取决于 y 为 True 还是 False。

（3）或运算（x or y）：如果 x 为 False，则结果取决于 y 为 True 还是 False；如果 x 为 True，则结果为 True，不用考虑 y。

3. 比较运算

Python 中比较运算符用于比较运算，它们有相同的优先级，并且比布尔运算符的优先级高。比较运算符如下。

<：小于。

<=：小于等于。

>：大于。

>=：大于等于。

==：等于。

!=：不等于。

is：是对象。

is not：不是对象。

（1）数值型数据按数值比较大小；半角字符串从前到后逐个按对应字符的 ASCII 值比较大小；其他字符（如汉字）按照其编码比较大小。

（2）进行大小比较的操作数必须是同类的，不能把一个字符串和一个数字进行大小比较。

比较运算符的使用示例如下：

```
>>> 1<3<5                         # 等价于 1<3 and 3<5
True
>>> 1>6<math.sqrt(9)              # 惰性求值或者逻辑短路
False
>>> 'Hello'>'world'               # 比较字符串的大小
False
```

4. 比较 + 布尔运算

使用运算符 and 和 or 执行运算后并不一定会返回 True 或 False，可能会得到最后一个被计算的表达式的值，但是使用运算符 not 执行运算后一定会返回 True 或 False。例如：

```
>>> e1 = 5
>>> e2 = 20
>>> be = bool(e1)
>>> be                            # True
>>> e1>e2 and e2>e1               # False
>>> e1>e2 and e2                  # False
>>> e2>e1 and e1                  # 5
>>> e1>e2 or e2>e1                # True
>>> e2>e1 or e1                   # True
>>> e1>e2 or e2                   # 20
>>> not e1>e2                     # True
>>> not e1                        # False
>>> not 0                         # True
>>> True + 1                      # 2，系统把 True 当作 1
>>> False * 2                     # 0，系统把 False 当作 0
```

下面的例子使用比较 + 布尔运算判断某一年是否为闰年。
条件：能被 4 整除、但不能被 100 整除，或者能被 400 整除。

对于 x 能被 y 整除，则余数为 0，即 x%y==0。

因此，判断闰年的条件表达式如下：

```
y%4==0 and y%100!=0 or y%400==0 或 >>>not(y%4 and y%100) or not y%400
```

判断某年是否为闰年的示例如下：

```
>>> y = 2018
>>> y%4==0 and y%100!=0 or y%400==0
False
>>> y = 2000
>>> y%4==0 and y%100!=0 or y%400==0
True
>>>not(y%4 and y%100) or not y%400
True
```

2.2.2 判断运算符

判断运算符分为成员判断运算符和同值判断运算符。

1. 成员判断运算符：in

in 判断元素是否在对象中，如果元素在对象中，则返回 True；否则返回 False。
in 运算符的使用示例如下：

```
>>> 2 in range(1, 10)
True
>>> 'abc' in 'abBcdef'
False
```

2. 同值判断运算符：is

is 判断两个对象是否为同一个对象，如果是同一个对象，则返回 True；否则返回 False。
is 运算符的使用示例如下：

```
>>> x = 10; y = 10
>>> x is y
True
>>> r = range(1, 10)
>>> r[0] is r[1]
False
>>> r1 = r                    # r1 并没有复制 r，而仅仅与 r 指向存放数据的同一个位置
>>> r is r1
True
>>> r2 = range(1, 10)
>>> r1 is r2
False
```

2.3 字符串型

在Python中，字符串使用单引号、双引号、3个单引号或3个双引号作为定界符，并且不同的定界符可以互相嵌套。例如：

```
"Let's go! "
'He is a student. '
"'Python' 是一门语言! "
"""one line
      two line
      three line """
'''Tom said, "Let's go." '''
```

2.3.1 字符编码及其Python支持

文字信息是由一系列“字符”组成的，我们常用的字符包括西文字符和中文字符。此外，世界上还有许多其他的文字和符号。为了在计算机中表达这些字符，需要对字符进行编码。以下是几种常用的编码方式。

1. ASCII

ASCII(American Standard Code for Information Interchange,美国标准信息交换码)，是目前全世界使用最广泛的西文字符集编码之一。在标准ASCII字符表中，20H ～ 7EH部分属于可打印字符，共95个。ASCII字符编码按由小到大的顺序来表示符号（!、@、#、$、%、^、&、*、()、_、-、+、=、{}、[]、:、;、”、’、,、.、?、// 等）、数字（0 ～ 9）、大写字母（A ～ Z）和小写字母（a ～ z）。

在计算机内部，以8位二进制位（1个字节）存放一个字符，而ASCII中一个字符仅占用7位，每个字节空出的最高位为0。

2. GB2312-80编码

1980年，我国颁布信息交换用汉字编码的第一个国家标准，标准号为GB2312-80。GB2312-80编码字符集由全角字符、一级常用汉字和二级常用汉字组成。

该字符集首先对字母、数字和各种符号进行编码，包括拉丁字母、俄文字母、日文平假名与片假名、希腊字母、汉语拼音等（这些称为全角字符），共682个；然后对3755个一级常用汉字进行编码，并按汉语拼音排列；最后对3008个二级常用汉字进行编码，并按偏旁部首排列。

为了与西文字符在计算机中共存，在计算机中表示汉字内码不能与ASCII冲突，因为ASCII中一个字符用一个字节表示，最高位为0；所以汉字内码将每个汉字符号用两个字节表示，每个字节的最高位为1。

3. GBK编码

GB2312-80编码中的汉字较少，缺少繁体字，无法满足人名、地名、古籍整理、古典文献研究等应用的需要。于是，在1995年，我国推出了“汉字内码扩展规范”，称为GBK标准，它在GB2312-80的基础上增加了大量的汉字（包括繁体字）和符号，共收录了21003个汉字和883个图形符号。GB2312-80中的字符仍然采用原来的编码（双字节，每个字节最高位为1），对新增加的符号和汉字进行另外编码（双字节，第1个字节最高位为1，第2个字节最高位为0）。

4. Unicode编码

为了实现全球数以千计的不同语言文字的统一编码，ISO（International Organization for Standardization，国际标准化组织）将这些文字字母和符号集在一个字符集中进行统一编码，称为UCS/Unicode，而UTF（Unicode Transformation Format，Unicode转换格式）

编码规定了 Unicode 编码字符的传输和存储，它包含 4 种编码方案，其中 UTF-8 编码被广泛使用，其字符集中一个字符占用 1 ～ 4 字节。

5. GB18030 编码

由于我国是多民族国家，因此使用的字符集中除了需要包含简体字、繁体字之外，还需要包含每个民族使用的字符，就需要采用一种新的编码方式来满足这种需求。

虽然 Unicode 的 UTF-8 编码中的 CJK 汉字字符集覆盖了我国已使用多年的 GB2312-80 和 GBK 标准中的汉字，但 CJK 的编码并不相同。为了既能与 UCS/Unicode 编码标准接轨，又能保护我国已有的大量汉字信息资源，我国在 2000 年和 2005 年先后两次发布了 GB18030 汉字编码国家标准。

GB18030 编码实质上是 UCS/Unicode 字符集的另一种编码方案。

Python 3.x 完全支持中文字符，并默认使用 UTF-8 编码格式，无论是一个数字、一个英文字母还是一个汉字，都按一个字符对待和处理，甚至可以使用中文作为变量名、函数名等标识符。

Python 3.x 中的 string 模块包含丰富的字符串处理方法，而且内置函数实现了其中的大部分方法。目前字符串内建支持的方法都包含对 Unicode 的支持，有一些甚至是专门用于 Unicode 的。例如：

```
>>> import sys
>>> sys.getdefaultencoding()       # 'utf-8'
>>> str1 = 'He is a student. '
>>> 字符串 1 = "'Python' 是一门语言！ "
>>> len(str1)                      # 17
>>> len( 字符串 1)                  # 15
>>> str2 = """one line
    two line
    three line """                 # 'one line\n      two line\n      three line '
>>> len(str2)                      # 43
>>> str3 = '\u6216\u4e0d \u662f string'
                                   # 用编码表示的汉字
>>> str3                           # '或不是 string'
```

2.3.2 转义字符

因为 Python 本身用到了一些字符来表达特殊意义，但用户有时又需要使用这些字符，所以常用以下两种方法来解决这个问题。

（1）采用转义字符

将字符转义是指在字符串中某些特定的字符前加上一个斜线之后，该字符将被解释为另外一种含义，不再具有本来的含义。Python 中常用的转义字符如表 2.7 所示。

表 2.7　Python 中常用的转义字符

转义字符	说明
\newline	忽略换行
\\	反斜线（\）
\'	单引号（'）
\"	双引号（"）
\a	ASCII Bell
\b	ASCII 退格

续表

转义字符	说明
\f	ASCII 换页符
\n	ASCII 换行符
\r	ASCII 回车符
\t	ASCII 水平制表符
\v	ASCII 垂直制表符
\ooo	八进制值为 ooo 的字符
\xhh	十六进制值为 hh 的字符
\N{name}	Unicode 数据库中以 name 命名的字符

（1）“\ooo”：至多 3 位，在字节文本（即二进制文件）中，八进制转义字符表示给定值的字节数值。在字符串文本中，这些转义字符表示给定值的 Unicode 字符。

（2）“\xhh”：只能有 2 位，在字节文本（即二进制文件）中，十六进制转义字符表示给定值的字节数值。在字符串文本中，这些转义字符表示给定值的 Unicode 字符。

例如：

```
>>> print('\123')                     # ASCII 值 83 对应的大写字母 S
>>> print('\x0d')                     # ASCII 值 13 对应的“Enter”键
>>> print('\n')                       # ASCII 换行符
>>> print("\N{SOLIDUS}")              # 斜线 /
>>> print(' Hello World, \n 大家 \u65e9\u6668\u597d\uff01')
 Hello World,
 大家早晨好!
>>> print('\u0020')                   # Unicode 字符：空格
>>> print('\U0000597d')               # 好
```

引号中小写的“u”表示其后是一个 Unicode 字符串。如加入一个特殊字符，可以使用 Python 的 Unicode-Escape 编码（即字符的 Unicode 编码格式）。

\uxxxx：4 个十六进制字符值，表示 4 个十六进制编码的 Unicode 字符。

\Uxxxxxxxx：8 个十六进制字符值，任何 Unicode 字符都可以采用这样的编码方式。

（2）采用原始字符串

为了避免对字符串中的转义字符进行转义，可以在字符串前面加上字母 r 或 R 使其表示原始字符串，其中的所有字符都表示原始的含义而不会进行任何转义，常用于指定文件路径、URL（Uniform Resource Locator，统一资源定位符）和正则表达式等场合。

```
>>> myfile1 = 'E:\\MyPython\\Code\\D2\\byteFile.bin'
>>> myfile2 = r'E:\MyPython\Code\D2\byteFile.bin'
>>> print(myfile1)
E:\MyPython\Code\D2\byteFile.bin
>>> print(myfile2)
E:\MyPython\Code\D2\byteFile.bin
```

2.3.3 字符串常量

Python 标准库中的 string 模块提供了英文字母大小写、数字字符、标点符号等字符串常量，编程时可以直接使用。string 模块中的字符串常量如表 2.8 所示。

表 2.8 string 模块中的字符串常量

常量名	说明
string.digits	包含数字 0 ～ 9 的字符串
string.ascii_letters	包含所有英文字母（大写或小写）的字符串
string.ascii_lowercase	包含所有小写英文字母的字符串
string.ascii_uppercase	包含所有大写英文字母的字符串
string.printable	包含所有可打印字符的字符串
string.punctuation	包含所有标点的字符串
string.hexdigits	包含数字 0 ～ 9、a ～ f（A ～ F）的十六进制数字字符串
string.octdigits	包含数字 0 ～ 7 的八进制数字字符串
string.whitespace	包含全部空白的 ASCII 字符串 '\t\n\r\x0b\x0c'

字母字符串常量具体值取决于 Python 所配置的字符集，如果可以确定自己使用的是 ASCII，那么可以在变量中使用 ascii_ 前缀，如 string. ascii_letters：

```
>>> import string
>>> x = string.digits + string.ascii_letters + string.punctuation
>>> x
```

运行结果：

```
'0123456789abcdefghijklmnopqrstuvwxyzABCDEFGHIJKLMNOPQRSTUVWXYZ!"#$%&\'()*+,-./:;<=>?@[\\]^_`{|}~'
```

2.3.4 字节串

Python 除了支持 Unicode 编码的字符串型之外，还支持字节串型。在定界符前加上字母 b 表示该字符串为一个字节串。

对字符串调用 encode() 方法进行编码可得到其字节串，对字节串调用 decode() 方法并指定正确的编码格式则可得到原来的字符串。例如：

```
>>> str1 = '学习 Python'
>>> type(str1)                      # <class 'str'>
>>> byte1 = str1.encode('utf-8')
>>> type(byte1)                     # <class 'bytes'>
>>> byte1                           # b'\xe5\xad\xa6\xe4\xb9\xa0Python'
>>> byte2 = str1.encode('gbk')
>>> byte2                           # b'\xd1\xa7\xcf\xb0Python'
>>> str2 = byte2.decode('gbk')
>>> str2                            # '学习 Python'
```

2.3.5 内置字符串函数

Python 语言提供了一些对字符串进行处理的内置函数，如表 2.9 所示。

表 2.9 内置字符串处理函数

函数	描述
len(s)	返回字符串 s 的长度，或者返回其他组合数据类型的元素个数
str(x)	返回任意类型 x 所对应的字符串形式
chr(n)	返回 Unicode 编码值 n 对应的单字符
ord(c)	返回单字符 c 表示的 Unicode 编码值
hex(n)	返回整数 n 对应的十六进制数的小写形式字符串
oct(n)	返回整数 n 对应的八进制数的小写形式字符串

（1）字符串处理

字符串处理示例如下：

```
>>> len("Python 是最简洁的编程语言！ ")
16
>>> str(-1034.36)
'-1034.36'
>>> str(0x4A)
'74'
```

（2）字符处理

说明

字符串是由字符组成的序列。字符是经过编码后表示信息的基本单位，Python 语言使用 Unicode 编码值表示字符。

chr(x) 和 ord(x) 函数用于在单字符和 Unicode 编码值之间进行转换。chr(x) 函数返回 Unicode 编码值对应的字符，ord(x) 函数返回单字符 x 对应的 Unicode 编码值。例如：

```
>>> print(ord("A"), ord("汉"))
65 27721
>>> chr(27721)
'汉'
>>> print(chr(65), chr(27721))
A 汉
>>> hex(65); oct(27721)
'0x41'
'0o66111'
```

2.3.6 字符串运算符

字符串基本运算符如下。

（1）+：字符串连接。

（2）*：字符串重复。

（3）in/not in：in 判断一个字符串是否为另一个的子字符串（成员）；not in 则相反。

上述运算符使用示例如下：

```
>>> a = "String";  b = "test!"
>>> a+' '+b                    # 'String test!'
>>> a*2                        # 'StringString'
>>> 'test' in b                # True
>>> a not in b                 # True
```

```
>>> int('1'*10, 2)                    # 1023
>>> "Abc" > "abc"                     # False
                                      # 因为 A 的 ASCII 值小于 a 的 ASCII 值
```

其中，'1'*10='1111111111'，该字符串对应二进制数的十进制值是 1023。

此外，在标准库 operator 中也提供了大量运算符，可以用函数方式实现运算功能。

例如，operator.add() 除了可以进行算术运算，如果参与运算的是字符串，则还可以实现字符串连接功能：

```
>>> import operator
>>> operator.add('a', 'bc')           # 'abc'
```

2.3.7 字符串格式化

数据只有进行了字符串格式化才能变换成用户需要的形式。本小节介绍两种进行字符串格式化的方法。

1. 用 % 进行字符串格式化

Python 支持格式化字符串的输出。使用 % 进行字符串格式化的形式如图 2.1 所示，格式运算符 % 之前的部分为格式字符串，之后的部分为需要进行格式化的内容。

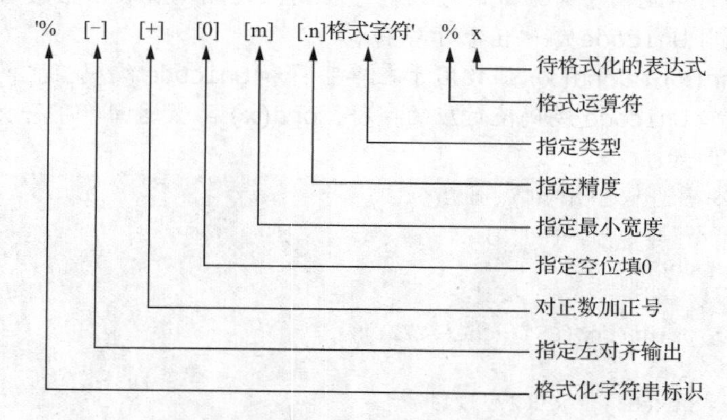

图2.1 字符串格式化的形式（单双引号均可）

Python 支持大量的格式字符，表 2.10 列出了比较常用的一部分。

表 2.10 常用格式字符

格式字符	说明	格式字符	说明
%s	字符串（采用 str() 来显示）	%x	十六进制整数
%r	字符串（采用 repr() 来显示）	%e	指数（基底写为 e）
%c	单字符	%E	指数（基底写为 E）
%%	字符 %	%f 、%F	浮点数
%d	十进制整数	%g	指数（e）或浮点数（根据显示长度）
%i	十进制整数	%G	指数（E）或浮点数（根据显示长度）
%o	八进制整数		

格式化运算符辅助指令如表 2.11 所示。

表 2.11　　格式化运算符辅助指令

符号	说明
*	定义宽度或小数点精度
-	指定左对齐输出
+	在正数前面显示加号（+）
<sp>	在正数前面显示空格
#	在八进制数前面显示 0（'0'），在十六进制数前面显示 '0x' 或者 '0X'（取决于用的是 'x' 还是 'X'）
0	在显示的数字前面填充 '0' 而不是默认的空格
%	'%%' 输出一个单一的 '%'
(var)	映射变量（字典参数）
m.n	m 是显示的最小总宽度，n 是小数点后的位数（如果可用的话）

在使用 % 进行字符串格式化时，要求被格式化的内容和格式字符之间必须一一对应。例如：

```
>>> n = 97
>>> s1 = "%o"%n
>>> s1                                  # '141'
>>> print("%x"%(n+100))                 # c5
>>> print("%e"%n)                       # 9.700000e+01
>>> "%s,%c"%(n,n)                       # '97,a'
>>> '%s' %[1, 2, 3]                     # '[1, 2, 3]'
```

2. 格式化字符串常量

格式化的字符串常量（Formatted String Literal）的用法与字符串对象的 format() 方法的类似，但形式更加简洁。

例如：

```
>>> name = 'Join'
>>> age = 28
>>> str = f'My Name is {name},and I am {age} years old.'
>>> print(str)                          # My Name is Join,and I am 28 years old.
>>> 数值 = 11/3
>>> width = 6
>>> precision = 3
>>> f'格式结果：{ 数值 :{width}.{precision}}'    # '格式结果：   3.67'
```

2.3.8　字符串操作方法

字符串是由字符组成的，字符串中字符位置的表示如图 2.2 所示。由字符串可以获得子字符串和字符。

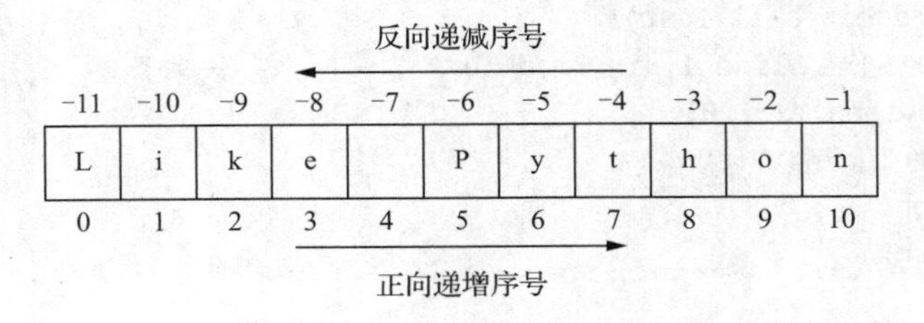

图2.2　字符串中字符位置的表示

字符串是对象，它包含丰富的方法对字符串对象进行操作。

1. 子字符串获取

定义字符串只需使用引号（单引号或者双引号）为变量分配一个字符串即可。由于 Python 不支持单字符类型，因此单字符也是作为一个字符串使用的。

获取子字符串的示例如下：

```
>>> str1 = 'first python!'
>>> str2 = "第二 python!"
>>> print(str1[0], str2[1:4])                           # f 二 p
```

说明

s[:] 截取字符串的全部字符。

s[0]：截取 s 字符串中第 1 个字符。

s[-1]：截取 s 字符串中倒数第 1 个字符。

s[1:4]：截取 s 字符串中第 2 ～ 4 个字符。

s[6:]：截取 s 字符串中第 7 个字符到结尾。

s[:-3]：截取 s 字符串从头开始到倒数第 3 个字符之前。

s[::-1]：获取与 s 字符串顺序相反的字符串。

s[-3:-1]：截取 s 字符串倒数第 3 位与倒数第 1 位之前的字符。

s[-3:]：截取 s 字符串倒数第 3 位到结尾。

---

2. 字符串查找

字符串查找方法如下。

（1）字符串 .find(子字符串 [, 开始位置 [, 结束位置]])：查找一个字符串在另一个字符串指定范围（默认是整个字符串）中首次出现的位置，如果没有找到则返回 -1。

（2）字符串 .rfind(子字符串 [, 开始位置 [, 结束位置]])：查找一个字符串在另一个字符串指定范围（默认是整个字符串）中最后一次出现的位置，如果没有找到则返回 -1。

（3）index() 和 rindex()：这两个方法的功能和参数与 find() 和 rfind() 方法的相同，但如果没有找到则抛出异常。

（4）count() 方法：用来返回一个字符串在另一个字符串中出现的次数，如果没有找到则返回 0。

查找字符串的示例如下：

```
>>> str1 = "python is a language , python is a strings!"
>>> str1.find('python')                      # 0
>>> str1.rindex('python')                    # 23
>>> str1.find('python',10)                   # 23
>>> str1.find('python',10,20)                # -1
>>> str1.index('python',10,20)
Traceback (most recent call last):
  File "<pyshell#154>", line 1, in <module>
    str1.index('python',10,20)
ValueError: substring not found
>>> str2 = 'python'
>>> str1.count(str2)                         # 2
```

3. 字符串添加

字符串添加方法如下。

字符串 .join(列表)：用来将多个字符串进行连接，并在相邻两个字符串之间插入指定字符，返回新字符串。

4. 字符串分隔

字符串分隔方法如下。

（1）字符串 .split(分隔符 [， 最大分隔次数])：用来以指定的分隔符将字符串从左端开始分隔成多个字符串，并返回包含分隔结果的列表。它是 join() 方法的逆方法。

使用该方法的示例如下：

```
>>> pdir1 = 'C:','Program Files','Python','Python 3.10'
>>> pdir2 = '/'.join(pdir1)
>>> pdir1
('C:', 'Program Files', 'Python', 'Python 3.10')
>>> pdir2
'C:/Program Files/Python/Python3.10'
>>> pdir2.split('/')
['C:', 'Program Files', 'Python', 'Python 3.10']
```

在 Python 中，同时给一个变量（如上面代码中的 pdir1）赋值的多个字符串称为元组，将在第 4 章介绍。

（2）字符串 .rsplit(分隔符 [， 最大分隔次数])：用来以指定的分隔符将字符串从右端开始分隔成多个字符串，并返回包含分隔结果的列表。

对于 split() 和 rsplit() 方法，如果未指定分隔符，则字符串中的任何空白符号（包括空格、换行符、制表符等）的连续出现都会被认为是分隔符，返回包含最终分隔结果的列表。

使用最大分隔次数参数的示例如下：

```
>>> str1 = 'Hello \n\nMr.Zhang, 你好 张先生'
>>> str1.split()
['Hello', 'Mr.Zhang,', '你好', '张先生']
>>> str1.split(maxsplit=2)
['Hello', 'Mr.Zhang,', '你好 张先生']
```

（3）字符串 .partition(分隔符) 和字符串 .rpartition(分隔符)：这两种方法以指定的分隔符将原字符串分隔为 3 部分，即分隔符之前的字符串、分隔符字符串和分隔符之后的字符串。如果指定的分隔符不在原字符串中，则返回原字符串和两个空字符串。如果字符串中有多个分隔符，那么 partition() 把从左往右遇到的第一个分隔符作为分隔符，rpartition() 则把从右往左遇到的第一个分隔符作为分隔符。

使用这两种方法的示例如下：

```
>>> str1 = "one,two,three,four,five,six"
>>> str1.partition(',')                         # 从左侧使用逗号进行分隔
('one', ',', 'two,three,four,five,six')
>>> str1.rpartition(',')                        # 从右侧使用逗号进行分隔
('one,two,three,four,five', ',', 'six')
>>> str1.rpartition('three')                    # 使用字符串“three”作为分隔符
('one,two,', 'three', ',four,five,six')
```

5. 字符串大小写转换

字符串大小写转换方法如下。

字符串 .lower()：将字符串转换为小写形式。

字符串 .upper()：将字符串转换为大写形式。

字符串 .capitalize()：将字符串首字母转换为大写形式。

字符串 .title ()：将每个单词的首字母转换为大写形式。

字符串 .swapcase ()：转换字符的大小写形式。

islower()、isupper()、isalpha()、isalnum()、isspace()、istitle()：分别用来判断字符串是否以纯小写字母、纯大写字母、字母（汉字）、字母和数字、空格和每个单词首字母大写组成。

字符串大小写转换的示例如下：

```
>>> s1 = "What time is it?"
>>> print(s1.lower(),'\n',s1.title(),'\n',s1.swapcase())
what time is it?
What Time Is It?
wHAT TIME IS IT?
```

6. 替换、生成字符

字符串替换和生成字符的方法如下。

（1）字符串 .replace(匹配项 , 替换项 [, 个数])：返回字符串的所有匹配项均被替换之后得到的新字符串。

使用该方法的示例如下：

```
>>> str1 = "1385186186×"
>>> str1.replace('18', '要发')              # '1385 要发 6 要发 6×'
>>> str1                                    # '1385186186×'
```

（2）空字符串 .maketrans(原字符 , 新字符)：生成字符映射表。

字符串 .translate(映射表)：根据映射表中定义的对应关系转换字符串并替换其中的字符。

使用这两个方法的组合可以同时处理多个不同的字符。例如，创建映射表，将字符串中的字符“123456”一一对应地转换为“ABCDEF”：

```
>>> myt = ' '.maketrans('123456', 'ABCDEF')
>>> mys = '1-p,2-y,3-t,4-h,5-o,6-n'
>>> mys.translate(myt)
'A-p,B-y,C-t,D-h,E-o,F-n'
```

7. 删除空白字符或指定字符

字符串 .strip([字符])、字符串 .lstrip([字符])、字符串 .rstrip([字符])：分别用来删除字符串两端、左端或右端连续的空白字符或指定字符。

删除空白字符和指定字符的示例如下：

```
>>> str1 = "  ==python strings==  "
>>> str1 = str1.strip()                     # '==python strings=='
>>> str1 = str1.lstrip('=')                 # 'python strings=='
>>> str1 = str1.rstrip('=')                 # 'python strings'
>>> str1 = str1.strip('ings')               # 'python str'
```

指定的字符串并不作为一个整体对待，而是在原字符串的两端、左端、右端删除参数字符串中包含的所有字符。

8. 起止字符串判断

字符串 .startswith([字符串 , 开始位置 , 结束位置])、字符串 .endswith([字符串 , 开始位置 , 结束位置])：分别用来判断字符串是否以指定字符串开始或结束，可以接收两个整型参数来限定字符串的检测范围。

起止字符串判断的示例如下：

```
>>> s1 = '*1234abcd#'
>>> s1.startswith('*1')                    # True
>>> s1.startswith('*1',2)                  # False
```

另外，这两个方法还可以接收一个字符串元组作为参数来表示前缀或后缀。

9. 字符串内容判断

字符串 .isalnum()、字符串 .isalpha()、字符串 .isdigit()、字符串 .isdecimal()、字符串 .isnumeric()、字符串 .isspace()、字符串 .isupper() 以及字符串 .islower()：分别用来判断字符串是否全为字母或数字、是否全为字母、是否全为数字、是否全为十进制数字、是否全为数字字符、是否全为空白字符、是否全为大写字母以及是否全为小写字母。

字符串内容判断的示例如下：

```
>>> s1 = '1234abcd'
>>> s1.isalnum()                           # True
>>> s1.isalpha()                           # False
>>> s2 = '888 三四 10 Ⅻ '
>>> s2.isnumeric()                         # True
```

isnumeric() 方法不仅支持对一般的阿拉伯数字的判断，还支持对汉字数字（一、二、三、四、五、六、七、八、九、十）和罗马数字（Ⅰ、Ⅱ、Ⅲ、Ⅳ、Ⅴ、Ⅵ、Ⅶ、Ⅷ、Ⅸ、Ⅹ、Ⅺ、Ⅻ）的判断。

10. 字符串排版

字符串 .center(宽度 [, 填充字符])、字符串 .ljust(宽度 [, 填充字符])、字符串 .rjust(宽度 [, 填充字符])：返回指定宽度的新字符串，原字符串分别以居中、左对齐或右对齐的方式出现在新字符串中，如果指定的宽度大于字符串长度，则使用指定的填充字符（默认是空格）进行填充。

字符串 .zfill(宽度)：返回指定宽度的字符串，在左侧以字符 0 进行填充。

字符串排版的示例如下：

```
>>> str1 = 'Python Strings 排版编辑'
>>> str1.center(30)
'    Python Strings 排版编辑       '
>>> str1.rjust(30, '-')
'-----------Python Strings 排版编辑'
>>> str1.zfill(30)
'00000000000Python Strings 排版编辑'
```

11. 字符串切片

切片操作适用于字符串，但仅支持读取其中的元素，不支持字符串修改。

字符串切片的示例如下：

```
>>> str1 = 'Python Strings 排版编辑'
>>> str1[:8]              # 'Python S'
>>> str1[:6]              # 'Python'
>>> str1[8:16]            # 'trings 排'
```

2.3.9 正则表达式

正则表达式是字符串处理的有力工具，它使用预定义的模式去匹配一类具有共同特征的字符串，可以快速、准确地完成复杂的查找、替换等处理任务，比字符串自身提供的方法功能更强大。

正则表达式与元字符和 re 模块相关。下面先介绍元字符，然后介绍 re 模块。

1. 元字符

正则表达式由元字符及其不同组合构成。通过构造正则表达式可以匹配任意字符串，完成各种复杂的字符串处理任务。常用的正则表达式元字符如表 2.12 所示。

表 2.12 常用的正则表达式元字符

元字符	功能说明
.	匹配除换行符以外的任意单个字符
*	匹配位于 * 之前的字符或 0 次或多次出现的子模式
+	匹配位于 + 之前的字符或 1 次或多次出现的子模式
-	在 [] 之内用来表示范围
|	匹配位于 | 之前或之后的字符
^	匹配行首以 ^ 之后的字符开头的字符串
$	匹配行尾以 $ 之前的字符结束的字符串
?	匹配位于 ? 之前的 0 个或 1 个字符。当要匹配的字符紧随在任何其他限定符（*、+、?、{n}、{n,}、{n,m}）之后时，匹配模式是“非贪心的”，它匹配搜索到的尽可能短的字符串，而默认“贪心”模式则匹配搜索到的尽可能长的字符串。例如，在字符串 ' oooo ' 中，'o+?' 只匹配单个 'o'，而 'o+' 匹配所有 'o'
\	表示位于 \ 之后的为转义字符
\n	n 是一个正整数，表示子模式编号。例如，'(.)\1' 匹配两个连续的相同字符
\f	匹配换页符
\n	匹配换行符
\r	匹配回车符
\b	匹配单词头或单词尾
\B	匹配除了单词头和单词尾以外的字符
\d	匹配任何数字，相当于 [0-9]
\D	与 \d 含义相反，等效于 [^0-9]
\s	匹配任何空白字符，包括空格、制表符、换页符等，与 [\f\n\r\t\v] 等效
\S	与 \s 含义相反
\w	匹配任何字母、数字以及下画线，相当于 [a-zA-Z0-9_]
\W	与 \w 含义相反，与 '[^A-Za-z0-9_]' 等效
()	将位于 () 内的内容作为一个整体来对待

续表

元字符	功能说明
{m,n}	{} 前的字符或子模式重复至少 m 次、至多 n 次
[]	表示范围，匹配位于 [] 中的任意一个字符
[^xyz]	反向字符集，匹配除 x、y、z 之外的任何字符
[a-z]	字符范围，匹配指定范围内的任何字符
[^a-z]	反向范围字符，匹配除小写英文字母之外的任何字符

如果以 \ 开头的元字符与转义字符相同，则需要使用 \\，或者使用 r/R 开头的原始字符串。

正则表达式只进行形式上的检查，并不保证内容一定正确。

2. re 模块

Python 标准库 re 提供了正则表达式操作所需要的功能，既可以直接使用 re 模块中的方法处理字符串，也可以把模式编译成正则表达式对象再使用。

下面介绍几个常用的正则表达式方法及其应用。

match(字符串 [, 起始位置 [, 结束位置]])：在字符串开头或指定位置进行搜索，模式必须出现在字符串开头或指定位置。

search(字符串 [, 起始位置 [, 结束位置]])：在整个字符串或指定范围中进行搜索。

findall(字符串 [, 起始位置 [, 结束位置]])：在字符串中查找所有符合正则表达式的字符串并以列表形式返回结果。

sub(正则表达式 , repl, 目标字符串 [, count=0])、subn(正则表达式 , repl, 目标字符串 [, count=0])：在目标字符串中以正则表达式的规则匹配字符串，再把它们替换成指定的字符串。其中，参数 repl 代表用来进行替换的字符串。

split(正则表达式 , 字符串 [, maxsplit=0])：以匹配正则表达式的模式串将字符串进行分隔。

re 模块的使用示例如下：

```
>>> import re                                   # 导入 re 模块
>>> str1 = 'one.two…three four'
>>> re.split('[\.]+',str1)                      # 使用匹配的模式串进行分隔
['one', 'two', 'three four']
>>> re.split('[\.]+',str1,maxsplit=1)           # 最多分隔 1 次
['one', 'two…three four']
>>> paz = '[a-zA-Z]+'
>>> re.findall(paz,str1)                        # 查找所有单词
['one', 'two', 'three', 'four']
>>> str2 = 'My name is {name}.'
>>> re.sub('{name}','Join',str2)
'My name is Join.'
>>> str3 = '1 一 壹'
>>> re.sub('1|一|壹','one',str3)                 # 返回替换后的字符串
```

```
'one one one'
>>> str4 = 'Word 排版软件可以拷贝字符串，拷贝方法：先选择拷贝的字符串，然后 …'
>>> re.subn('拷贝','复制',str4)                    # 返回替换后的字符串和替换次数
('Word 排版软件可以复制字符串，复制方法：先选择复制的字符串，然后 …', 3)
>>> print(re.search('Copy| 复制',str4))            # 没有匹配
None
>>> print(re.search('拷贝 | 复制',str4))
<re.Match object; span=(10, 12), match='拷贝'>    # 匹配 '拷贝'
```

删除字符串中多余的空格（连续多个空格只保留一个）有多种方法，具体示例如下：

```
>>> import re
>>> str5 = 'one two  three   four    five     '
>>> ' '.join(str5.split())                        # 使用字符串对象的分隔方法
'one two three four five'
>>> ' '.join(re.split('\s+', str5.strip()))      # 使用 re 模块的字符串分隔方法
'one two three four five'
>>> re.sub('\s+', ' ', str5.strip())              # 使用 re 模块的字符串替换方法
'one two three four five'
```

其中，使用 strip() 方法可以删除字符串两侧的所有空白字符。

同样地，也可以通过多种方法删除字符串中指定的内容，具体示例如下：

```
>>> str6 = 'What time is it now?'
>>> post = re.search("now", str6)
>>> post
<re.Match object; span=(16, 19), match='now'>
>>> str6[:post.start()] + str6[post.end():]      # 使用字符串切片
'What time is it ?'
>>> re.sub('now', '', str6)                       # 使用 re 模块的字符串替换方法
'What time is it ?'
>>> str6.replace('now', '')                       # 使用字符串对象的替换方法
'What time is it ?'
```

下面的代码使用以 \ 开头的元字符来实现字符串的特定搜索：

```
>>> import re
>>> str7 = "What time is it now? It's six p.m. now."
>>> re.findall('\\bi.+?\\b', str7)                # 以字母 i 开头的完整单词
['is', 'it']
>>> re.findall('\\bi.+\\b', str7)                 # 以字母 i 开头的字符串
["is it now? It's six p.m. now"]
>>> re.findall(r'\b\w.+?\b', str7)                # 查找所有单词
['What', 'time', 'is', 'it', 'now', 'It', 's ', 'six', 'p.', 'm. ', 'now']
>>> str8 = 'IP 地址 : 192.168.1.102, 网关 : 192.168.1.1'
>>> re.findall('\d+\.\d+\.\d+\.\d+', str8)       # 查找并返回 x.x.x.x 形式的数字
['192.168.1.102', '192.168.1.1']
```

2.4 日期时间类型

日期时间类型并不是 Python 内置的数据类型，需要通过日期时间的标准库 datetime 进

行处理，它提供了一批日期和时间的处理方法。另外，Python 还提供专门处理时间的标准库 time，它与 datetime 的主要功能基本相同，但使用方法和输出显示不同，它能提供系统级的精确计时功能，也可让程序运行指定的时间后暂停等。

2.4.1 日期时间库

日期时间的标准库 datetime 以格林尼治时间为基础，把每天用 3600×24（单位为 s）精准定义。该库包括两个常量：datetime.MINYEAR 与 datetime.MAXYEAR，分别表示 datetime 所能表示的最小、最大年份，值分别为 1 与 9999。

datetime 库提供多种日期和时间表示类，如下。

datetime.date：日期表示类，可以表示年、月、日等。

datetime.time：时间表示类，可以表示时、分、秒、微秒等。

datetime.datetime：日期和时间表示类，功能覆盖 date 和 time 类。

datetime.timedelta：与时间间隔有关的类。

datetime.tzinfo：与时区有关的信息表示类。

由于 datetime.datetime 类的表达形式最为丰富，因此这里主要对它进行介绍，并将它简称为 datetime 类。datetime 类的使用方式是先创建一个 datetime 对象，然后通过它的方法和属性进行操作。

1. 创建 datetime 对象

datetime 类有 3 种方法：datetime.now()、datetime.utcnow() 和 datetime.datetime()。

（1）datetime.now()：返回一个 datetime 类型的数据，表示当前的日期和时间，精确到微秒。

（2）datetime.utcnow()：返回一个 datetime 类型的数据，是当前日期和时间的 UTC（Universal Time Coordinated，世界协调时）表示，精确到微秒。

使用这两种方法的示例如下：

```
>>> from datetime import datetime
>>> today1 = datetime.now()
>>> today1
datetime.datetime(2022, 2, 19, 16, 34, 24, 288371)
>>> today2 = datetime.utcnow()
>>> today2
datetime.datetime(2022, 2, 19, 8, 44, 40, 745973)
```

（3）datetime.datetime()：构造一个日期和时间对象，语法格式如下：

```
datetime( 年 , 月 , 日 [, 时 , 分 , 秒 , 微秒 ])
```

参数说明如下。

年：在 datetime 对象能够表示的范围内。

月：1 ～ 12。

日：从 1 到各月份所对应的日期上限。

时：0 ～ 23。

分：0 ～ 59。

秒：0 ～ 59。

微秒：0 ～ 999999。

其中，时、分、秒、微秒参数可以全部或按从前到后的顺序部分省略。

2. datetime 类常用属性

创建 datetime 对象后，就可以利用 datetime 类的常用属性获取各项日期时间信息。datetime 类常用属性包含 year、month、day、hour、minute、second、microsecond，对应年、月、日、时、分、秒、微秒。datetime 对象能够表示范围的最小和最大日期时间可以通过 min 和 max 属性获得。

使用 datetime 类常用属性的示例如下：

```
>>> mydatetime = datetime(2022, 2, 19, 8, 44, 40, 745973)
>>> mydatetime
datetime.datetime(2022, 2, 19, 8, 44, 40, 745973)
>>> mydatetime.year
2022
>>> mydatetime.month
2
>>> mydatetime.day
19
```

3. datetime 类时间格式化

datetime 类有如下 3 个常用的时间格式化方法。

（1）isoformat()：采用 ISO 8601 标准格式显示时间。

（2）isoweekday()：根据日期计算星期后返回 1 ～ 7，对应星期一到星期日。

这两种方法的使用示例如下：

```
>>> mydatetime.isoformat()
'2022-02-19T08:44:40.745973'
>>> mydatetime.isoweekday()
6
```

（3）strftime(format)：根据格式化字符串 format 进行格式化显示。它是各种通用格式时间显示最有效的方法，其参数 format 由格式化控制符组成。常用的格式化控制符如表 2.13 所示。

表 2.13　strftime() 方法的格式化控制符

格式化控制符	日期 / 时间	值范围
%Y	年份	0001 ～ 9999
%y	年份（两位数）	00 ～ 99
%m	月份	01 ～ 12
%B	月份（英文）	January ～ December
%b	月份（英文简写）	Jan ～ Dec
%d	日期	01 ～ 31
%A	星期（英文）	Monday ～ Sunday
%a	星期（英文简写）	Mon ～ Sun
%H	时（24h 制）	00 ～ 23
%I	时（12h 制）	00 ～ 12
%M	分	00 ～ 59
%S	秒	00 ～ 59
%P	上下午	AM，PM
%x	日期	月 / 日 / 年
%X	时间	时 : 分 : 秒

使用这个方法的示例如下：

```
>>> from datetime import datetime
>>> dt = datetime.now()
>>> dt.strftime("%Y-%m-%d")
'2022-02-19'
>>> dt.strftime("%A, %d, %B %Y %I:%M%p")
'Saturday, 19, February 2022 05:36PM'
>>> print("今天是{0:%Y}年{0:%m}月{0:%d}日".format(dt))
今天是2022年02月19日
```

datetime库主要用于对时间进行表示，因此，从格式化角度掌握strftime()函数已经能够处理很多问题了。建议读者在遇到需要处理时间的问题时采用datetime库，简化对格式输出和时间的维护。

2.4.2 时间库

时间标准time库的功能主要分为3个方面：时间处理、时间格式化和计时。

时间处理主要包括4个函数：time.time()、time.gmtime()、time.localtime()、time.ctime()。

时间格式化主要包括3个函数：time.mktime()、time.strftime()、time.strptime()。

计时主要包括3个函数：time.sleep()、time.monotonic()。

使用time的示例如下：

```
>>> import time
>>> time.time()                    # 获得当前时间戳
1645427291.623457
>>> time.gmtime()                  # 获得当前标准时间戳对应的struct_time
time.struct_time(tm_year=2022, tm_mon=2, tm_mday=21, tm_hour=7, tm_min=14, tm_sec=21,
tm_wday=0, tm_yday=52, tm_isdst=0)    #说明（1）
>>> time.ctime()                   # 获得当前标准时间对应的字符串
'Mon Feb 21 15:30:45 2022'
>>> mytime = time.localtime()      # 获得本地标准时间戳对应的struct_time
>>> mytimeStr = time.strftime("%Y-%m-%d %H: %M: %S", mytime)
                                   # 日期时间格式化为字符串
>>> print(mytimeStr)
2022-02-21 15: 34: 49
>>> mytimeStr = '2019-01-06 12:15:28'                        # 日期时间字符串数据
>>> mytime = time.strptime(mytimeStr, "%Y-%m-%d %H:%M:%S")    #说明（2）
>>> print(mytime)
time.struct_time(tm_year=2019, tm_mon=1, tm_mday=6, tm_hour=12, tm_min=15, tm_sec=28,
tm_wday=6, tm_yday=6, tm_isdst=-1)
```

（1）tm_wday、tm_yday、tm_isdst分别表示星期几（值范围为0～6，0为星期一）、该年第几天（值范围为1～366）和是否为夏令时（0为否、1为是、-1为未知）。

（2）time.strptime()根据指定的格式把一个时间字符串解析为时间元组。

2.5 数据类型转换

在数字的算术运算表达式求值时会进行隐式的数据类型转换，如果表达式中存在复数则将数据都变成复数，如果没有复数但是有实数就将数据都变成实数，如果都是整数则不进行类型转换。

显式数据类型的转换通过转换函数进行，以要转换到的目标类型作为函数名。表 2.14 列出了常用的转换函数，其中每个函数都会返回一个新的对象，以表示转换后的值。

表 2.14　　常用的转换函数

函数	说明
int(x[, base])	将对象 x 转换为一个整数，如 x 为数字字符串，可包含 base 参数表示 x 的进制
long(x[, base])	将对象 x 转换为一个长整数，如 x 为数字字符串，可包含 base 参数表示 x 的进制
float(x)	将对象 x 转换为一个浮点数，如 x 为数字字符串，可包含 base 参数表示 x 的进制
str(x)	将对象 x 转换为字符串
repr(x)	将对象 x 转换为表达式字符串
eval(s)	计算在字符串 s 中的有效表达式并返回一个对象
chr(n)，n<256	将整数 n 转换为一个字符
chr(n)，n ≥ 256	将整数 n 转换为 Unicode 字符
ord(c)	将字符 c 转换为它对应的整数值（Unicode 编码值）
hex(n)	把整数 n 转换为十六进制字符串
oct(n)	把整数 n 转换为八进制字符串
bin(n)	把整数 n 转换为二进制字符串
ascii(x)	把 x 转换为 ASCII 表示形式
bytes(x[, code])	把 x 转换为指定编码（code）的字节串
type(x), isinstance(x, type)	判断对象 x 是不是 type 数据类型

2.5.1 进制和数值转换

我们平常习惯使用十进制数，而计算机内部使用二进制数，但二进制数书写起来太长，用八进制数和十六进制数代替二进制数比较方便。下面先介绍十进制整数的二进制、八进制和十六进制转换，然后介绍其他形式的数值转换。

1. 进制转换

转换函数 bin(n)、oct(n)、hex(n) 分别可以将十进制整数（n）转换为二进制、八进制和十六进制形式。

进制转换的示例如下：

```
>>> bin(193)                    # '0b11000001'
>>> oct(193)                    # '0o301'
>>> hex(193)                    # '0xc1'
```

2. 其他形式的数值转换

其他形式的数值转换如下。

（1）int(x[, base])：将实数、分数或合法的数字字符串转换为整数；当参数为数字字符串时，还允许指定第二个参数 base 来说明数字字符串的进制。base 为 0 或 2 ～ 36 的整数，其中 0 表示向隐含的进制转换。

int() 使用示例如下：

```
>>> int(-13.26)                        # -13
>>> from fractions import Fraction, Decimal
>>> x = Fraction(2,11)
>>> int(x)                             # 0
>>> x = Fraction(23,11)
>>> int(x)                             # 2
>>> x = Decimal(23/11)
>>> x
Decimal('2.090909090909090828347416390897706151008605957031255')
>>> int(x)                             # 2
>>> int('0b11000001', 2)               # 193
>>> int('0xc1', 16)                    # 193
```

（2）float(x)：将其他类型的数据转换为实数。complex() 可以用来生成复数。

float() 使用示例如下：

```
>>> float(-12)                         # -12.0
>>> float('-12.5')                     # -12.5
>>> x = complex(3)
>>> x                                  # (3+0j)
>>> x = complex(3,4)
>>> x                                  # (3+4j)
>>> float('nan')                       # nan
>>> complex('inf')                     # (inf+0j)
```

（3）eval(s)：用来计算字符串 s 的值，它也可以对字节串求值，还可以执行内置函数 compile() 来编译生成的代码对象。

eval() 使用示例如下：

```
>>> eval(b'3+5-12.5')                  # -4.5
>>> eval(compile('print(3+5-12.5)', 'temp.txt', 'exec')) # -4.5
>>> eval('126')                        # 126
>>> eval('0126')                       # 不允许以 0 开头的数字，出错
>>> int('0126')                        # 126
```

2.5.2　字符、码值、字节和判断数据类型

用单引号进行标识的是字符，在计算机中用对应的码值表示，8 位二进制数就是一个字节。字符和码值之间可以通过函数进行相互转换。另外，本小节将介绍用于判断数据类型的函数。

1. 字符和码值转换

ord(c) 用来得到单个字符 c 的 Unicode 编码值，而 chr(n) 则用来得到 n 对应的字符，str(x) 则用来直接将任意类型参数 x 转换为字符串。

使用这些函数的示例如下：

```
>>> ord('A')                                   # 65
>>> chr(65)                                    # 'A'
>>> ord('汉')                                  # 27721
>>> ' '.join(map(chr,(27721,27722,27723)))     # '汉 汊 汋'
>>> str(-126)                                  # '-126'
>>> str(-12.6)                                 # '-12.6'
```

2. 字符和字节

一个 ASCII 字符由 1 个字节组成，一个汉字由多个字节组成。下面介绍两个相关的函数。

（1）ascii(x) 把对象 x 转换为 ASCII 表示形式，并使用转义字符来表示特定的字符。

使用该函数的示例如下：

```
>>> ascii(123)                          # '123'
>>> ascii('A')                          # "'A'"
>>> ascii('汉字输入')                   # "'\\u6c49\\u5b57\\u8f93\\u5165'"
```

（2）bytes(x, [code]) 把 x 转换为指定编码的字节串，code 为编码名称。

使用该函数的示例如下：

```
>>> bytes()                             # b''   空串
>>> bytes(6)                            # b'\x00\x00\x00\x00\x00\x00' 6 个空字符
>>> bytes('汉字输入', 'gbk')            # b'\xba\xba\xd7\xd6\xca\xe4\xc8\xeb'
>>> bytes('汉字输入', 'utf-8')
        # b'\xe6\xb1\x89\xe5\xad\x97\xe8\xbe\x93\xe5\x85\xa5'
>>> _.decode()                          # '汉字输入'
```

3. 判断数据类型

type(x) 用来判断 x 的数据类型，返回 <class '类型名'>。判断数据类型是为了避免错误的数据类型导致函数崩溃或出现意料之外的结果。isinstance(x, type) 用来判断 x 是否为 type 数据类型，并返回布尔值。

判断数据类型的示例如下：

```
>>> type(-12)                           # <class 'int'>
>>> type(-12.6)                         # <class 'float'>
>>> type('python')                      # <class 'str'>
>>> isinstance(-12, int)                # 判断 -12 是否为 int 类型
True
```

2.6 【典型案例】：计算输入表达式不同进制值

2-1 【例 2.1】

本节通过 3 个典型案例，介绍计算输入表达式不同进制值的程序实现。

【例 2.1】输入十进制数或者表达式，计算它对应的进制值。

代码如下（expTrans.py）：

```
str1 = input("输入表达式 (…)x: ")
p1 = str1.find("(")
p2 = str1.find(")")
lens = len(str1)
if not(p2>p1 and p2+1<=lens):
   print("输入错误！")
else:
   es = str1[p1+1:p2]
   jc = str1[p2+1]
   if jc=='2':                          #es 为二进制
      n = bin(int(es))
   elif jc=='8':                        #es 为八进制
```

```
        n = oct(int(es))
    elif jc=='h':                              #es 为十六进制
        n = hex(int(es))
    elif jc=='e':                              #es 为十进制表达式
        n = eval(es)
    print(es, "对应",jc,"进制 =",n)
```

运行结果如图 2.3 所示。

```
输入表达式(...)x: (16782)2
16782 对应 2 进制= 0b100000110001110

输入表达式(...)x: (2569)8
2569 对应 8 进制= 0o5011

输入表达式(...)x: (-90741)h
-90741 对应 h 进制= -0x16275

输入表达式(...)x: (2678+46-87)e
2678+46-87 对应 e 进制= 2637
```

图2.3　十进制转换

【例 2.2】使用 maketrans() 和 translate() 方法对字符串加密。把每个英文字母后移 2 个位置，即可加密；把每个英文字母前移 2 个位置，即可解密。

2-2 【例 2.2】

代码如下（strTrans.py）：

```
import string

lower = string.ascii_lowercase                    # 所有小写字母
upper = string.ascii_uppercase                    # 所有大写字母
str1 = string.ascii_letters

j = 2
str2 = lower[j: ] + lower[ :j] + upper[j: ] + upper[ :j]
mytable = ' '.maketrans(str1, str2)               # 创建映射表
mys1 = 'python is a language!'
mys2 = mys1.translate(mytable)                    # 转换加密
print(mys2)

j = -2
str2 = lower[j: ] + lower[ :j] + upper[j: ] + upper[ :j]
mytable = ' '.maketrans(str1, str2)               # 创建映射表
mys12 = mys2.translate(mytable)                   # 转换解密
print(mys12)
```

运行结果如图 2.4 所示。

```
ravjqp ku c ncpiwcig!
python is a language!
```

图2.4　字符串加密、解密

【例 2.3】在公司联系方式字符串中得到固定电话号码（× 为数字，本例虚拟化）。

2-3 【例 2.3】

代码如下（findTel1.py）：

```
import re
info = '''本公司的联系方式:
        固定电话: 025-8541239×,
```

```
        移动电话：1385151613×,                              # × 为数字
        QQ:95845696×
    泰州分公司：0523-661231×.'''                           # 多行字符串

print(info)
pattern = re.compile(r'(\d{3,4})-(\d{7,8})')               # 匹配正则表达式
index = 0
result = pattern.search(info,index)                         # 从指定位置开始匹配
if result:
    print('匹配内容：',result.group(0), \
        '在', result.start(0), '和',result.end (0),'之间：',result.span(0))
    print('匹配内容：',result.group(1), \
        '在', result.start(1), '和',result.end (1),'之间：',result.span(1))
    print('匹配内容：',result.group(2), \
        '在', result.start(2), '和',result.end (2),'之间：',result.span(2))
```

运行结果如图 2.5 所示。

```
本公司的联系方式：
        固定电话：025-8541239×,
        移动电话：1385151613×,
        QQ:95845696×
    泰州分公司：0523-661231×.
匹配内容：025-8541239X 在 23 和 35 之间：(23, 35)
匹配内容：025 在 23 和 26 之间：(23, 26)
匹配内容：8541239X 在 27 和 35 之间：(27, 35)
```

图2.5　匹配结果显示

（1）'(\d{3,4})-(\d{7,8})'：3 个或者 4 个数字 +“-”+7 个或者 8 个数字。

（2）pattern.search(info,index)：在 info 字符串中第 index 个位置开始匹配 pattern 中的正则表达式。

（3）一个正则表达式中可以有多个括号表达式，这就意味着匹配结果中可能有多个 group，可以用 group(i) 函数来定位到第 i 个括号的匹配内容。start(i) 表示 group(i) 匹配的开始位置，end(i) 表示 group(i) 匹配的结束位置。group(0) 表示匹配 (\d{3,4})-(\d{7,8}) 整体的结果，group(1) 表示匹配 (\d{3,4}) 的结果，group(2) 表示匹配 (\d{7,8}) 的结果。

但是，在上述程序中，仅仅找到一个匹配 (\d{3,4})-(\d{7,8}) 整体的结果，其他内容（例如：泰州分公司：0523-6612315× 没有匹配。

为了匹配其他内容，修改代码如下（findTel2.py）：

```
import re
info = '''本公司的联系方式：
        固定电话：025-8541239×,
        移动电话：1385151613×,
        QQ:95845696×
        泰州分公司：0523-661231×.'''                       # 多行字符串
print(info)
pattern = re.compile(r'(\d{3,4})-(\d{7,8})')               # 匹配正则表达式
index = 0
while True:
    result = pattern.search(info,index)                     # 从指定位置开始匹配
```

```
    if not result:
        break
    print('在',result.span(0),'匹配内容：',result.group(0))
    index = result.end(2)                          # 指定下次匹配的起始位置
```

运行结果如图 2.6 所示。

while True（条件为 True）表示一直循环，break 表示退出循环。

```
本公司的联系方式:
                固定电话: 025-8541239×,
                移动电话: 1385151613×,
                QQ:95845696×
           泰州分公司: 0523-661231×.
在 (28, 40) 匹配内容: 025-8541239×
在 (110, 122) 匹配内容: 0523-661231×
```

图2.6　运行结果

【实训】

1. 按照下列要求修改、运行并调试【例 2.1】中的程序。

输入表达式格式为（…）x，x=2,8,16，将 x 进制（…）转换为相应的十进制。

2. 按照下列要求修改、运行并调试【例 2.3】中的程序。

（1）采用正则表达式在公司联系方式字符串中获得移动电话号码。

（2）不采用正则表达式在公司联系方式字符串中获得固定电话号码。

【习题】

一、选择题

1. 下列运算正确的是（　　）。
   A. 0O10 + 2=12　　B. 0X18 + 2= 0X20
   C. 0b1001 + 1= 10　　D. 1.3 -0.1 = 1.2
2. 更能准确表达 10/3 的是（　　）。
   A. Fraction(10,3)
   B. 10.0/3
   C. decimal.Decimal("10.0")/3
   D. decimal.Decimal("10.0")/ decimal.Decimal("3")
3. y = -6+8j，abs(y)=（　　）。
   A. y.real+ x.imag　B. 14　　C. Y.conjugate()　D. 10
4. 下面整数不正确的是（　　）。
   A. 10　　B. 0x1A　　C. 0O18　　D. 0b1101
5. 下列运算结果正确的是（　　）。
   A. abs(-3.10)=3.1　　B. round(-3.10)=-4
   C. 1.3 -0.1 == 1.2　　D. int('-3')=-3
6. 下列运算结果错误的是（　　）。
   A. -6**2=-36　　B. divmod(-26, 8)=（-4, 6）
   C. math.radians(180)>3.14　　D. math.floor(-3.14)=-3
7. 下列返回 True 的是（　　）。
   A. random.randint(1, 10)=6　　B. random.choice([6])=6
   C. random.random()<=1　　D. random.uniform(1,10)>=1
8. 下列为 True 的是（　　）。
   A. not False　　B. 0j　　C. None　　D. 空字符串

9. 假设 a=2，b=1，下列运算结果为 False 的是（　　）。

A. a-b!=1 | a-1 & b-1　　B. ～b

C. str(b-1)　　D. 0b010-2

10. 在不包括圆括号的表达式中，优先级最低的运算符是（　　）。

A. //　　B. and　　C. +　　D. !=

11. 下列说法错误的是（　　）。

A. 一个汉字作为一个字符计算

B. +、-、* 也可作为字符串运算符

C. xxx(s) 适合内置函数 xxx() 对字符串 s 操作

D. s.xxx() 是对字符串 s 执行 xxx 方法

12. 下列不是字符串的是（　　）。

A. 'x'*3　　B. chr(0x41)

C. str(-1034.36)　　D. left(string.digits,2)

13. 下列不能表达当前时间的是（　　）。

A. datetime.now()　　B. time.time()

C. time.ctime()　　D. time.localtime()

二、填空题

1. Python 字符串与 ________ 串之间可以互相转换。

2. ________ 可以改变表达式的运算顺序。

3. 表达式 int('1101',2)=________，int('1101',3)=________。

4. 表达式 print(chr(ord('B')-1)) 输出 ________。

5. 假设 x=7，则表达式 x/3=________。

6. (3.5+6)/2**2%4 =________。

7. 假设 x=1.2，则 abs(x-1.0-0.2)==0= ________。

8. 用分数表达 0.5 的方法是 ________________。

9. 公式 $\frac{\sin\left(\sqrt{x^2}\right)}{ab}$ 对应的表达式为 ________________。

10. 假设 x=y=z=6 ，x%=y+z，则 x=________。

11. 假设 x=1，y=2，则 x&y=____，x|y=____，x^y=____，～x&y=____，x<<y=____，x>>y=____。

12. UTF-8 使用 ________ 表示一个汉字。

13. 字符串可以使用 ________ 转换为字节串。

14. 在字符串前加 ________ 可以表示原始字符串。

15. 在 s 字符串中的第 *n* 个字符处加入一个空格的语句为：________。

16. 假设 str1=’Python 排版编辑’，则 str1[:6]=________，str1[8: 10]=________。

17. 假设 n=80，则 print(“%e” %n) 输出 ______，print(“%x” %(n+101)) 输出 ______。

三、编程题

1. 从键盘输入一个大小不超过 120 的数字字符串，把它转换为二进制、八进制、十六进制数输出，然后把它们转换为对应的字符串后连接起来输出。

2. 输入一个华氏温度值，将它转换为摄氏温度值并输出。结果保留两位小数。

3. 从键盘同时输入 3 个数作为三角形 3 条边的长度，判断它们是否符合构成三角形的条件。

4. 输入一个字符串，从中随机生成一个数字并输出。

第3章 程序控制结构

要采用 Python 解决问题，需要使用程序控制结构将语句有机地组织起来，从而形成程序，这个过程就是程序设计。本章介绍程序控制结构。

3.1 程序基本结构

通常，运行程序的基本过程为：先输入数据，然后根据程序要完成的功能进行计算处理，最后输出结果。

计算处理是程序设计的核心任务。解决简单的计算处理问题可以直接编写程序，而对于比较复杂的问题则需要包含下列步骤：先根据应用问题的要求设计算法，再对算法进行描述，最后根据所描述的算法编写程序。

3.1.1 输入数据

input() 内置函数可以读取从标准输入设备（如键盘）输入的数据。用户可以输入数值或字符串，并存放到相应的变量中。

变量 =input(["提示串"])：接收用户输入的任何字符，以“Enter”键结束。输入的内容将存放到变量中。

1. 直接输入字符串

一般情况下，使用一条 input 语句只能实现输入一个字符串。例如：

```
>>> n = input("num=")
num = 23,-4
>>> n
'23,-4'
>>> n = int(input("num="))                  # 输入 num=-23
>>> n                                       # -23
```

但可以在其后对输入的字符串数据进行分割，这样使用一条 input 语句就可实现一次输入多个数据。例如：

```
s = input('请输入一个三位数：')
a, b, c = map(int, s)                       # 数字字符串拆分
print(a,b,c)
```

运行结果：

```
请输入一个三位数：586
5 8 6
```

2. 同时输入多个字符串

采用 input().split() 就可将多个字符串一次输入，但字符串之间要有分隔符。例如：

```
a, b, c = input().split()                    # 在同一行中输入 3 个字符串，用空格分隔
print(a+'',b+'',c)
```

运行结果：

```
one two three
one two three
```

上例输入字符串时使用的分隔符为空格，下例输入字符串时使用的分隔符为逗号：

```
a, b, c = map(int, input().split(','))    # 在同一行中输入 3 个字符串，用逗号分隔
print(a,b,c)
```

运行结果：

```
123,456,789
123 456 789
```

也可在输入字符串前提示使用逗号作为分隔符。例如：

```
b, c = map(int, input("b,c=").split(','))
print(b,c)
```

运行结果：

```
b,c=16,3
16 3
```

【例 3.1】编程实现用户输入一个三位自然数，程序计算并输出其百位、十位和个位上的数字。

代码如下（cal3n.py）：

```
s = input('请输入一个三位数：')
n = int(s)
n1 = n // 100
n2 = n // 10 % 10
n3 = n % 10
print(n1,n2,n3)
```

运行结果：

```
请输入一个三位数：268
2 6 8
```

下列代码也能实现上述功能：

```
n = int(input('请输入一个三位数：'))
a, b = divmod(n, 100)                        # n%100→b, a = n//100
b, c = divmod(b, 10)                         # b%10→c, b = b//10
print(a,b,c)
```

3. 输入格式提示

输入格式提示的内容可以根据不同情况而改变。

```
>>> i = 1
>>> score = input('请输入第 {0} 个分数：'. format(i))
```

```
请输入第1个分数: 68
>>>
```

字符串 .format(i)：对字符串内容格式化。

3.1.2 数据输出

内置函数 print() 可以将常量、变量、函数和由它们组成的表达式的值显示出来。常量、变量和函数可以被认为是简单的表达式。

print() 的语法格式为：

```
print(表达式1,表达式2,… ,sep='  ',end=' \n',file=sys.stdout,flush=False)
```

其中，sep 之前为输出的内容，sep 参数用于指定数据之间的分隔符，默认为空格。end 参数用于指定 print 语句结束后输出的控制字符，如果不指定，则会换行；如果不希望 print 语句结束换行，则可以指定其他字符。file 参数默认为标准控制台（显示器），也可以重定向输出到文件。

数据输出有以下两种方法。

1. 直接输出

用 print() 和字符串，就可以在屏幕上显示指定的文字。print 语句也可以输出多个字符串或表达式，用逗号将它们隔开，可以连成一串一起输出。例如：

```
>>> a = "one"
>>> b = -5
>>> print(a,'two','three',b+9)
one two three 4
>>> print(a,'two','three',b+9,sep='\t')
one  two  three   4
```

通过循环可以输出有规律的数据。例如：

```
>>> for i in range(10):                    # 每个输出之后不换行
        print(i,end=',')
0,1,2,3,4,5,6,7,8,9,
```

通过重定向，可以通过 print 语句将内容输出到文件中。例如：

```
>>> with open('temp.txt','a+') as fp:
        print('输出测试! ',file=fp)       # 重定向，将内容输出到 temp.txt 文件中
```

2. 格式化输出

要实现格式化输出需要使用格式化输出控制符。格式化输出控制符如表 3.1 所示。

表 3.1 **格式化输出控制符**

符号	说明
%d、%i	格式化整数
%u	格式化无符号整数
%o	格式化无符号八进制数
%x、%X	格式化无符号十六进制数

续表

符号	说明
%f、%F	格式化浮点数，可指定浮点数的精度（如 %f6.2 表示浮点数长度为 6，其中有 2 位小数）
%e、%E	用科学记数法格式化浮点数
%g、%G	根据值的大小决定使用 %f 或 %e
%%	输出 % 字符
%p	用十六进制数格式化变量的地址
%c	单字符（接收整数或者单字符字符串）
%s	使用 str() 转换任意 Python 对象
%r	使用 repr() 转换任意 Python 对象
%a	使用 ascii() 转换任意 Python 对象

格式化运算符辅助指令如表 3.2 所示。

表 3.2　格式化运算符辅助指令

符号	说明
*	定义宽度或者小数点精度
-	指定左对齐输出
+	在正数前面显示加号（+）
<sp>	在正数前面显示空格
#	在八进制数前面显示 0（'0'），在十六进制前面显示 '0x' 或者 '0X'（取决于用的是 'x' 还是 'X'）
0	在显示的数字前面填充 '0' 而不是默认的空格
%	'%%' 输出一个单一的 '%'
(var)	映射变量（字典参数）
m.n	m 是显示的宽度，如果实际数字大于这个位数则以实际为主；n 是小数点后的位数

格式化输出的示例如下：

```
>>> a = 12
>>> print("int=%d"%a)                # int=12
>>> print("int=%6d"%a)               # int=    12
>>> b1 = 28.3
>>> print("%6.2f"%b1)                # 28.30
>>> b2 = 2.6e-4
>>> print("%6.2f"%b2)                #  0.00
>>> print("%10.4f"%b2)               #    0.0003
>>> c = 'python'
>>> print("%10s\n"%c)                #    python
```

还可以同时输出多个表达式。例如：

```
>>> print("a,b1,b2,c=",a,b1,b2,c)
a,b1,b2,c= 12 28.3 0.00026 python
>>> print("a=%x,b1=%f6.2f,b2=%f,c=%10s"%(a,b1,b2,c))
a=c,b1=28.3000006.2f,b2=0.000260,c=    python
```

3.1.3　算法描述和实现

要解决一个应用问题，一般需要先将算法描述出来，然后根据描述的算法编写程序。

1. 算法描述

为了设计需要和交流上的方便，需要把算法描述出来。描述算法的方法有很多种，其中通过流程图进行描述的方法比较常用。

流程图的表达元素如图 3.1 所示。

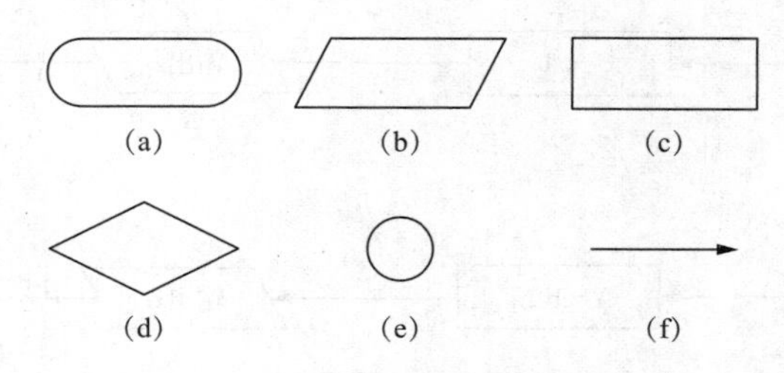

图3.1　流程图的表达元素

图 3.1（a）所示元素表示开始和结束，分别对应程序入口和出口。一个程序一般最好只有一个入口和一个出口。

图 3.1（b）所示元素描述输入输出数据。描述输入数据存放到哪些变量，输出哪些数据。

图 3.1（c）所示元素描述数据计算和处理。描述的功能可以用一条语句实现，也可以用若干个语句块实现。

图 3.1（d）所示元素描述判断条件。一般对应一个入口和两个出口，两个出口分别表示条件成立时的流向和条件不成立时的流向。也可以对应一个入口和多个出口，表示符合不同条件时分别对应的流向。

图 3.1（e）所示元素表示连接点。连接点中包含字符，字符相同的连接点表示可以连接在一起。

图 3.1（f）所示元素是流向导引线，通过箭头指引流程图流动方向。

流程图描述可以采用自顶向下、逐步细化的方式。先描述主要功能及其流程；然后对主要功能的每一个部分进行分解描述；再对每一个分解的流程中的每个内容进一步细化，一直细化到用编程语言对应的语句可以写出图中每一个元素的内容为止。

3-1　流程图

描述计算方程 $ax^2+bx+c=0$ 根的流程图，如图 3.2 所示。

2. 根据描述的算法编写程序

流程图中描述的算法可以用各种编程语言实现，本书用 Python 语言实现。

（1）输入数据：变量 =input()。

（2）输出数据：print(表达式 ,…)

实际使用 Python 解决问题时，还需要设计图形界面进行输入输出。

（3）数据计算处理：用 Python 的常量、变量、函数及其运算符组成的表达式进行计算和数据处理，计算结果可以赋值给变量保存。

（4）根据判断条件执行语句 / 语句块：使用分支结构或循环结构。

分支结构（可用 if…else… 来实现）使得程序在执行时可以根据条件表达式的值，跳转到指定的语句块执行。

循环结构（可用 for… 和 while… 来实现）使计算机能够反复执行同一组语句，直到指定的条件不成立为止，它最能体现程序的魅力。

3. 程序共享和复用

如果完成某些功能的程序需要多次使用，可以先用下列语句将其定义成函数：

```
def 函数名 ( 参数 ,…)
    语句块
```

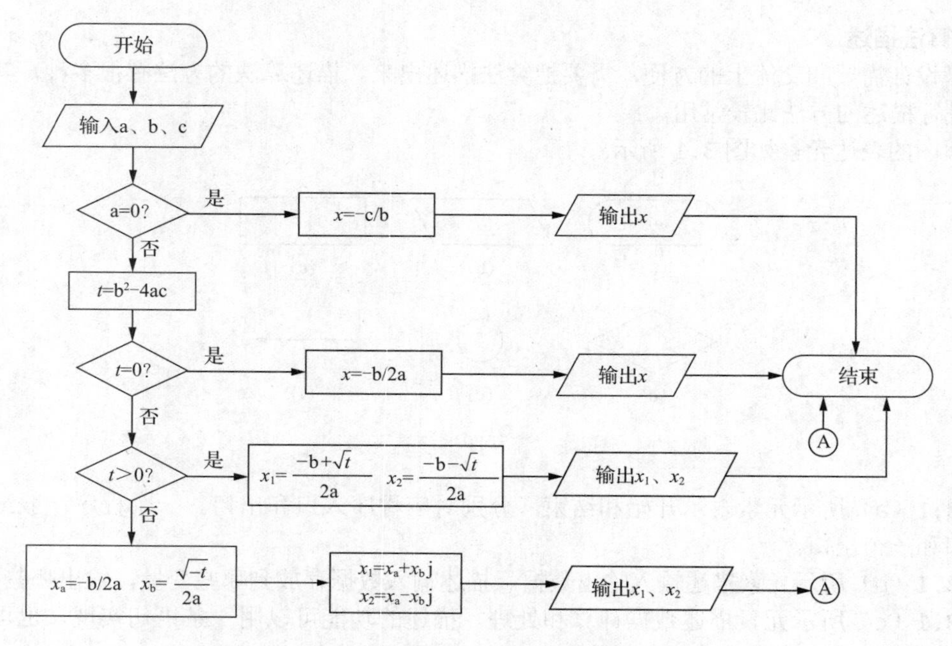

图3.2　计算方程$ax^2+bx+c=0$根的流程图

需要时通过下列语句调用：

```
函数名(数据,...)
```

【例 3.2】根据半径计算圆的周长和面积。

代码如下（Circle.py）：

```
# 自定义函数
def fcircle(r):
   length = 2*3.14159*r
   area = 3.14159*r*r;
   print("半径 =",r,"周长 =",length,"面积 =",area)
# --------------
r = input("半径 =")
r = int(r)
if r>0:
   fcircle(r)
else:
   print("半径不能 <0!")
```

运行结果如图 3.3 所示。

```
半径=12
半径= 12 周长= 75.39815999999999 面积= 452.38895999999994
```

图3.3　计算圆的周长和面积的程序的运行结果

3.2　分支结构

分支结构是根据不同的条件执行相应的语句块。分支结构通过分支语句实现，分支语句还可以嵌套。

3.2.1　分支语句

Python 的分支语句有 3 种形式。

1. if语句（单分支）

当程序仅有一个分支时使用 if 语句，其语法结构为：

```
if <条件>:
    <语句块>
```

如果<条件>的值为 True，则执行其后的<语句块>，否则不执行该<语句块>，其执行流程图如图 3.4 所示。

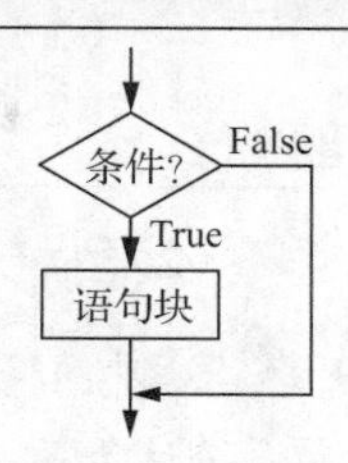

图3.4　if语句的执行流程图

【例 3.3】输入两个整数，输出其中的较大值。

代码如下（cmpab1.py）：

```
a = int(input("a="))
b = int(input("b="))
big = a                                 # 将 a 值放入 big 中
if big<b:                               # 如果 big（也就是 a 值）小于 b 值
    big = b;                            # 将 b 值放入 big 中
print("big=", big)                      # 输出 big 的值（即 a 和 b 中的较大值）
```

2. if...else... 语句（双分支）

当程序存在两个分支时用 if...else... 语句，其语法结构为：

```
if <条件>:
    <语句块 1>
else:
    <语句块 2>
```

如果<条件>值为 True，则执行<语句块 1>，否则执行<语句块 2>，其执行流程图如图 3.5 所示。

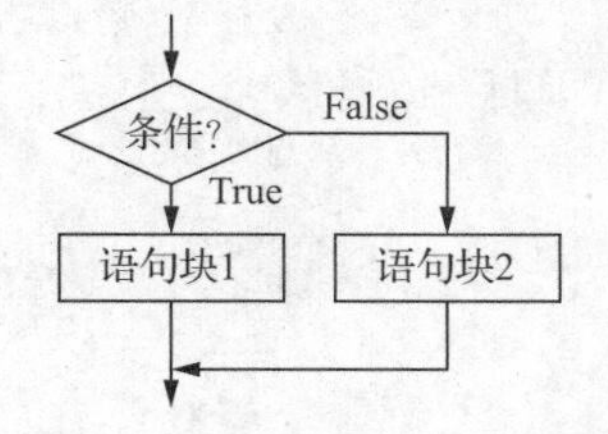

图3.5　if...else...语句的执行流程图

【例 3.4】输入两个整数，输出其中的较大值。

代码如下（cmpab2.py）：

```
a = int(input("a="))
b = int(input("b="))
if a<b:                                        # 如果 a 值小于 b 值
   big = b;                                    # 则将 b 值放入 big 中
else:
   big = a                                     # 否则将 a 值放入 big 中
print("big=", big);                            # 输出 big 中的值（即 a 和 b 中的较大值）
```

上面的程序代码还可以简化为：

```
a,b = map(int, input("Input a,b:").split(','))          # 说明（1）
print("big=",a)  if a>b else print("big=",b)           # 说明（2）
```

（1）同时输入两个整数，整数之间用逗号分隔。

（2）如果 a>b，则执行前面的 print()，否则执行后面的 print()。

注意，（2）为一条语句，如果写成下列形式就会出错：

```
print("big=",a); if a>b else print("big=",b)
```

因为系统认为这是两条语句，第一条语句 print("big=",a) 没有问题，但当第二条语句 if a>b else print("big=",b) 条件成立时没有语句可执行。

特别说明，在下列情况中：

```
if 条件：
   语句
```

如果“条件”表达式与“not 条件”表达式相比更烦琐，则可以写成：

```
if not 条件：
   pass
else:
   语句
```

其中 pass 语句表示空语句，可用于占位，什么也不执行。

3. if...elif...else（多分支）

当程序有多个分支可以选择时，可采用 if...elif...else 语句，其语法结构为：

```
if <条件1>:
    <语句块1>;
elif <条件2>:
    <语句块2>;
elif <条件3>:
    <语句块3>;
……
    <语句块n>
else:
    <语句块n+1>;
```

依次判断 <条件 i>（i=1,2,3,…,n）的值，当 <条件 i> 的值为 True 时，就执行其对应的 <语句块 i>，然后跳到整个 if...elif...else 语句之后的程序。如果所有的 <条件 i> 的值均为 False，则执行 else 后对应的 <语句块 n+1>，然后跳到整个 if...elif...else 语句之后的程序，其执行流程图如图 3.6 所示。

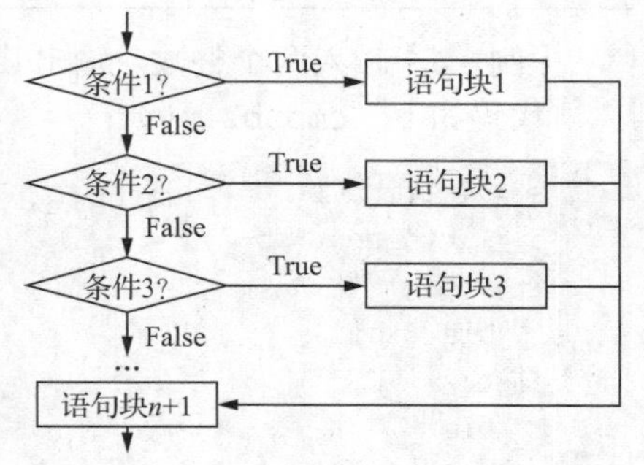

图3.6 if...elif...else语句的执行流程图

下面是几个相关的示例。

【例 3.5】比较并显示两个数的大小关系。

代码如下（cmpab3.py）：

```
a = int(input(" a=")); b = int(input(" b="))
if a==b: print("a=b!\n")
elif a>b: print("a>b!\n")
else: print("a<b!\n")
```

上面的程序判断并处理 3 种情况：a=b、a>b、a<b。

【例 3.6】将成绩从百分制变换到等级制。

代码如下（grade.py）：

```
score = int(input("成绩 = "))
if score >= 90 and score <= 100:
   grade = 'A'
elif score >= 80:
   grade = 'B'
elif score >= 70:
   grade = 'C'
elif score >= 60:
   grade = 'D'
elif score >= 0:
   grade = 'E'
else:
   grade = ''
if grade== '':
   print("输入错误！")
else:
   print (score, "等级为",grade,"\n")
```

【例 3.7】求一元二次方程 $ax^2+bx+c=0$ 的根。

3-2 【例 3.7】

设计的算法流程如图 3.2 所示，代码如下（abcx1.py）：

```
import math
a = float(input("a="))
b = float(input("b="))
c = float(input("c="))
if a==0:
   x = -c/b
   print("x=",x)
else:
   t = b*b - 4*a*c
   if t==0:
      x1 = x2 = (-b/(2*a))
      print("x1=x2=%6.2f"%x1)
   elif t>0:
      x1 = (-b + math.sqrt(t)) / (2*a)
      x2 = (-b - math.sqrt(t)) / (2*a)
      print("x1=%6.2f"%x1,"x2=%6.2f"%x2)
```

```
    else:
        xa = -b/(2*a)
        xb = math.sqrt(-t) / (2*a)
        x1 = complex(xa,xb)
        x2 = complex(xa,-xb)
        print("x1=%6.2f+%6.2fj"%(xa,xb))
        print("x2=%6.2f-%6.2fj"%(xa,xb))
```

先后运行程序 3 次以测试不同分支的执行情况，结果如图 3.7 所示。

```
a=1
b=3
c=2
x1= -1.00 x2= -2.00
```

```
a=0
b=1
c=2
x= -2.0
```

```
a=1
b=2
c=3
x1= -1.00+  1.41j
x2= -1.00-  1.41j
```

图3.7　3个不同分支的执行结果

3.2.2　分支语句的嵌套

如果分支语句中的语句块本身也是分支语句，就构成了分支语句的嵌套。

设 <3if 语句 > 为之前介绍的 if、if…else…、if…elif…else 之中的任一种，则嵌套的形式表示如下：

```
if < 条件 >:
    <3if 语句 >
[ elif < 表达式 >:
    <3if 语句 >]
[ else
    <3if 语句 >]
```

嵌套的“3if 语句”本身可能又是一个 <3if 语句 >，将会出现多个 if 重叠的情况，这时要特别注意通过缩进来体现 if…elif…else 的配对关系。

另外，[] 表示可以有，也可以没有该语句。

嵌套的分支语句使用示例如下。

【例 3.8】比较并显示两个数的大小关系（if…else… 嵌套实现）。

代码如下（cmpab4.py）：

```
a = int(input("a=")); b = int(input("b="))
if a!=b:
   if a>b:
      print("a>b")
   else:
      print("a<b")
else:
   print("a=b")
```

（1）本例中如果 if 语句的 a!=b 条件成立，则进入 if…else… 语句，形成嵌套结构。

（2）采用嵌套结构实质上是为了进行多分支判断，故嵌套结构也可以变换成多分支结构。本例程序等效的多分支结构如下：

```
a = int(input("a=")); b = int(input("b="))
if a!=b and a>b:
   print("a>b")
elif a!=b and a<b:
   print("a<b")
else:
   print("a=b")
```

3.3 循环结构

循环结构是程序中最为重要的结构之一，其特点是，在给定的条件成立时，反复执行某个程序段，直到给定的条件不成立为止。给定的条件称为循环条件，反复执行的程序段称为循环体。

Python 提供了两种基本的循环语句：条件（while 循环）语句和遍历（for 循环）语句。

3.3.1 条件语句

条件语句又称 while 循环语句，其一般形式为：

```
while <条件>:
    <语句块 1>
[ else:
    <语句块 2>]
```

<条件>为 True，执行<语句块 1>（循环体），执行完毕重新计算<条件>值，如果还为 True，则再次执行<语句块 1>，这样一直重复下去，直至<条件>值为 False 才结束循环。当它有 else 子句时，还会接着执行<语句块 2>。while 循环语句的执行流程图如图 3.8 所示。

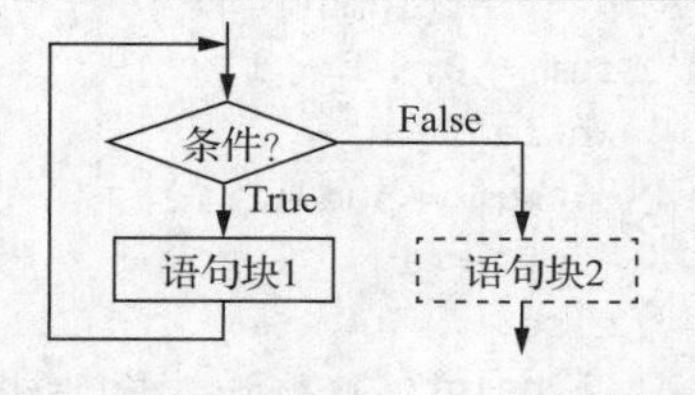

图3.8 while循环语句的执行流程图

下面是使用 while 循环语句的示例。

【例 3.9】输入两个正整数，得到其最大公因数和最小公倍数。

最大公因数指某几个整数的共有因数中最大的一个。两个或多个整数公有的倍数叫作这几个数的公倍数，其中最小的那一个为它们的最小公倍数，通常会借助最大公因数来辅助计算。

代码如下（calmn.py）：

```
m = int(input("m="))
n = int(input("n="))
p = m * n
while m%n != 0:
    m,n = n, m%n
print(n, p//n)
```

运行结果：

```
m=6
n=8
2 24
```

如果条件永远为 True，循环将会无限地执行下去。例如：

```
v = 1
while v==1:                         # 条件永远为 True，循环将无限地执行
    num = input("in: ")
    print("out: ", num)
print(" Good bye ! ")
```

运行程序，等待用户输入，用户输入完成按“Enter”键后显示输入的数据，程序会一直重复这个过程而永远都不会输出“ Good bye ! ”。

【例 3.10】用 while 循环语句计算 1+2+3+…+*n* 的值。

代码如下（fact1.py）：

```
n = int(input("n="))
sum = 0;  i = 1
while i<=n:
   sum = sum + i;
   i += 1
print("1+2+3+…+%d =%d"%(n,sum))
```

运行结果：

```
n=10
1+2+3+...+10 =55
```

下面程序的执行效果与 factl.py 的相同，两个程序的区别在于前者的 print 语句不属于循环语句，而后者的 print 语句属于循环语句的一部分，是循环条件不满足时执行的语句。

```
n = int(input("n="))
sum = 0;  i = 1
while i<=n:
   sum = sum + i;
   i += 1
else:
   print("1+2+3+…+%d =%d"%(n,sum))
```

3.3.2 遍历语句

遍历语句又称 for 循环语句，其一般形式为：

```
for <变量> in <序列>:
    <语句块 1>
[ else:
   <语句块 2> ]
```

按顺序遍历 <序列> 中的每一项，每次读取一项到 <变量> 中，执行循环体，直到 <序列> 中的项遍历完毕，结束循环，当循环有 else 子句时，<序列> 项遍历完毕后还会执行 <语句块 2>，for 循环语句的执行流程图如图 3.9 所示。

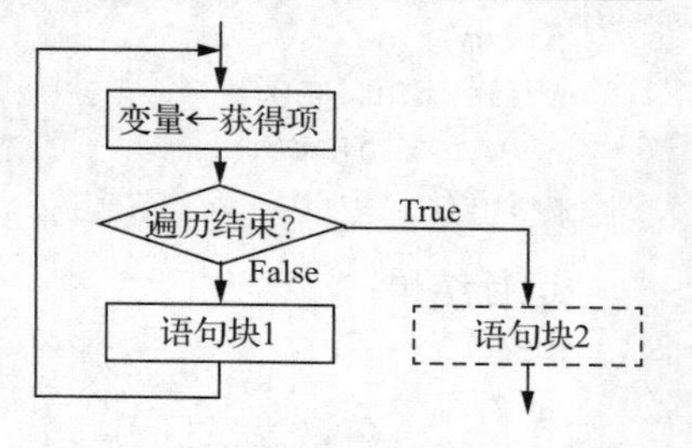

图3.9 for循环语句的执行流程图

下面是使用 for 循环语句的示例。

【例 3.11】用 for 循环语句计算 1+2+3+…+*n* 的值。

代码如下（fact2.py）：

```
n = int(input("n="));
sum = 0
for i in range(1, n+1):
   sum = sum + i
print("1+2+3+…+%d =%d"%(n,sum))
```

range(1, n+1) 表示生成 1,2,3,…,*n* 数据项，它们是一个序列。

系统函数 range() 的使用方法如下。

range(结束) 或 range(起始 , 结束 [, 步长])：返回一个左闭右开的序列。

其中，步长默认为 1，起始默认为 0。如果步长 >0，则最后一个元素（起始 + 步长）< 结束；如果步长 <0，则最后一个元素（起始 + 步长）> 结束；否则抛出 ValueError 异常。

使用 range() 函数的示例如下：

```
>>> range(0,-6,-1)                # 0,-1,-2,-3,-4,-5
>>> r = range(0,10,2)
>>> r[1]
2                                 # 第 1 个元素是 2，因为第 0 个元素是 0
>>> 3 in r
False                             # 3 不在生成的范围序列中
>>> r.index(6)
3                                 # 元素 6 是第 3 个元素
>>> r == range(0,12,2)
False                             # 范围元素不同
>>> range(0)                      # 空
>>> range(2,-3)                   # 空，默认步长 =1，起始 > 结束
```

在 Python 中对某个对象进行遍历，被遍历的对象称为迭代对象，通常用 for 循环语句来控制和使用迭代对象，程序如下：

```
s = 'ABC 123';
its = iter(s);
for x in its:
   print(x, end=',')
```

运行结果：

```
A,B,C, ,1,2,3,
```

用 iter() 方法可以生成迭代对象，它类似于一个游标，通过调用 __next__() 方法返回下一个元素，若没有下一个元素则返回一个 StopIteration 异常。

使用这两个方法的示例如下：

```
>>> s = 'ABC';  its = iter(s)
>>> its.__next__()                # 'A'
>>> its.__next__()                # 'B'
>>> its.__next__()                # 'C'
>>> its.__next__()                # StopIteration 异常
```

3.3.3　循环体控制语句

Python 支持在循环体内使用下列控制语句。

1. break 语句：跳出循环

break 语句可以结束循环语句，跳出整个循环。

使用 break 语句的示例如下：

```
for letter in 'ABCDEF':
    if letter == 'D':
        break
    print(letter, end=', ')
```

运行结果：

```
A, B, C,
```

2. continue 语句：继续下一轮循环

continue 语句可以跳过本次循环尚未执行的语句，然后继续进行下一轮循环。

使用 continue 语句的示例如下：

```
for letter in  'ABCDEF':
    if letter == 'D':
        continue
    print(letter, end= ', ')
```

运行结果：

```
A, B, C, E, F,
```

使用这两个控制语句的示例如下。

【例 3.12】输入 6 个分数，计算其平均分数。

代码如下（avgscore.py）：

```
sscore = 0
n = 1
while True:
    score = input('请输入第 {0} 个分数：'.format(n))
    score = float(score)
    if  0 <= score <= 100:
        sscore = sscore + score
        n = n + 1
        if n == 7:
            break
    else:
        print('输入分数超出范围！')
        continue
print("平均分数≈",round(sscore/6,2))
```

运行程序，输入只包含整数的结果如图 3.10（a）所示，若输入包含非整数则结果如图 3.10（b）所示。

```
请输入第1个分数：60
请输入第2个分数：170
输入分数超出范围！
请输入第2个分数：70
请输入第3个分数：80
请输入第4个分数：90
请输入第5个分数：65
请输入第6个分数：75
平均分数≈ 73.33
```

（a）

```
请输入第1个分数：60
请输入第2个分数：170
输入分数超出范围！
请输入第2个分数：aaa
Traceback (most recent call last):
  File "E:\MyPython\Code\D3\avgscore.py", line 5, in <module>
    score = float(score)
ValueError: could not convert string to float: 'aaa'
```

（b）

图3.10　运行结果

3.3.4　循环嵌套

Python 允许在一个循环体中嵌入另一个循环，这称为循环嵌套。如果使用循环嵌套，break 语句将只停止它所处层的循环，转到该循环外继续执行语句。

while 循环可以嵌套 while 循环，for 循环可以嵌套 for 循环，在 while 循环中也可以嵌套 for 循环，在 for 循环中也可以嵌套 while 循环。

使用循环嵌套的示例如下。

【例 3.13】找出介于 10 和 100 之间的所有素数。

代码如下（prime1.py）：

```
from math import sqrt
print('介于10和100之间的素数是：')
for i in range(10,100):
    flag = 0
    for j in range(2,int(sqrt(i))+1):
        if i%j == 0:
            flag = 1
            break
    if flag == 0:
        print(i, ',')
```

（1）素数是一个大于 1 的自然数，它除了 1 和自身外，不能被其他自然数整除。编程判断 n 是否为素数有多种方法。本例中用到的素数判断方法为：对于一个数 n，如果 $2\sim\sqrt{n}$的数都不能将其整除，那么 n 就是素数。

（2）因为 0 对应的布尔值为 False，所以条件 i%j == 0 也可以写成 not(i%j)。

（3）因为需要计算平方根，所以要加载 math 模块的 sqrt() 函数。

【例 3.14】解方程。

$$\begin{cases} x+y+z=200 \\ 5x+2y+z=300 \end{cases}$$

分析：此问题可以根据应用实际，设置一些基本条件（如 x、y 和 z 为非负整数），用穷举法求解。求解这个方程应该先使用多重循环组合出各种可能的 x、y 和 z 值，然后进行测试。

代码如下（fxyz.py）：

```
for x in range(1,300):
    for y in range(1,300):
        z = 200 - x - y
        if(5*x + 2*y + z == 300):
            print("x=%d,y=%d,z=%d"%(x,y,z))
```

运行结果：

```
x=1, y=96, z=103
x=2, y=92, z=106
x=3, y=88, z=109
x=4, y=84, z=112
x=5, y=80, z=115
x=6, y=76, z=118
x=7, y=72, z=121
……
```

3.4 【典型案例】：计时答题和快判素数

3-3【例 3.15】

本节通过两个案例介绍分支结构和循环结构的实现。

【例 3.15】随机出 5 道两个整数相加的题，统计正确答题数和用时。

代码如下（randintsum.py）：

```
import time,random
t1 = time.time()                                # 取当前时间
jok = 0;                                        # 记录正确答题数
for i in range(0,5):                            # 产生两个随机数
   n1 = random.randint(1,10)
   n2 = random.randint(1,10)
   sum = n1 + n2;
   print(" %d+%d = "%(n1,n2),end=' ')
   mysum = int(input())                         # 输入答案
   if(mysum<0):
      break                                     # 输入负值会导致中途退出
   elif mysum == sum:
      jok = jok + 1
if(mysum<0):
   print("你中途退出！");
else:
   t2 = time.time();
   t = float(t2 - t1)                           # 计算用时
   print('5 题中，你答对 %d 题，用时 %5.2f 秒 '%(jok, t))
```

运行结果如图 3.11 所示。

```
10+10 =  2
2+1 =  3
3+9 =  12
2+3 =  5
2+8 =  10
5题中，你答对4题，用时23.56秒
```

图3.11　运行结果

（1）rand 和 random 的区别就是返回类型不同，二者的返回类型分别是整型和长整型。

（2）如果每次希望产生相同的随机数，则可以在生成随机数前采用下列语句：

```
random.seed(n)
```

n=1，2，3，…。n=1 和 n=2 时产生的随机数是不一样的。但 n=1 时，每次产生的随机数是一样的。

【例 3.16】快速判断一个数是否为素数。

3-4【例 3.16】

分析：素数是只能被 1 或者自己整除的大于 1 的自然数。在【例 3.13】中介绍了一种判断 n 是否为素数的方法，实际上下列判断方法更简单、快速。2、3、5 是素数，除了 2 之外的偶数不是素数，其他只有 $6n$-1 和 $6n$+1（n 是自然数）可能是素数，也就是 n%6=1 或者 n%6=5。

代码如下（prime2.py）：

```
n = int(input("n= "))
if n <= 5:
   if n == 2 or n == 3 or n == 5:
      prime = True
   else:
      prime = False
elif n % 2 == 0:                              # 除了2以外的偶数不是素数
   prime = False
else:
   m = n % 6
   if not(m == 1 or m == 5):                  # 不是6n-1或6n+1
      prime = False
   else:
      prime = True
      for i in range(3,int (n**0.5)+1, 2):
         if n % i == 0:
            prime = False
            break
if prime:
   print(n,"是素数！")
else:
   print(n,"不是素数！")
```

运行结果如图3.12所示。

```
n= 19              n= 16
19 是素数！         16 不是素数！
```

图3.12　运行结果

3.5　异常处理

程序运行时检测到的错误称为异常，引发异常的原因有很多，从程序员角度看，包括输入错误数据、分母除0、数据越界、文件不存在、网络异常等。在Python中，一个异常即一个事件，通常情况下，当程序无法继续正常运行时就会发生异常。

3.5.1　异常处理程序结构

通过使用下面的语法结构，可以在编程时就设计好针对可能出现的异常的处理方法：

```
try:
    # 正常程序
except [Exception [as e]]:
    # 异常处理程序
```

其中，Exception是系统对出错原因的描述。

下面是使用这个结构的示例。

【例3.17】为除法运算程序设计异常处理。

1. 未加入异常处理的代码

下列程序运行时可能出现异常。

```
x = int(input('x= '))
y = int(input('y= '))
print("x/y=%8.2f"%(x/y))
```

运行程序，分别测试以下情形。

（1）正常输入（x=1，y=2），结果如图 3.13（a）所示。

（2）除数输入为 0（x=1，y=0），发生异常，显示错误信息如图 3.13（b）所示。

```
x= 1
y= 2
x/y=     0.50
```

（a）

```
x= 1
y= 0
Traceback (most recent call last):
  File "E:/MyPython/Code/D3/try-test1", line 3, in <module>
    print("x/y=%8.2f"%(x/y))
ZeroDivisionError: division by zero
```

（b）

图3.13　不同输入的运行结果

2. 加入异常处理的代码

在上述程序中加入异常处理代码后，程序运行时系统不会显示错误信息。

代码如下（division.py）：

```
try:
    x = int(input('x= '))
    y = int(input('y= '))
    print("x/y=%8.2f"%(x/y))
except Exception as e:
    print('程序捕捉到异常：',e)
```

运行程序，分别测试以下 3 种情形。

（1）正常输入（x=1，y=2），结果如图 3.14（a）所示。

（2）除数输入为 0（x=1，y=0），发生异常，结果如图 3.14（b）所示。

（3）除数输入为浮点数（x=1，y=2.0），发生异常，结果如图 3.14（c）所示。

```
x= 1
y= 2
x/y=     0.50
```

（a）

```
x= 1
y= 0
程序捕捉到异常：  division by zero
```

（b）

```
x= 1
y= 2.0
程序捕捉到异常：  invalid literal for int() with base 10: '2.0'
```

（c）

图3.14　各种情形的运行结果

可以看出，出现图 3.14（b）所示的异常是因为除数是 0，出现图 3.14（c）所示的异常是因为输入浮点数而用 int() 无法转换，但异常的类型并没有进行说明。

3. 加入指定类型异常处理的代码

如果需要按异常类型的不同输出不同的提示信息，就要根据系统出错代码分别进行处理。

若想对除数为 0 的异常单独给出文字提示，则可修改代码为：

```
try:
    x = int(input('x= '))
    y = int(input('y= '))
    print("x/y=%8.2f"%(x/y))
except ZeroDivisionError:
    print('除数为 0 异常！')
except Exception as e:
    print('程序捕捉到异常：',e)
```

其中，ZeroDivisionError 是系统出错代码的符号表示。
再次运行程序，
（1）除数输入为 0（x=1, y=0），发生异常，提示的信息如图 3.15（a）所示。
（2）除数输入浮点数（x=1, y=2.0），发生异常，结果如图 3.15（b）所示。

```
x= 1
y= 0
除数为 0 异常！
```

（a）

```
x= 1
y= 2.0
程序捕捉到异常:  invalid literal for int() with base 10: '2.0' .0'
```

（b）

图3.15　异常处理结果

这里的程序比较简单，仅仅单独列出了 ZeroDivisionError 错误处理程序，用户可以根据程序的复杂程度，对可能发生的错误在异常处理程序中分别列出处理方法，这样，程序运行时如果发生错误就会按照事先编写的程序一一对应处理。

3.5.2 【典型案例】：无限制输入分数计算平均分数

3-5【例 3.18】

本小节介绍无限制输入分数计算平均分数的程序设计。
【例 3.18】 输入 6 个分数，计算平均分数。
代码如下（avgscore_try.py）：

```
sscore = 0
n = 1
while True:
    try:
        score = input('请输入第 {0} 个分数：'.format(n))
        score = float(score)
        if  0 <= score <= 100:
            sscore = sscore + score
            n = n + 1
            if n == 7:
                break
        else:
            print('输入分数超出范围！ ')
            continue
    except:
        print('分数输入错误！ ')
print("平均分数 =", round(sscore/6,2))
```

运行结果如图 3.16 所示。

```
请输入第1个分数：60
请输入第2个分数：70
请输入第3个分数：80
请输入第4个分数：90
请输入第5个分数：65
请输入第6个分数：175
输入分数超出范围!
请输入第6个分数：aaa
分数输入错误!
请输入第6个分数：75
平均分数≈73.33
```

图3.16　运行结果

3.6 面向对象程序设计

Python 支持面向对象程序设计，包括类的声明、对象的创建与使用等内容。

3.6.1　类和对象

类和对象是面向对象程序设计的最基本概念。

1. 类

自然界中的各种事物，如房子、汽车等，都可以分类。类包含属性、方法和事件，属性表示它的特征，方法实现它的功能，事件做出响应。

汽车类的属性、方法和事件示例如下。

汽车类属性：车轮、方向盘、发动机、车门等。

汽车类方法：前进、倒退、刹车、转弯、播放音乐、导航等。

汽车类事件：车胎漏气、油快耗尽、发生碰撞等。

2. 对象

对象是类的具体化，是类的实例。一个类可以创建很多对象，通过唯一的标识名加以区分。类与对象的关系如图 3.17 所示。

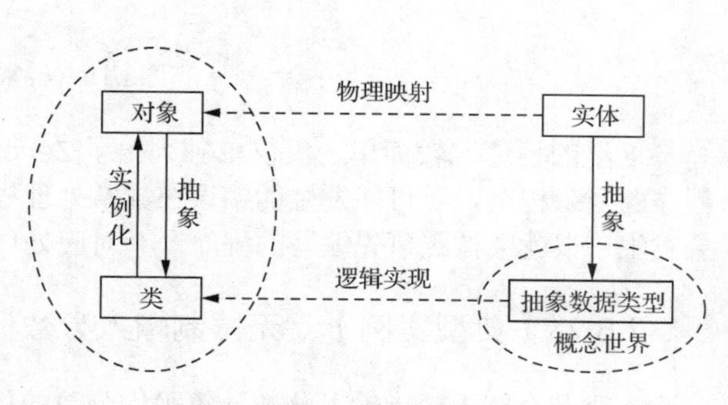

图3.17　类与对象的关系

3.6.2　程序设计

Python 是面向对象程序设计语言，可以以面向对象的方式编程。但初学者一般仍采用过程式的编程方式，这样可以更多地关注基本语法的使用和程序设计本身。可是在解决实际问题时，仅仅掌握过程式编程是不够的，Python 包含很多模块，其中定义了完成特定功能的类，使用它们就需要采用面向对象编程方式。

例如字符串就是 Python 的一个类，除了可以采用 Python 内置函数对其进行处理外，还可以采用字符串类的方法对其进行处理。示例如下：

```
>>> s = "python is a language , python is a strings!"
>>> len(s)
>>> s.find('language')
```

其中，s 是字符串类的一个实例，len(s) 采用内置函数得到字符串的长度（字符数），s.find('language') 采用字符串类的方法 find() 寻找“language”在 s 中的位置。

又例如在默认情况下，Python 没有日期时间类型，但可通过 datetime 模块处理日期时间，用 import datetime 导入后，就可以采用 datetime.now() 方法获取当前日期时间，采用 mydatetime.year() 获取 mydatetime 对象中的年份。

Python 之所以强大，就是因为除了可以使用系统本身包含的各种模块实现特定类的功能外，还可以通过 pip 安装第三方的模块以扩展功能。

1. 类的定义与使用

Python 支持自定义类，关于自定义类有一系列的操作，需要采用面向对象程序设计。下面仅仅介绍最基本的内容。

（1）创建自定义类。

```
class 类名 ( 参数 )
    属性名 = 默认值
    ……
    def __init__( 参数 ):
        ……
    def 方法名 ( 参数 ):
        ……
    ……
```

（2）由自定义类创建对应实例。

根据自定义类创建对应实例语句格式如下：

```
实例名 = 自定义类名 ( 参数 )
```

（3）对自定义类实例进行操作。

实例引用类属性和方法的语句格式如下：

```
实例名 . 属性 = 值
实例名 . 方法 ( 参数 )
```

下面是关于类的定义和操作的示例。

【例 3.19】定义学生类，包含姓名、课程和成绩，并对其进行操作。

代码如下（class1.py）：

3-6【例 3.19】

```
# 说明（1）定义学生类 Student
class Student:
   # 定义 Student 类的属性 course 并为其赋默认值
   course = "Python"
   # 定义 Student 类的方法
   def __init__(self, name ,sex='男', score=0) :          # 说明（3）定义初始化方法
      self.name = name                                 # 说明（4）
      self.sex = sex                                   # 说明（4）
      self.score = score                               # 说明（4）
   def setscore(self,newscore=0):                      # 说明（3）修改私有属性方法
      self.score = newscore
   def display(self) :                                 # 说明（4）显示学生属性方法
      print(self.name,end='')
      print(self.sex,end='')
      print(self.course,end=' ')
      print(self.score)
# 说明（2）创建 Student 类的实例对象 stu1、stu2
stu1 = Student("周俊","女",80)
stu2 = Student("王一平")
stu2.setscore(90)                                      # 说明（4）设置私有属性
stu1.display()                                         # 说明（6）
stu2.display()                                         # 说明（6）
stu2.course = "C 语言"                                  # 说明（5）设置共享属性
stu2.display()                                         # 说明（6）
```

运行结果：

```
周俊 女 Python 80
王一平 男 Python 90
王一平 男 C语言 90
```

（1）定义学生类 Student。

```
class Student:
    ……
```

（2）创建 Student 类的实例对象 stu1、stu2。

```
stu1=Student("周俊","女",80)
stu2=Student("王一平")
```

（3）在实例化对象时，__init__（参数）方法自动执行：

```
def __init__( self, name ,sex='男', score=0):
    ……
```

可用实际的参数值为相应的属性赋值，省略的参数采用 __init__（参数）中的参数默认值。

```
stu2 = Student("王一平")
```

执行后，stu2 对象的 name 属性值为 王一平，sex 属性值为男，score 属性值为 0。

（4）在 __init__（参数）中定义的属性是类自己的私有属性，只有通过类定义的方法才能操作与访问。

```
stu2.setscore(90)
```

（5）不在 __init__（参数）中定义的属性是共享属性，在类的内外都能操作。

```
stu2.course = "C 语言"
```

（6）可以用类方法访问私有属性和共享属性。

```
stu1.display()
stu2.display()
```

2. 子类、继承和多态

类可以派生形成子类（派生类），派生子类的类称为父类。一个系统中，最基本的类称为基类，一个基类可以有多个派生类，从基类派生出的类（子类）也可以进行派生。

通过继承不仅使得代码的重用性得以提高，还可以清晰描述事物间的层次分类关系，通过继承父类，子类可以获得父类所拥有的属性和方法，并可以添加新的属性和方法来满足新事物的需求。

例如，基类是汽车类，汽车类的子类包括卡车、客车、轿车等。

可以先创建汽车类，描述汽车共有的属性、方法和事件，然后把汽车类作为基类，分别创建卡车、客车、轿车等子类，描述它们独有的特性。这样每一个子类包含的属性就是汽车类共有的和自己独有的。

多态（polymorphism）是指基类的同一个方法在不同派生类中具有不同的表现和行为，可能增加某些特定的行为和属性，还可能会对继承来的某些行为进行一定的改变。

例如汽车类包含启动方法，派生的轿车类可以对启动方法的内容进行完善，或者编写自己的启动方法取代汽车类的启动方法。

3.6.3 【典型案例】：创建圆类并对其操作

3-7【例 3.20】

本小节介绍创建圆类并对其操作的程序设计。

【**例 3.20**】定义圆类 myCircle，根据半径计算圆的周长和面积。

代码如下（myCircle.py）：

```
# 对应 myCircle 类
class myCircle():
    __radius = 0                  # 说明（1）属性 __radius 用来存放半径值
    # 类的方法
    def __init__(self, r):        # 说明（2）在创建实例时执行初始化方法
        if r > 0:
```

```
        self.__radius = r
    def length(self):                                    # 计算周长
        return 2 * 3.14 * self.__radius
    def area(self):
        return 3.14 * self.__radius ** 2
#---------------------
r1 = eval(input("半径="))
c1 = myCircle(r1)                                        # 说明（2）创建myCircle类的实例c1
print("周长=",c1.length(), "面积=",c1.area())            # 说明（3）
```

运行结果为：

```
半径=3.0
周长= 18.84 面积= 28.26
```

（1）自定义类可以定义多个属性，这里定义了一个__radius属性来存放半径值，__radius只能在自定义的类中引用和修改。例如：

```
c2 = myCircle(1.0)
c2.__radius = 3.0
print(c1.length(), c1.area())                # 显示半径为1.0时圆的周长和面积
print(c1.__radius)                           # 显示错误!
```

（2）在创建自定义类实例时就会执行初始化方法，如执行下列语句：

```
c1 = myCircle(r1)
```

就会调用 __init__(self,r) 方法，将r1赋给c1的 __radius属性。

（3）调用c1.length()和c1.area()方法，计算圆周长和半径。

【实训】

一、循环结构实训

1．按照下列要求修改【例3.15】中的程序，调试运行。

（1）用while循环实现原来的功能。

（2）随机出5道两个整数相加的题，输入负数则需重新输入，必须完成5题后才能结束。

（3）将随机生成的整数的范围变成0～10，做加法变成做除法，用异常处理方法处理除数可能为0的情况。

2．按照要求修改【例3.16】中的程序，调试运行：采用另一种方法求素数。

二、异常处理实训

1．删除【例3.18】中的异常处理程序，重新输入图3.16中数据进行测试，观察出现异常的情况。

2．求一元二次方程（$ax^2+bx+c=0$）根的代码如下：

```
import math
a = float(input("a="))
b = float(input("b="))
c = float(input("c="))
if a==0:
    x = -c/b
```

```
    print("x=",x)
else:
    t = b*b - 4*a*c
    if t==0:
        x1 = x2 = (-b/(2*a))
        print("x1=x2=%6.2f"%x1)
    elif t>0:
        x1 = (-b + math.sqrt(t)) / (2*a)
        x2 = (-b - math.sqrt(t)) / (2*a)
        print("x1=%6.2f"%x1,"x2=%6.2f"%x2)
    else:
```

按照下列要求进行操作。

（1）输入（a=1, b=3, c=2）和（a=0, b=1, c=2），观察正确运行的结果。

（2）输入（a=0, b=0, c=2），发生异常，显示错误信息。

（3）输入（a=1, b=B, c=2），发生异常，显示错误信息。

加入异常处理程序，重新输入上述数据，观察结果。

三、面向对象程序设计实训

1．按照下列要求修改、运行并调试【例 3.20】中的程序。

（1）增加属性 h 以表示高度，默认 h=0，增加计算圆柱体体积的方法（函数）。

（2）分别创建新圆类 h=0 和 h>0 的实例（对象），调用方法计算圆柱体的周长、面积和体积。

2．创建三角形类，包含属性边长和计算三角形周长和面积的方法。创建三角形实例，调用方法计算三角形的周长和面积。

【习题】

一、选择题

1．Python 变量名不能以（　　）开头。

A．字母　　B．下画线　　C．关键字　　D．标点符号

2．下列关于 Python 变量名的说法不正确的是（　　）。

A．不需要事先声明变量名及其类型　　B．直接赋值就可以创建任意类型的变量

C．不可以改变变量的类型　　D．修改变量值实际上是重新创建变量

3．下面属于合法变量名的是（　　）。

A．_1　　B．1xyz　　C．or　　D．A-b

4．内置函数 input() 把用户的键盘输入一律作为（　　）返回。

A．字符串　　B．字符　　C．数值　　D．根据需要变化

5．下列实现了多重分支的是（　　）。

A．if…else… 在 if 中再加 if　　B．if…else… 在 else 中再加 if

C．if…elif…else…　　D．if…else…

6．循环中不能出现（　　）。

A．循环条件一直为 True　　B．pass

C．else　　D．交叉

7．下列关于循环的说法不正确的是（　　）。

A．循环体可以一次都不执行　　B．循环可以多重嵌套

C．循环可能是死循环　　D．循环体代码的缩进必须相同

8. 下列关于异常的说法不正确的是（　　）。
   A. 异常是程序控制进行错误处理
   B. 如果程序中考虑到了所有错误情况的处理方法就不需要异常处理
   C. 如果程序不加异常处理代码，运行时出现异常，程序就无法继续执行
   D. except Exception 中不包含所有错误情况
9. 下列关于类和对象的说法不正确的是（　　）。
   A. Python 提供的是类而不是对象
   B. 对象是由类创建的
   C. 一个类可以创建若干个对象但对象不能同名
   D. 一个对象不可以继承两个类的特性
10. 下列关于类的说法不正确的是（　　）。
   A. 类只能修改其本身的私有属性　　B. 创建的类共享属性在类的外面也可以访问
   C. 类的属性应该包含默认值　　D. 每个类必须包含 __init__() 方法
11. 下列关于子类的说法不正确的是（　　）。
   A. 子类可以包含自己的属性和方法
   B. 派生类可以修改父类的相同方法
   C. 子类继承基类是类的基本特性
   D. 从基类派生的不同子类的相同方法可以实现不同功能

二、填空题

1. 同时输入 3 个浮点数赋值给 x、y、z 变量，用逗号分隔，对应语句是 ______________。
2. 以下程序的输出结果是 __________。

```
a = 1; b = 2; c = -3;
if (a<b):
   if (c>0):      c-=1;
   else:   c+=1;
else:
   c = 1
print(c)
```

3. 执行下面的程序后，输出结果是 __________。

```
k = 3; s = 0
while(k) :
   s+=k;
   k-=1;
print(" s=",s )
```

4. 执行下面的程序后，输出结果是 __________。

```
j = 1
for a in range(1,51) :
   if(j>= 10) :break;
   if(a%3==1):
      j+= 3 ; continue ;
   else:
      j-=2
print(j)
```

三、编程题

1．输出不大于 1000 的斐波那契数列。

2．输出九九乘法表。

3．创建兴趣爱好字符串 str=“a- 唱歌 b- 书法 c- 足球 d- 游泳 e- 钢琴”，输入自己的兴趣爱好代号，每次输入一个。

要求：

（1）显示所有的兴趣爱好代号；

（2）显示所有的兴趣爱好。

4．有一分段函数如下，输入 x 的值，计算 y 的值并输出。

$$y=\begin{cases}1-2x^2 & x<10\\ 2x^3 & 10\leqslant x<20\\ 2x^2-1 & x\geqslant 20\end{cases}$$

5．求介于 100 和 200 的所有完数。“完数”是指一个数恰好等于它的所有因子之和。

6．输入整数 n，将 n 反序排列后输出。例如，输入 n =2863，则输出 3682。

7．利用下列近似公式计算 e 的值，误差应小于 10^{-5}。

$$e=1+\frac{1}{1!}+\frac{1}{2!}+\cdots+\frac{1}{n!}$$

8．输入整数 n（n>1），输出介于 1 和 n 之间能被 7 整除，但不能被 5 整除的所有整数，每 5 个数一行。

9．输入三角形的两边长及其夹角，求其第三边长并输出。

10．任意输入 3 个整数，将其按大小顺序输出。

第4章 组合数据类型

第2章介绍的数值型、布尔型、字符串型和日期时间类型等都是基本数据类型。在Python中，可以将若干个基本类型数据组合起来，形成组合类型数据，将其作为一个数据对待，进行整体操作，可极大地简化用户程序设计，这是Python语言的一个重要特点。

本章介绍内置的组合数据类型，包括列表（list）、元组（tuple）、集合（set）、字典（dict）等。

4.1 列表

列表将所有元素放在方括号([ ])中并用逗号分隔。列表中的元素的类型可以是基本数据类型，也可以是组合数据类型，而且可以互不相同。

列表可以通过多种方式创建。

创建列表的示例如下：

```
>>> list1 = [-23, 5.0, 'python', 12.8e+6]          # 列表包含不同类型数据
>>> list2 = [list1, 1, 2, 3, 4, 5]                 # 列表中包含列表
>>> print(list2)  # [[-23, 5.0, 'python', 12800000.0], 1, 2, 3, 4, 5]
>>> list2 = [1]*6                                  # [1, 1, 1, 1, 1, 1]
```

4.1.1 列表的特性

列表的特性将通过下列3个方面进行介绍。

1. 索引和切片

列表中的每个成员都称为元素，所有元素都是有编号的，可以通过编号分别对它们进行访问。每个元素在列表中的编号又称为索引，索引从0开始递增，从前向后排列，第一个元素的索引是0，第二个元素的是1，以此类推。Python列表也可以从右边开始访问，此时最右边的一个元素的索引为-1，向左开始递减。

假设有如下列表：

```
>>> lst = ['A','B','C','D','E','F','G','H']
```

从列表左边开始访问，从前向后各元素的索引为0，1，2，3，4，5，6，7。

若是从列表右边开始访问，从前向后各元素的索引变为-8,-7,-6,-5,-4,-3,-2,-1。

列表中值的切片可以用“列表变量[头索引:尾索引:步长]”来截取，切片完成后返回一

个包含对应元素的新列表。例如：

```
>>> lst[2:]               # 从索引为 2（包括）的元素开始切到结尾
['C', 'D', 'E', 'F', 'G', 'H']
>>> lst[:-3]              # 从索引为 -3（不包括）的元素开始切到开头
['A', 'B', 'C', 'D', 'E']
>>> lst[2:-3]             # 从索引为 2（包括）的元素开始切到索引为 -3（不包括）的元素
['C', 'D', 'E']
>>> lst[3::2]             # 从索引为 3（包括）的元素切到最后，其中分隔为 2
['D', 'F', 'H']
>>> lst[::2]              # 从整体列表中切出，分隔为 2
['A', 'C', 'E', 'G']
>>> lst[3::]              # 从索引为 3 的元素开始切到最后，没有分隔
['D', 'E', 'F', 'G', 'H']
>>> lst[3::-2]            # 从索引为 3 的元素开始切到倒数第 2 个元素（因分隔为 -2）
['D', 'B']
>>> lst[-1]               # 切出最后一个
'H'
>>> lst[::-1]             # 此为倒序
['H', 'G', 'F', 'E', 'D', 'C', 'B', 'A']
>>> lst[0:8:2]            # 步长为 2（默认为 1）
['A', 'C', 'E', 'G']
>>> lst[8:0:-1]           # 步长是负数，前一个索引要大于后一个索引
['H', 'G', 'F', 'E', 'D', 'C', 'B']
```

2. 运算符

（1）+（加）运算符的作用是将列表进行连接。

+ 使用示例如下：

```
>>> lst+[1,2,3]    # ['A', 'B', 'C', 'D', 'E', 'F', 'G', 'H', 1, 2, 3]
```

（2）*（乘）运算符的作用是重复列表。

* 使用示例如下：

```
>>> lst*2
# ['A', 'B', 'C', 'D', 'E', 'F', 'G', 'H', 'A', 'B', 'C', 'D', 'E', 'F', 'G', 'H']
```

（3）判断成员资格：（not）in。

可以使用 in 运算符来检查一个值是否在列表中，如果在其中，则返回 True，否则返回 False。not in 与 in 的功能相反。

（not）in 使用示例如下：

```
>>> 'E' in lst                          # True
>>> 'X' not in lst                      # True
```

（4）判断内存地址是否相同：is（not）

可以使用 is 运算符来测试两个对象是不是同一个，如果是则返回 True，否则返回 False。如果两个对象是同一个，两者应具有相同的内存地址。

is（not）使用示例如下：

```
>>> x = [1,2,3]
>>> x[0] is x[1]                        # False
```

```
>>> c = x
>>> x is c                        # True
>>> y = [1,2,3]
>>> x is y                        # False
>>> x[0] is y[0]                  # True
```

3. 内置函数

max(列表 [, 默认值 , 键]): 获得列表中所有元素的最大值。其中，“默认值”参数用来指定可迭代对象为空时返回的值，而“键”参数用来指定比较大小的依据或规则，可以是函数或 lambda 表达式。

min(列表 [, 默认值 , 键]): 获得所有元素中的最小值。

求列表中元素的最大值和最小值的示例如下：

```
>>> from random import randint
>>> L1 = [randint(1,100) for i in range(10)]
>>> L1                        # [99, 48, 42, 87, 16, 61, 71, 73, 88, 46]
>>> print(max(L1),min(L1),sum(L1)/len(L1))      # 99 16 63.1
```

下面列出各种求最大值和最小值的情况及其结果：

```
>>> max(['2','11'])               # '2'
>>> max([2',11])                  # 11
>>> max(['2','11'],key=len)       # '11'
>>> max([],default=None)          # 空
>>> from random import randint
>>> L2 = [[randint(1,50) for i in range(5)] for j in range(6)]
>>> L2                            # 包含6个子列表的列表
[[4, 40, 43, 48, 29], [32, 38, 23, 30, 17], [39, 15, 36, 45, 32], [16, 39, 34, 47,
45], [7, 41, 19, 10, 18], [28, 4, 45, 50, 38]]
>>> max(L2,key=sum)               # 返回元素之和最大的子列表
[16, 39, 34, 47, 45]
>>> max(L2,key=lambda x:x[1])     # 返回所有子列表中第2个元素最大的子列表
[7, 41, 19, 10, 18]
```

sum（列表）：计算列表中所有元素之和，如列表元素为列表，则把它们的元素作为整个列表的元素。

使用 sum() 函数的示例如下：

```
>>> lst = [1,2,3,4,5,6]
>>> sum = (lst)
21
>>> sum(2**i for i in range(10)) # 2^0+2^1+…+2^9，对应二进制数 1111111111
1023
>>> int('1'*10,2)                # 二进制数 1111111111=1023
1023
>>> sum([[1,2],[3],[4]],[])
[1, 2, 3, 4]
```

len(列表): 得到列表所包含的元素的数量。

enumerate(x): 得到包含若干索引和值的迭代对象。

all(列表): 测试列表中是否所有元素都等价于 True。

any(列表): 测试列表中是否存在等价于 True 的元素。

使用函数 all() 和 any() 的示例如下：

```
>>> x = [2, 3, 1, 0, 4, 5]
>>> all(x)                              # 测试是否所有元素都等价于 True
False                                   # 因为包含 0 元素
>>> any(x)                              # 测试是否存在等价于 True 的元素
True                                    # 因为只有一个 0 元素，其他均非 0
>>> list(enumerate(x))                  # 使用枚举列表元素 enumerate 将对象转换为列表
[(0, 2), (1, 3), (2, 1), (3, 0), (4, 4), (5, 5)]
```

4.1.2 列表的基本操作

列表的基本操作包括下列 3 个方面。

1. 更新列表：元素赋值

对列表（或者列表元素）重新赋值就可更新列表。例如：

```
>>> list1 = [1,2,3,4,5,6]
>>> list1[0] = 'one'                          # 元素赋值改变
>>> list1[1:4] = ['two','three','four']       # [1:4] 区段赋值改变
>>> list1
['one', 'two', 'three', 'four', 5, 6]
>>> str = list('python')
>>> str                                       # ['p', 'y', 't', 'h', 'o', 'n']
>>> str[2:] = list('THON')                    # 对索引为 2 及以后的元素重新赋值
>>> str                                       # ['p', 'y', 'T', 'H','O','N']
>>> list1 = [1,2,3,4,5,6]
>>> list1a = list1                            # 直接赋值，list1 和 list1a 引用同一个列表
>>> list1b = list1[:]                         # 对整个列表切片后再赋值得到一个列表的副本
>>> list1[2] = 'C'                            # 修改第 3 个元素
>>> list1                                     # [1, 2, 'C', 4, 5, 6]
>>> list1a                                    # [1, 2, 'C', 4, 5, 6]
>>> list1b                                    # [1, 2, 3, 4, 5, 6]
```

2. 删除元素：使用 del 语句

使用 del 语句既可删除列表元素，也可删除列表。例如：

```
>>> list1 = [1,2,3,4,5,6]
>>> del list1[1]                              # 删除列表第 2 个元素 2
>>> list1[0:3] = []                           # [0:3] 区段被删除
>>> list1                                     # [5,6]
>>> del list1[:]                              # 清空列表，但列表变量 list1 还在
>>> list1                                     # []
>>> del list1                                 # 删除列表变量 list1
```

3. 多维列表：引用与生成

多维列表就是列表的数据元素本身也是列表的列表。

为了引用二维列表中的一个数据值，需要两个索引，一个是外层列表的，另一个是元素列表的。

引用二维列表中的数据值的示例如下：

```
>>> list2 = [[1,2,3],[4,5,6],[7,8,9]]
```

```
>>> list2[0][1]                          # 2
>>> list2[2][1]                          # 8
```

引用三维列表中的数据值的示例如下：

```
>>> list3 = [[['000','001','002'],['010','011','012']],
[['100','101','102'],['110','111','112']],
[['200','201','202'],['210','211','212']]]
>>> list3[2][1][0]                       # '210'
```

通过列表推导式生成二维列表的示例如下：

```
>>> list4 = [[i*j for i in range(1,10)]for j in range(1,10)]
>>> list4
[[1, 2, 3, 4, 5, 6, 7, 8, 9], [2, 4, 6, 8, 10, 12, 14, 16, 18], [3, 6, 9, 12, 15, 18,
21, 24, 27], [4, 8, 12, 16, 20, 24, 28, 32, 36], [5, 10, 15, 20, 25, 30, 35, 40, 45],
[6, 12, 18, 24, 30, 36, 42, 48, 54], [7, 14, 21, 28, 35, 42, 49, 56, 63], [8, 16, 24,
32, 40, 48, 56, 64, 72], [9, 18, 27, 36, 45, 54, 63, 72, 81]]
```

4.1.3　列表方法

列表方法将分成下列 3 个方面进行介绍。

1. 常用方法

列表常用方法及其作用如下。

列表 .append(元素)：在列表末尾追加新的元素。

列表 .extend(列表)：可以在列表的末尾一次性追加另一个列表中的多个元素。

列表 .count(元素)：统计某个元素在列表中出现的次数。

列表 .index(元素)：从列表中找出某个元素第一个匹配项的索引。

列表 .insert(索引 , 元素)：将元素插入列表中指定的索引处。

列表 .pop([索引])：移除列表中指定索引处的一个元素（默认是最后一个），并返回该元素的值。

列表 .remove(元素)：移除列表中某个元素的第一个匹配项。

列表 .reverse()：将列表中的元素逆序排列。

列表 .copy()：复制列表中的所有元素。

使用以上方法的示例如下：

```
>>> a = [1,2,1,2,3,4,2,5]
>>> a.append(6)                          # 直接追加新的列表元素
>>> a                                    # [1, 2, 1, 2, 3, 4, 2, 5, 6]
>>> a.count(2)                           # 3，元素“2”出现 3 次
>>> b = [7,8]
>>> a.extend(b)
>>> a                                    # [1, 2, 1, 2, 3, 4, 2, 5, 6, 7, 8]
>>> a.index(2)                           # 1
>>> a.insert(0, 'begin')                 # 在索引 0 处插入 'begin'
>>> a                                    # ['begin', 1, 2, 1, 2, 3, 4, 2, 5, 6, 7, 8]
>>> x = a.pop()                          # 移除最后一个元素，并返回该元素的值
>>> x                                    # 8
>>> a                                    # ['begin', 1, 2, 1, 2, 3, 4, 2, 5, 6, 7]
```

```
>>> a.remove(2)                      # 移除元素“2”的第一个匹配项
>>> a                                # ['begin', 1, 1, 2, 3, 4, 2, 5, 6, 7]
>>> b1 = a
>>> b2 = a.copy()                    # 复制
>>> a.reverse()                      # 逆序排列
>>> a                                # [7, 6, 5, 2, 4, 3, 2, 1, 1, 'begin']
>>> b1                               # [7, 6, 5, 2, 4, 3, 2, 1, 1, 'begin']
>>> b2                               # ['begin', 1, 1, 2, 3, 4, 2, 5, 6, 7]
```

接下来通过一些案例来演示常用列表方法的功能。

【例 4.1】输出列表中的所有非空元素。

代码如下（enum.py）：

```
list1 = ['one ' , 'two', '  ', 'four', 'five ']
for i,v in enumerate(list1):                 # enumerate() 枚举列表的所有元素
    if v!='  ':
        print('List(', i, ')= ', v)
```

运行结果：

```
List( 0 )=  one
List( 1 )=  two
List( 3 )=  four
List( 4 )=  five
```

【例 4.2】将列表前移 *n* 位。

方法一代码（leftMove1.py）：

```
lst = [1,2,3,4,5,6,7,8,9,10]
n = 3
for i in range(n):
    lst.append(lst.pop(0))
print(lst)
```

运行结果：

```
[4, 5, 6, 7, 8, 9, 10, 1, 2, 3]
```

方法二代码（leftMove2.py）：

```
lst = [1,2,3,4,5,6,7,8,9,10]
n = 3
a = lst[:n]
b = lst[n:]
lst = b + a
print(lst)
```

运行结果与方法一的相同。

【例 4.3】将第 1 个和第 2 个列表中的元素的所有组合组成一个新的列表。

代码如下（lstComb.py）：

```
list1 = ['A ', 'B ', ' C', 'D'];  list2 = [1,2];  list3 = [ ]
for i in list1:
    for j in list2:
        list3.append([i, j])
print(list3)
```

运行结果：

```
[['A', 1], ['A', 2], ['B', 1], ['B', 2], ['C', 1], ['C', 2], ['D', 1], ['D', 2]]
```

【例 4.4】判断今天是今年的第几天。

代码如下（todayn.py）：

```
import time
curdate = time.localtime()                          # 获取当前日期时间
year,month,day = curdate[:3]
day30 = [31, 28, 31, 30, 31, 30, 31, 31, 30, 31, 30, 31]
if year%400==0 or (year%4==0 and year%100!=0):    # 判断是否为闰年
    day30[1] = 29
if month==1:
    print(year,'年',month,'月',day,'日是今年第',day,'天')
else:
    print(year,'年',month,'月',day,'日是今年第',sum(day30[:month-1])+day,'天')
```

运行结果：

```
2022 年 3 月 22 日是今年第 81 天
```

2. **排序**

列表.sort([参数])可对原列表进行排序，并返回空值。指定参数用于对列表的排序方式进行控制。排序方法有以下3种。

（1）默认排序

使用默认排序的示例如下：

```
>>> a = [7,0,6,4,2,5,1,9]
>>> x = a.sort()              # 对列表 a（从小到大）排序，返回值（空值）赋给 x
>>> a                         # [0, 1, 2, 4, 5, 6, 7, 9]
```

（2）控制排序

如果不想按照默认的方式进行排序，可以指定参数：key、reverse。

使用控制排序的示例如下：

```
>>> a = [7,0,6,4,2,5,1,9]
>>> b = ['student', 'is', 'the', 'most']
>>> b.sort(key=len)           # 对列表 b 按字符串长度从小到大排序
>>> b                         # ['is', 'the', 'most', 'student']
>>> a.sort(reverse=True)      # 对列表 a 从大到小排序
>>> a                         # [9, 7, 6, 5, 4, 2, 1, 0]
```

（3）自己编写排序程序

排序方法只能对一维列表元素进行排序，如果对多维列表元素进行排序，就需要自己编写排序程序。

实现数据排序的算法很多，包括冒泡排序、选择排序、直接插入排序、快速排序、堆排序、归并排序和希尔排序。它们的差别在于程序执行的速度和效率。

冒泡排序比较简单，它的思路是：*n*个数需要进行*n*-1趟排序，每一趟排序就是两个相邻的数组比较，不符合排序规则就交换位置。

【例 4.5】实现冒泡排序。

代码如下（lstSort.py）：

```
def lstSort(data1):           # 自定义函数 lstSort()，参数为 data1 列表
```

```
    data = data1.copy()
    for i in range(0,len(data)-1):
        flag = False
        for j in range(0,len(data)-i-1):
            if data[j]>data[j+1]:
                data[j], data[j + 1] = data[j + 1], data[j]
                flag = True
        if flag==False:                # 第一遍排序时若没有数据位置交换则不需要再进行排序
            break
    return data                        # 自定义函数返回值
a = [7,0,6,4,2,5,1,9]
b = lstSort(a)
print(a)
print(b)                               # 输出排序结果
```

运行结果：

```
[7, 0, 6, 4, 2, 5, 1, 9]
[0, 1, 2, 4, 5, 6, 7, 9]
```

3. 遍历

遍历列表元素通常使用如下形式的程序段：

```
for k, v in enumerate(列表):
    print(k, v)
```

遍历列表元素的示例如下：

```
>>> list1 = [-23, 5.0, 'python', 12.8e+6]          # 列表包含不同类型的数据
>>> list2 = [list1,1,2,3,4,5,[61,62],7,8]          # 列表中包含列表
>>> for k, v in enumerate(list2):
    print(k, v)
0 [-23, 5.0, 'python', 12800000.0]
1 1
2 2
3 3
4 4
5 5
6 [61, 62]
7 7
8 8
```

【例 4.6】判断一个数是不是水仙花数。

在数论中，水仙花数（narcissistic number）是指一个 3 位数，其各个位数的 3 次方之和恰好等于该数。例如，153 是一个 3 位数，因为有 $153=1^3+5^3+3^3$，所以 153 是一个水仙花数。

代码如下（narc.py）：

```
n = int(input("n= "))                       #n 为 3 位数
list1 = []
num = n
while(num):
    ni = num%10
    num = num//10
    list1.append(ni)
```

```
s = 0
bits = list1.__len__()
for i in range(0,bits):
    s = s + list1[i]**bits
    print(list1[i])
if s == n:
    print(n,"是水仙花数！")
else:
    print(n,"不是水仙花数！")
```

运行结果：

```
n= 153
3
5
1
153 是水仙花数！
```

4.1.4　列表推导式

列表推导式（解析式）可以使用非常简洁的方式对列表或其他可迭代对象的元素进行遍历、过滤或再次计算，快速生成满足特定需求的新列表，可读性强。由于 Python 的内部对列表推导式做了大量优化，因此它的运行速度较快，是推荐使用的一种技术。

列表推导式的语法如下：

```
[<表达式> for <表达式1>  in  <序列1>  if  <条件1>
          for <表达式2>  in  <序列2>  if  <条件2>
      …                              ]
```

列表推导式在逻辑上等价于一个循环语句，只是在形式上更加简洁。

例如：

```
lst = [x*x for x in range (n)]
```

等价于：

```
lst = []
for x in range(n):
  lst.append(x*x)
```

下面对它的应用进行简单说明。

1．嵌套列表平铺

下面先定义一个二维列表，然后通过列表推导式进行平铺将它变成一维列表。

```
>>> lst = [[1,2,3],[4,5,6],[7,8,9]]
>>> [exp for elem in lst for exp in elem]
[1, 2, 3, 4, 5, 6, 7, 8, 9]
```

上述内容等价于下面的代码：

```
>>> list1 = [[1,2,3],[4,5,6],[7,8,9]]
>>> list2 = []
>>>
for elem in list1:
```

```
    for num in elem:
        list2.append(num)
>>> list2
[1, 2, 3, 4, 5, 6, 7, 8, 9]
```

2. 元素筛选

使用 if 子句可以对列表中的元素进行筛选，保留符合条件的元素。例如：

```
>>> lst = [1,-2,3,-4,5,-6,7,-8,9,-10]
>>> [i  for  i  in  lst  if  i+2>=0]        # 筛选条件：元素 +2 ≥ 0
[1, -2, 3, 5, 7, 9]
>>> m = max(lst)
>>> m
9
>>> [index for index,value in enumerate(lst) if value==m]
                                            # 找到值最大的元素所在位置（索引）
[8]
```

【例 4.7】接收一个所有元素值都不相等的整数列表 *x* 和一个整数 *n*，要求将值为 *n* 的元素作为支点，将列表中所有值小于 *n* 的元素全部放到 *n* 的前面，所有值大于 *n* 的元素放到 *n* 的后面。

代码如下（lstInfer.py）：

```
lst = [0,1,-2,3,-4,5,-6,7,-8,9,-10]
n = 0
lst1 = [i for i in lst if i<n]
lst2 = [i for i in lst if i>n]
lst = lst1 + [n] + lst2
print(lst)
```

运行结果：

```
[-2, -4, -6, -8, -10, 0, 1, 3, 5, 7, 9]
```

3. 同时遍历多个列表

下面先定义两个列表，然后找它们共有的元素。

```
>>> list1 = [1,2,3]
>>> list2 = [1,3,4,5]
>>> [(x,y) for x in list1 for y in list2 if x==y]                # 说明（1）
[(1, 1), (3, 3)]
>>> [(x,y) for x in list1 if x==1 for y in list2 if y!=x]        # 说明（2）
[(1, 3), (1, 4), (1, 5)]
```

（1）两个列表元素同时遍历时根据一个元素条件筛选。

（2）两个列表元素同时遍历时用两个元素条件筛选。

另外，也可以遍历多个可迭代对象。

4. 复杂条件的元素筛选

当在列表推导式中使用函数或复杂表达式时，可以进行复杂条件的元素筛选。

（1）列表推导式为复杂表达式。例如：

```
lst = [1,-2,3,-4]
```

```
print([val+2 if val%2==0 else val+1 for val in lst if val>0])
[2, 4]
```

其中，列表推导式为“val+2 if val%2==0 else val+1”。

（2）if 判断条件为复杂表达式。例如：

```
>>> import math
>>> [num for num in range(2,20)  if 0 not in [num%g for g in range(2,int(math.sqrt(num))+1)]]
[2, 3, 5, 7, 11, 13, 17, 19]
```

上面的语句能够生成 2 ～ 20 的素数。

4.1.5 【典型案例】：评委评分处理

4-1 【例 4.8】

下面介绍评委评分处理程序的设计。

【例 4.8】输入 6 个评分，去掉其中的最高分和最低分，计算平均分将其作为最后得分，并将剩下的评分从高到低排序。

代码如下（lstCal.py）：

```
lstScore = []
for i in range(0,6):
   cj = float(input('请输入第 {0} 个评分：'.format(i+1)))
   lstScore.append(cj)
print(lstScore)
# 计算并去掉最高分和最低分
smax = max(lstScore)
smin = min(lstScore)
lstScore.remove(smax)
lstScore.remove(smin)
finalScore = round(sum(lstScore) / len(lstScore), 2)
formatter = '去掉一个最高分 {0}\n 去掉一个最低分 {1}\n 最后得分 {2}'
print(formatter.format(smax, smin, finalScore))
print("排序前：",lstScore)
lstScore.sort(reverse=True)
print("排序后：",lstScore)
```

运行结果如图 4.1 所示。

```
请输入第1个评分：8.6
请输入第2个评分：7.9
请输入第3个评分：8.0
请输入第4个评分：6.8
请输入第5个评分：8.4
请输入第6个评分：9.3
[8.6, 7.9, 8.0, 6.8, 8.4, 9.3]
去掉一个最高分9.3
去掉一个最低分6.8
最后得分8.22
排序前： [8.6, 7.9, 8.0, 8.4]
排序后： [8.6, 8.4, 8.0, 7.9]
```

图4.1　运行结果

4.2 元组

元组与列表一样，也是一种序列，列表的方法、函数一般也能应用于元组，二者之间唯一的不同就是元组不能修改。

4.2.1 元组的特性

下面分 4 个方面介绍元组的特性。

1. 元组的创建

创建元组很简单，用逗号隔开一些值，就自动创建了元组。元组一般通过圆括号进行标识。

（1）不包含任何元素的元组为空元组，如 tl = ()。

（2）即使元组中只包含一个元素，创建时也需要在元素后面加逗号，如 t2 = (6,)。

（3）元组索引从 0 开始，可以进行截取、组合等操作。

（4）以逗号隔开序列，默认为元组。例如：

```
>>> t1 = 1,2,3,'four',5.0, 3+4.2j, -1.2e+26 # 创建元组
>>> t1
(1, 2, 3, 'four', 5.0, (3+4.2j), -1.2e+26)
>>> tup1 = ('python',3.7,True)
>>> x,y,z = tup1                              # 同时给多个变量赋值
>>> x
'python'
>>> tup1[1]                                   # 得到第 2 个元素（'其索引为 1'）
3.7
```

（5）元组运算符（+，*）功能与列表函数功能基本上是一样的。

+ 运算符使用示例如下：

```
>>> t1 = 1,2,3,'four',5.0, 3+4.2j, -1.2e+26
>>> t2 = t1+(5,6)    # 元组连接
>>> t2               # (1, 2, 3, 'four', 5.0, (3+4.2j), -1.2e+26, 5, 6)
>>> len(t2)          # 元素个数，结果为 9
>>> 4 in t2          # 判断元素 4 是否存在于元组中，结果为 False
```

（6）以一个序列作为参数并把它转换为元组，如果参数是元组，那么会原样返回该元组。例如：

```
>>> tuple([1,2,3])  # 参数是列表，转换为元组 (1,2,3)
>>> tuple('ABC')    # 参数是字符串，转换为元组 ('A', 'B', 'C')
>>> tuple((1,2,3))  # 参数为元组，原样返回该元组 (1, 2, 3)
```

2. 元组的操作

下面介绍对元组的操作。

（1）改变元组

元组中的元素值是不允许修改的，但用户可以对元组进行连接。例如：

```
>>> tup1,tup2 = (1,2,3),('four','five')          # 同时赋值
>>> tup3 = tup1 + tup2                          # 连接元组
>>> tup3                                        # (1, 2, 3, 'four', 'five')
>>> tup2[1] = 'two'                             # 错误
```

（2）删除元组

元组中的元素值是不允许删除的，但可以使用 del 语句来删除整个元组。例如：

```
>>> del tup2
```

3. 枚举

enumerate() 函数用来枚举可迭代对象中的元素，返回可迭代的 enumerate 对象，其中的每个元素都是包含索引和值的元组。

下列语句枚举字符串中的每一个字符：

```
>>> list(enumerate('Python'))
```

```
    # [(0, 'p'), (1, 'y'), (2, 't'), (3, 'h'), (4, 'o'), (5, 'n')]
>>> list(enumerate(['Python','C语言']))
    # [(0, 'Python'), (1, 'C语言')]
```

下面语句枚举特定整数值范围内的每一个整数：

```
for index, value in enumerate(range(10, 15)):
    print((index, value), end=' ')
```

运行结果：

(0, 10) (1, 11) (2, 12) (3, 13) (4, 14)

4. 使用元组的好处

使用元组的好处如下。

（1）元组比列表操作速度快。如果定义了一个值的唯一常量集，并且需要不断地遍历它，那么请使用元组代替列表。

（2）用元组对不需要修改的数据进行“写保护”，可以使代码更安全。

（3）元组可以在字典中用作键（key），但是列表不行，因为字典的键必须是不可变的。

4.2.2 生成器推导式

生成器推导式的语法与列表推导式的相似，但生成器推导式使用圆括号作为定界符。其结果是一个生成器对象，该对象类似于迭代器对象，具有惰性求值的特点。生成器推导式只在需要时生成新元素，比列表推导式的效率更高，空间占用非常少，尤其适合大数据处理的场合。

当需要使用生成器对象的元素时，可以将生成器对象转化为列表或元组，或者使用生成器对象的 __next__() 方法或 Python 内置函数 next() 进行遍历，也可以直接使用 for 循环遍历。注意，只能从前往后正向访问其中的元素，而不能使用索引随机访问其中的元素，也不能访问已访问过的元素。另外，如果需要重新访问，就必须重新创建该生成器对象。

使用生成器推导式的示例如下：

```
>>> gen = ((j+1)*3 for j in range(6))    # 创建生成器对象
>>> gen
<generator object <genexpr> at 0x000001A8656EA570>
>>> gen.__next__()                        # 使用生成器对象的 __next__() 方法获取元素
3
>>> gen.__next__()                        # 获取下一个元素
6
>>> tuple(gen)                            # 将生成器对象转换为元组
(9, 12, 15, 18)
>>> tuple(gen)                            # 生成器对象已遍历结束
()
>>> gen = ((j+1)*3 for j in range(6))
>>> list(gen)                             # 将生成器对象转换为列表
[3, 6, 9, 12, 15, 18]
>>> gen = ((j+1)*3 for j in range(6))
>>> for item in gen:                      # 使用 for 循环直接遍历生成器对象中的元素
  print(item, end= ' ')
3 6 9 12 15 18
```

【例 4.9】将指定元组中大于平均值的元素组成新的元组。

代码如下（tupInfer.py）：

```
tup1 = (1,2,3,-4,5,-6,7,8,-9,10)
avg = sum(tup1) / len(tup1)                  # 求平均值
lst = [x for x in tup1 if x>avg]             # 生成器推导式
tup2 = tuple(lst)
print(tup2)
```

运行结果：

```
(2, 3, 5, 7, 8, 10)
```

4.3 集合

集合是一个无序的包含不同元素的组合，分为可变集合（使用 set() 创建）和不可变集合（使用 frozenset() 创建）两种。集合常用于成员测试、删除重复值以及计算并集、交集、差集和补集（对称差）等。对可变集合，还有添加元素、删除元素等可变操作。

4.3.1 集合的创建与访问

可以把用逗号分隔的元素放在一对花括号中来创建集合，如 {'jack', 'sjoerd'}。

集合元素是不可改变的，如字符串常量、元组、不可变集合、数字等。用 set() 可创建一个空的集合。例如：

```
>>> set1 = set()
>>> set2 = {1,2,3}                           # {1, 2, 3}
>>> set3 = set([1,2,3])                      # {1, 2, 3}
>>> set4 = set('abc')                        # {'c', 'b', 'a'}
```

集合是无序、无重复元素的。例如：

```
>>> list1 = [1,2,1,3]
>>> set5 = set(list1)
>>> print(set5)                              # {3, 1, 2}
```

4.3.2 集合的基本操作

集合是无序的，为此，它不会关注元素在其中的位置和插入顺序，也不支持元素索引、切片或其他与序列相关的行为，但它支持 x in set、len(set) 和 for x in set 等表达形式。另外，集合是可改变的。

下面是对集合的基本操作。

1. 元素操作

（1）增加元素：集合 .add(元素)。

（2）增加多个元素：集合 .update(列表)。

（3）删除元素：集合 .remove(元素) 或集合 .discard(元素)。若元素不存在，集合 .remove(元素) 会报错，而集合 .discard(元素) 不会。

（4）清空集合：集合 .clear() 清空集合的所有元素。

元素操作的示例如下：

```
>>> set2 = {1,2,3}                    # {1, 2, 3}
>>> set2.add(5)                       # {1, 2, 3, 5}
>>> set2.update([5,7,8])              # {1, 2, 3, 5, 7, 8}
>>> set2.remove(2)                    # {1, 3, 5, 7, 8}
```

当元素都不可改变时，虽然无法直接修改元素，但可以通过先删除再添加的方式来改变元素。例如：

```
>>> set2.discard(8)
>>> set2.add(9)
>>> set2                              # {1, 3, 5, 7, 9}
>>> set2.clear()                      # { }
```

2. 集合操作

集合操作包括计算并集（|）、交集（&）、差集（-）和补集（^）等，集合操作如图4.2所示。

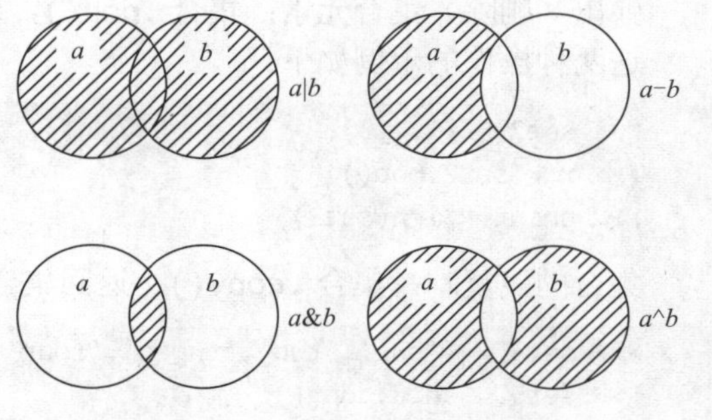

图4.2　集合操作

（1）并集（|）操作：a | b或a.union(b)，得到包含集合a和集合b中每一个元素的集合。

（2）交集（&）操作：a & b或a.intersection(b)，得到包含集合a和集合b中的公共元素的集合。

（3）差集（-）操作：a - b或a.symmetric_difference(b)，得到包含集合a中有而集合b中没有的元素的集合。

（4）补集（^）操作：a ^ b或a.difference(b)，得到包含集合a和集合b中不重复的元素的集合，即会移除两个集合中都存在的元素。

集合操作示例如下：

```
>>> a = {1, 2, 4, 5, 6}
>>> b = {1, 2, 3, 5, 6}
>>> a & b                             # {1, 2, 5, 6}
>>> a.intersection(b)                 # {1, 2, 5, 6}
>>> a | b                             # {1, 2, 3, 4, 5, 6}
>>> a.union(b)                        # {1, 2, 3, 4, 5, 6}
>>> a ^ b                             # {3, 4}
>>> a - b                             # {4}
```

3. 查找、比较和判断

（1）查找元素：集合虽然无法通过索引来查找元素，但可以通过x in set来判定是否存在x元素；通过x not in set来判定是否不存在x元素。例如：

```
>>> set3 = {'one','two','three','four','five','six'}
>>> 'TWO' in set3                     # False
```

（2）集合比较：集合比较符包括 <、== 和 >。

```
>>> {1,2,3} < {1,2,3,4}               # True，测试前面集合是不是后面集合的子集
>>> {1,2,3} == {3,2,1}                # True，测试两个集合是否相等
>>> {1,2,4} > {1,2,3}                 # False，测试后面集合是不是前面集合的子集
```

（3）判断是不是子集（被包含）或超集（包含）：集合1.issubset(集合2)或集合

1.issuperset(集合 2)。例如：

```
>>> set3 = {'one','two','three','four','five','six'}
>>> set4 = {'two','six'}
>>> set4.issubset(set3)                    # True
>>> set4.issuperset(set3)                  # False
>>> set3.issuperset({'two','six'})         # True
```

4. 其他操作

（1）将集合转变成列表或元组：list(集合) 或 tuple(集合)。例如：

```
>>> set2 = {1,2,3}                         # {1,2,3}
>>> list(set2)                             # [1,2,3]
>>> tuple(set2)                            # (1,2,3)
```

（2）得到集合元素个数：len(集合)。

弹出（删除）集合元素：集合 .pop()，从集合中删除并返回任意一个元素。

这两种操作的示例如下：

```
>>> set2 = {1,2,3}                         # {1,2,3}
>>> x = set2.pop()
>>> print(x,len(set2))                     # 1 2
```

集合的浅复制：集合 .copy()，返回集合的一个浅复制。例如：

```
>>> set3 = {'one','two','three','four','five','six'}
>>> set5 = set3.copy()
>>> set5 == set3                           # True
>>> set3.remove('one')
>>> set5 == set3                           # False
```

【例 4.10】生成 20 个 1 ～ 20 的随机数，剔除重复的数。

代码如下（setRand.py）：

```
import random
myset = set()
n = 0
while n<20:
   element = random.randint(1, 20)
   myset.add(element)
   n = n + 1
print(myset, '剔除重复个数：', 20-len(myset))
```

运行结果：

{ 2, 3, 4, 5, 6, 10, 11, 12, 13, 17, 18, 20 } 剔除重复个数：8

4.3.3 【典型案例】：销售商品详情数据统计

4-2 【例 4.11】

本节通过一个典型案例介绍序列的使用。

【例 4.11】根据销售商品详情数据，分别统计购买用户及其花费的金额、销售商品号及用户购买数量。

分析：用集合分别记录销售商品号和购买用户。

代码如下（saleDetail.py）：

```
# 元组列表（商品号，用户，价格，购买数量）
lst_sale = [
   (2, 'easy-bbb.cox', 29.80, 2),
   (6, 'easy-bbb.cox', 69.80, 1),
   (2, '231668-aa.cox', 29.80, 1),
   (1002, 'sunrh-phei.nex', 16.90, 2)
]

set_com = set()                              # 存放商品号的集合
set_usr = set()                              # 存放购买用户的账号的集合
for sale in enumerate(lst_sale):
   set_com.add(sale[1][0])
   set_usr.add(sale[1][1])

print("{:^4}{:^10}".format('商品号','数量'))
for com in enumerate(set_com):
   cnum = 0
   for sale in enumerate(lst_sale):
      if(sale[1][0] == com[1]):
         cnum += sale[1][3]
   print("{:^4}{:^15}".format(com[1],cnum))

print("{:^4}{:^20}".format('用户','金额'))
for usr in enumerate(set_usr):
   total = 0.00
   for sale in enumerate(lst_sale):
      if(sale[1][1] == usr[1]):
         total += sale[1][2]*sale[1][3]
   print("{:^14}{:^10}".format(usr[1],total))
```

运行结果如图4.3所示。

```
商品号      数量
 2          3
1002        2
 6          1
 用户              金额
sunrh-phei.nex    33.8
 easy-bbb.cox    129.4
231668-aa.cox     29.8
```

图4.3 运行结果

4.4 字典

字典也称作关联数组或哈希表，它由键值对组成。整个字典由一对花括号进行标识，字典中的项之间用逗号隔开。

字典中的值并没有特殊的顺序，键可以是数字、字符串或者元组等哈希数据。通过键就可以引用对应的值。字典中的键是唯一的，而值并不一定唯一。

只有字符串、整数或其他对字典安全的元组才可以用作字典的键。

4.4.1 字典的创建与操作

本小节先介绍字典的创建，然后介绍字典的操作。

1. 创建字典

（1）直接创建字典。例如：

```
>>> dict1 = {1: 'one ', 2: 'two', 3: 'three'}
```

其中，键是数字，值是字符串。

```
>>> dict1a = {'a': 100, 'b': 'boy', 'c': [1, 2, 'AB']}
```

其中，键是字符，值是数值、字符串、列表。

（2）通过 dict() 函数来创建字典。例如：

```
>>> list1 = [(1,'one'),(2,'two'),(3,'three')]
>>> dict2 = dict(list1)                     # 通过 dict() 函数建立映射关系
>>> dict2                                   # {1: 'one', 2: 'two', 3: 'three'}
>>> dict3 = dict(one=1,two=2,three=3)       # {'one': 1, 'two': 2, 'three': 3}
>>> dict(zip(['one', 'two', 'three'],[1,2,3]))
                                            # {'one': 1, 'two': 2, 'three': 3}
```

（3）使用两个列表合成字典。例如：

```
>>> lstkey = ['a', 'b', 'c']
>>> lstval = [1, 2, 3]
>>> dict1 = dict(zip(lstkey, lstval))
>>> dict1
{'a': 1, 'b': 2, 'c': 3}
```

2. 基本操作

（1）得到字典中项（键值对）的个数：len（字典）。

（2）得到关联键上的值：字典 [键]。

以上基本操作的示例如下：

```
>>> dict1 = {1: 'one', 2: 'two', 3: 'three'}
>>> print(len(dict1))                       # 3
>>> print(1, dict1[1])                      # 1  one
>>> print('one', dict1['one'])              # KeyError: 'one'
```

如果使用字典中没有的键访问值，则会出错。

（3）添加、修改字典项：字典 [键] = 值。例如：

```
>>> dict1[1] = '壹'; dict1[2] = '贰'
>>> dict1[4] = '肆'                         # 键不存在，添加新的项
>>> dict1                                   # {1: '壹', 2: '贰', 3: 'three', 4: '肆'}
```

（4）删除字典项：del 字典 [键]。

该操作能删除单一的项也能清空字典，且清空只需一项操作。例如：

```
>>> del dict1[3]                            # 删除 dict1 字典键是 3 的项
>>> dict1.clear()                           # 清空 dict1 字典所有项
>>> del dict1                               # 删除字典 dict1
```

（5）判断某个键是否存在：键 in/not in 字典。例如：

```
>>> dict1 = {1: 'one', 2: 'two', 3: 'three'}
>>> 3 in dict1                              # True
>>> 4 not in dict1                          # True
```

（6）字典转换为字符串：str(字典)。例如：

```
>>> dict1 = {1: 'one', 2: 'two', 3: 'three'}
>>> str1 = str(dict1)
>>> str1                                    # "{1: 'one', 2: 'two', 3: 'three'}"
```

4.4.2　字典方法

下面分 5 个方面介绍字典方法。

1. 访问字典项

（1）字典 .get(键 [, 默认值])：返回字典中“键”对应的值，如果没有找到则返回默认值。例如：

```
>>> d1['id'] = ['one','two']                # {'id': ['one', 'two']}
>>> print(d1['name'])                       # 输出字典中没有的键会报错
>>> print(d1.get('id'))                     # ['one', 'two']
>>> print(d1.get('name'))                   # None  用 get() 方法则不会报错
>>> d1.get('name','N/A')                    # 'N/A'取代默认的 None
```

（2）字典 .setdefault(键 [, 默认值])：在字典中不含有给定键的情况下设定相应的键值。例如：

```
>>> d1 = {}
>>> d1.setdefault('name','N/A')   # 'N/A' 如果不设定值，默认是 None
>>> d1                                      # {'name': 'N/A'}
>>> d1['name'] = '周'                        # {'name': '周'}
>>> d1.setdefault('name','N/A')             # 输出 '周' 当键 'name' 的默认值
```

（3）字典 .items()：将所用的字典项以列表形式返回，列表中的每一项都来自键值对，但是并没有特殊的顺序。

（4）字典 .keys()：将字典中的键以列表形式返回。

（5）字典 .values()：以列表的形式返回字典中的值。

上述方法的使用示例如下：

```
>>> dict1 = {1: 'one', 2: 'two', 3: 'three'}
>>> dict1.items()           # dict_items([(1, 'one'), (2, 'two'), (3, 'three')])
>>> dict1.keys()            # dict_keys([1, 2, 3])
>>> dict1.values()          # dict_values(['one ', 'two', 'three'])
```

（6）iter(字典)：在字典的键上返回一个迭代器。例如：

```
>>> dict1 = {1: 'one', 2: 'two', 3: 'three'}
>>> iterd = iter(dict1)
>>> iterd                   # <dict_keyiterator object at 0x0000027C8BE6CA48>
```

2. 修改和删除

（1）字典 1.update([字典 2])：利用字典 2 的项更新字典 1，如果没有相同的键，项会添加到旧的字典里。例如：

```
>>> dict1 = {1: 'one', 2: 'two', 3: 'three'}
>>> dict2 = {2: 'two', 4: 'four'}
>>> dict1.update(dict2)
>>> dict1                   # {1: 'one', 2: 'two', 3: 'three', 4: 'four'}
```

（2）字典 .pop(键 [, 默认值])：获得对应于给定键的值，并从字典中移除该项。例如：

```
>>> dict1 = {1: 'one', 2: 'two', 3: 'three'}
>>> print(dict1.pop(1))     # one
>>> dict1                   # {2: 'two', 3: 'three'}
```

（3）字典 .popitem()：pop() 方法默认会弹出列表的最后一个元素，但 popitem() 会弹出随机的项，因为字典并没有顺序和最后一个元素。例如：

```
>>> dict1 = {1: 'one', 2: 'two', 3: 'three'}
>>> print(dict1.pop(1))           # one
>>> dict1                         # {2: 'two', 3: 'three'}
>>> print(dict1.popitem())        # (3, 'three')
```

（4）字典 .clear()：清除字典中所有的项。例如：

```
>>> x = {1: 'one', 2: 'two', 3: 'three'}
>>> y = x
>>> x = {}                        # x 字典被清空，y 不变
>>> x = {1: 'one', 2: 'two', 3: 'three'}
>>> y = x
>>> x.clear()                     # x 和 y 字典都被清空
```

3. 复制

（1）浅复制：字典 .copy()

浅复制值本身就是获得相同的内容，但不是得到副本，它与原内容共用空间。例如：

```
>>> d1 = {'xm': '王一平', 'kc': ['C 语言', '数据结构', '计算机网络']}
>>> d2 = d1.copy()                       # 浅复制
>>> d2['xm'] = '周婷'                    # 修改字典"xm"对应的值
>>> d2['kc'].remove('数据结构')          # 删除字典的某个值
>>> d1                                   # {'xm':'王一平','kc':['C 语言','计算机网络']}
>>> d2                                   # {'xm':'周婷','kc':['C 语言','计算机网络']}
```

其中，修改的值对原字典没有影响，但删除的值对原字典有影响。

（2）深复制：deepcopy(字典)

为避免浅复制带来的影响，可以用深复制。深复制获得与原内容完全相同的副本，它们之间的空间是独立的。例如：

```
>>> from copy import deepcopy            # 导入函数
>>> d1 = {}
>>> d1['id'] = ['one','two']             # {'id': ['one', 'two']}
>>> d2 = d1.copy()                       # 浅复制
>>> d3 = deepcopy(d1)                    # 深复制
>>> d1['id'].append('three')             # {'id': ['one', 'two', 'three']}
>>> d2                                   # {'id': ['one', 'two', 'three']}
>>> d3                                   # {'id': ['one', 'two']}
```

其中，浅复制的新字典随着原字典改变了，而深复制的新字典没有改变。

另外，使用 dict2 = dict1 语句仅仅会生成一个字典别名。

4. 遍历

对字典对象进行迭代或者遍历时，默认遍历字典中的键。如果需要遍历字典的元素必须使用字典对象的 items() 方法明确说明，如果需要遍历字典的"值"则必须使用字典对象的 values() 方法明确说明。当使用内置函数以及 in 运算符对字典对象进行操作时也是如此。

遍历示例如下：

```
dict1 = {1: 'one', 2: 'two', 3: 'three'}
for item in dict1:                # 遍历键，与 for item in dict1.keys() 等价
```

```
    print(item, end=' ')            # 1 2 3
print()
for item in dict1.items():          # 遍历元素
    print(item, end=' ')            # (1, 'one') (2, 'two') (3, 'three')
print()
for item in dict1.values():         # 遍历值
    print(item, end=' ')            # one two three
print()
```

5. 使用给定键建立新字典

fromkeys(seq[, 值])：使用给定的键建立新字典，每个键默认对应的值为None。例如：

```
>>> {}.fromkeys(['oldname', 'newname'])
                # {'oldname': None, 'newname': None}
>>> dict.fromkeys(['oldname', 'newname'])
                # {'oldname': None, 'newname': None}
>>> dict.fromkeys(['oldname', 'newname'],'zheng')
```

不用默认的None，自己提供默认值“zheng”，结果为：

```
{'oldname': 'zheng', 'newname': 'zheng'}
```

【例4.12】用字典向format()方法传入参数值，格式化输出学生的成绩及相关信息。

Python推荐使用format()方法进行格式化输出，该方法不仅可以对数值进行格式化，还支持关键参数格式化和序列解包格式化字符串，使用起来十分方便。

format()支持的格式主要包括：b（二进制格式）、c（把整数转换成Unicode字符）、d（十进制格式）、o（八进制格式）、x/X（十六进制格式）、e/E（科学记数法格式）、f / F（固定长度的浮点数格式）、%（固定长度浮点数显示百分数），此外，它还提供了对下画线分隔数字的支持。

各种格式的示例如下：

```
>>> print('{0:.3f}'.format(2/11))          # 0.182          3位小数
>>> '{0:%}'.format(0.182)                  # '18.200000%'  百分数
>>> '{0:_},{0:_x}'.format(65000)           # '65_000,fde8' 十六进制
>>> '{0:_},{0:_x}'.format(6500012)         # '6_500_012,63_2eac' 带下画线
>>> str1 = "{0}语言{1}函数"
>>> str1.format("Python", "format")        # 'Python语言format函数'
```

可通过字典向format()方法传入参数值。例如：

```
>>> print('{name}考了{score}分'.format(name='孙婷婷',score=89))
                                           # 孙婷婷考了89分        通过名称传入参数值
>>> d1 = {'name': '周和林', 'score': 90}
>>> print('{name}考了{score}分'.format(**d1))
                                           # 周和林考了90分        通过字典传入参数值
```

在通过字典向format()方法传入参数值时要在字典名前加**。

又例如（form1.py）：

```
lst = [[1,'孙玉真',25,'1999-09-02',True],
    [2,'黄一升',26,'1998-10-30',True],
```

```
    [3,'赵新红',19,'2000-05-06',False]]
print("序号   姓名     学分   出生时间   本省（1）")
print("-----------------------------------------")
for i in lst:
   print("{0:^6}{1:<6}{2:<6}{3:^12}{4:^6}".format(i[0],i[1],i[2],i[3],i[4]))
```

运行结果如图 4.4 所示。

```
序号  姓名    学分  出生时间  本省（1）
-----------------------------------------
 1   孙玉真   25   1999-09-02  1
 2   黄一升   26   1998-10-30  1
 3   赵新红   19   2000-05-06  0
```

图4.4 运行结果

4.4.3 【典型案例】：百分制成绩分级统计

4-3【例 4.13】

本小节介绍百分制成绩分级统计程序设计。

【例 4.13】统计一组百分制成绩对应的各等级人数。

代码如下（grade1.py）：

```
grade = {'不及格': (0, 60),
         '及格': (60, 70),
         '中等': (70, 80),
         '良好': (80, 90),
         '优秀': (90, 100)}
def transGrade(cj):
   for cjg, cjv in grade.items():
      if cjv[0] <= cj < cjv[1]:
         return cjg

lstScore = [78,90,95,56,80,89,76,65,75,86]
dictGrade = dict()
for i,score in enumerate(lstScore):
   scoreGrade = transGrade(score)
   dictGrade[scoreGrade] = dictGrade.get(scoreGrade, 0) + 1

for item in dictGrade.items():
   print(item)
```

运行结果如图 4.5 所示。

```
('中等', 3)
('优秀', 2)
('不及格', 1)
('良好', 3)
('及格', 1)
```

图4.5 运行结果

【例 4.14】根据商品名称，从键盘输入对应的商品分类，以“商品名称：商品分类”作为字典保存。

代码如下（ctypeDict.py）：

```
# 键（商品名称）列表
lstpname = ['洛川红富士苹果冰糖心 10 斤箱装', '库尔勒香梨 10 斤箱装', '砀山梨 5 斤箱装特大果']
# 输入商品类别编号
lsttcode = []
for i in range(0,len(lstpname)):
   lsttcode.append(input(lstpname[i]+' 分类: '))
# 合成字典
```

```
tdict = dict(zip(lstpname,lsttcode))
# 输出
print(tdict)
```

运行结果如图 4.6 所示。

```
洛川红富士苹果冰糖心10斤箱装 分类：1A
库尔勒香梨10斤箱装 分类：1B
砀山梨5斤箱装特大果 分类：1B
{'洛川红富士苹果冰糖心10斤箱装': '1A', '库尔勒香梨10斤箱装': '1B', '砀山梨5斤箱装特大果': '1B'}
```

图4.6　运行结果

【例 4.15】统计字符串中词的个数，将词存放在字典中，同时统计分隔符个数。

4-4【例 4.15】

程序如下（cntWords.py）：

```
import  re
str = "Python is a language, and Python is a fad."
lst = re.findall (r'\b\w.+?\b', str)
splitNum = len(lst)
dict1 = { }
for i in range(0,splitNum):
   str1 = lst[i]
   if str1 in dict1:
      n = dict1.pop(str1)
      dict1[str1] = n + 1
   else:
      dict1[str1] = 1
print(dict1)
print("分隔符个数：",splitNum)
```

运行结果：

```
{'language': 1, 'and': 1, 'Python': 2, 'is': 2, 'a ': 2, 'fad': 1}
分隔符个数： 9
```

4.5　常用函数和组合数据类型的转换

本节先介绍常用函数，然后介绍组合数据类型的转换。

4.5.1　常用函数

用于处理序列的函数很多，也可以使用一些模块。这里介绍几个内置函数和 statistics 模块。

1. 内置函数

（1）内置函数 map(函数 , 序列)：把 map 对象中每个原序列中的元素经过“函数”处理后返回。map() 函数不对原序列或迭代器对象做任何修改。“函数”可以是系统函数，也可以是用户自定义函数，但都只能带一个参数。例如：

```
>>> list(map(str, range(1,6)))          # 把数字元素转换为字符串列表
['1', '2', '3', '4', '5']
>>> def add(val):                       # 自定义单参数（val）函数 add()
   return val+1
>>> list(map(add,range(1,6)))
[2, 3, 4, 5, 6]
```

（2）内置函数 filter(函数， 序列)：将单函数作用到一个序列上，函数返回值为 True 的那些元素组成的 filter 对象；如果函数为 None，则返回序列中等价于 True 的元素。例如：

```
>>> list1 = ['abc','123','+-*/','abc++123']
>>> def isAN(x):                    # 自定义函数 isAN(x)，测试 x 是否为字母或数字
    return x.isalnum()
>>> list(filter(isAN, list1))       # ['abc', '123']
```

（3）元素压缩函数 zip(x)：它把多个序列或可迭代对象 x 中的所有元素左对齐，然后往右移动，把所经过的每个序列中的相同位置上的元素都放到一个元组中，只要有一个序列中的所有元素都处理完，就返回包含到此为止的元组。

zip 对象只能遍历一次。例如：

```
>>> x = zip('abcd', [1,2,3])        # 压缩字符串和列表
>>> list(x)
[('a', 1), ('b', 2), ('c', 3)]
>>> list(x)
[]
```

多列表元素重新组合，在两个列表不等长时，以短的为准。例如：

```
>>> x = list(range(6))
>>> x
 [0, 1, 2, 3, 4, 5]
>>> random.shuffle(x)               # 打乱元素顺序
>>> x
 [2, 3, 1, 0, 4, 5]
>>> list(zip(x,[1]*6))              # 多列表元素重新组合
[(2, 1), (3, 1), (1, 1), (0, 1), (4, 1), (5, 1)]
>>> list(zip(['a', 'b', 'c'],x))  # 在两个列表不等长时，以短的为准
 [('a', 2), ('b', 3), ('c', 1)]
```

只能从前往后正向访问 enumerate、map、filter、zip 等对象中的元素，没有任何方法可以再次访问已访问过的元素，也不支持使用索引访问其中的元素。当所有元素访问结束以后，如果需要重新访问其中的元素，必须重新创建生成器对象。例如：

```
>>> n = filter(None,range(10))
>>> n
<filter object at 0x000001A865660588>
>>> 1 in n
True
>>> 2 in n
True
>>> 2 in n
False                # 元素 2 已经访问过了
>>> s = map(str,range(10))
>>> '2' in s
True
>>> '2' in s
False                # 元素 2 已经访问过了
```

2. statistics 模块

statistics 模块计算数值数据的基本统计属性（平均数、中位数、方差等），用“import statistics”导入，以“statistics. 函数名 ()”的形式引用。常用的 statistics 模块函数如表 4.1 所示。

表 4.1　常用的 statistics 模块函数

函数	描述
mean(序列)	返回序列数据的算术平均数
fmean(序列)	将序列中的数据转换成浮点数，然后计算算术平均数
geometric_mean(序列)	返回序列数据的几何平均数（各统计变量连乘积的项数次方根）
harmonic_mean(序列)	返回序列数据的调和平均数（各统计变量倒数的算术平均数的倒数）
median(序列)	返回序列数据的中位数（中间值）
mode(序列)	返回序列数据的单个众数（出现最多的值）
pstdev(序列 [, 平均数])	返回序列数据的标准差（方差的平方根）

使用这些函数的示例如下：

```
>>> import statistics
>>> score = [90, 80, 85, 85, 70, 82, 60, 56, 85]
>>> statistics.mean(score)                              # 77
>>> statistics.median(score)                            # 82
>>> statistics.mode(score)                              # 说明（1）  显示 85
>>> data = [100, 64, 10]
>>> statistics.geometric_mean(data)                     # 说明（2）显示 40.0
>>> statistics.harmonic_mean(data)                      # 23.88059701492537
>>> import random
>>> gausseq = []
>>> for i in range(100):
        temp = random.gauss(35, 1.5)                    # 说明（3）
        gausseq.append(temp)
>>> statistics.fmean(gausseq)                           # 35.25901790773193
>>> statistics.pstdev(gausseq, 35)                      # 1.4733434259465663
```

（1）使用 mode() 函数求这组数据中的众数，即出现最多的数据为 85。

（2）使用 geometric_mean() 函数求几何平均数，将 100、64、10 这 3 个数相乘的积开三次方得到。

（3）这里综合运用了 random 模块中的 gauss(平均数 , 标准差) 函数，先用指定的平均数（35）和标准差（1.5）生成一组按高斯正态分布的随机数，用 for 循环将其添加到序列 gausseq 中，然后通过 statistics 模块的 fmean()、pstdev() 两个函数反向算出此序列真实的平均数和标准差，再与生成时设定的平均数、标准差比较，可以发现它们是一致的。

4.5.2　组合数据类型的转换

Python 字典和集合都使用哈希表来存储元素，查找元素速度非常快，关键字 in 作用于字典和集合时比作用于列表时要快得多。实际进行应用编程时，针对不同功能要采用不同的序列，对于频繁使用的数据要先转换再操作。

list()、tuple()、dict()、set()、frozenset() 用来把其他类型的数据转换成列表、元组、

字典、可变集合和不可变集合，或者创建空列表、空元组、空字典和空集合。

1. 字符串、列表与元组的转换

Python 字符串、列表与元组三者之间的互相转换涉及 3 个函数：str()、list() 和 tuple()。这 3 个函数的使用示例如下：

```
>>> str = "python"
>>> list(str)                    # ['p', 'y', 't', 'h', 'o', 'n']
>>> tuple(str)                   # ('p', 'y', 't', 'h', 'o', 'n')
>>> tuple(list(str))             # ('p', 'y', 't', 'h', 'o', 'n')
>>> str([1,2,3])                 # '[1, 2, 3]'
>>> str((1,2,3))                 # '(1, 2, 3)'
>>> str({1,2,3})                 # '{1, 2, 3}'
```

【例 4.16】统计一个字符串中小写字母、大写字母、数字、其他字符的个数，存入一个列表，前面的元素包含各项的统计个数，字符串本身也作为一个元素添加到列表，然后将这个列表转换成一个元组输出。

代码如下（strCont.py）：

```
'''统计一个字符串中小写字母、大写字母、数字、其他字符的个数
  然后将其组成一个新元组'''
str1 = input("str=")
cont = [0,0,0,0]
for ch in str1:
   if ch.islower():
      cont[0] += 1
   elif ch.isupper():
      cont[1] += 1
   elif ch.isnumeric():
      cont[2] += 1
   else:
      cont[3] += 1
cont.append(str1)
mytup = tuple(cont)
print("小写字母 =%d, 大写字母 =%d,  数字 =%d, 其他字符 =%d"%(mytup[0], mytup[1], mytup[2],
mytup[3]))
```

运行结果如下：

```
str=123ASg6H
小写字母=1, 大写字母=3,  数字=4, 其他字符=0
```

2. 列表、元组转换为字符串

列表和元组都是通过 join() 函数转换为字符串的。例如：

```
>>> list1 = ['a','b','c']
>>> "".join(list1)               # 'abc'
>>> tuple1 = ('1','2','3')
>>> "".join(tuple1)              # '123'
```

3. 其他类型的相互转换

例如，字典、列表可以转换为元组和集合：

```
>>> dict1 = {1: 'one', 2: 'two', 3: 'three'}
>>> list1 = ['a','b','c']
```

```
>>> tup1 = tuple(dict1)           # (1, 2, 3)   字典的键组成的元组
>>> set(list1)                    # {'c', 'a', 'b'}
>>> set(tup1)                     # {1, 2, 3}
```

字典、列表、元组和集合中的不同参数产生的结果如下：

```
>>> list(range(5))                # 把 range 对象转换为列表
[0, 1, 2, 3, 4]
>>> tuple(_)                      # 用一个下画线（_）表示上一次正确的输出结果
(0, 1, 2, 3, 4)
>>> dict(zip('1234', 'abcde'))    # 将两个字符串转换为字典
{'1': 'a', '2': 'b', '3': 'c', '4': 'd'}
>>> set('aacbbeeed')              # 创建可变集合，自动去除重复元素
{'a', 'c', 'b', 'e', 'd'}
>>> _.add('f')
>>> _                             # 上一次正确的输出结果
{'a', 'c', 'b', 'e', 'f', 'd'}
>>> frozenset('aacbbeeed')        # 创建不可变集合，自动去除重复元素
frozenset({'a', 'c', 'b', 'e', 'd'})
```

不可变集合不支持元素的添加与删除。

4.6 【典型案例】：组合数据类型综合应用

本节通过 3 个典型案例介绍组合数据类型综合应用。

4-5【例 4.17】

【例 4.17】对 10 个 10 ～ 100 的随机整数进行因数分解，显示因数分解结果，并验证分解式子是否正确。

代码如下（randDec.py）：

```
from random import randint
from math import sqrt
lst = [randint(10,100) for i in range(10)]
maxNum = max(lst)                                            # 随机整数中的最大数
# 计算最大数范围内所有素数
primes = [p for p in range(2,maxNum) if 0 not in
    [p%d for d in range(2,int(sqrt(p))+1)]]
for num in lst:
   n = num
   result = []                                               # 存放所有因数
   for p in primes:
      while n!=1:
         if n%p == 0:
            n = n/p
            result.append(p)
         else:
            break
      else:
```

```
            result = '*'.join(map(str, result))            # 说明（1）
            break
    print(num, '= ', result, num==eval(result))            # 说明（2）
```

（1）生成因数分解式子。

（2）num==eval(result)：将分解的式子转换为数值，判断是否相等。

运行结果如图 4.7 所示。

```
67 =  67 True
98 =  2*7*7 True
28 =  2*2*7 True
52 =  2*2*13 True
25 =  5*5 True
100 =  2*2*5*5 True
29 =  29 True
76 =  2*2*19 True
50 =  2*5*5 True
68 =  2*2*17 True
```

图4.7　运行结果

【例 4.18】把字符串分成中文和英文两个部分。

4-6【例 4.18】

代码如下（decChnEng.py）：

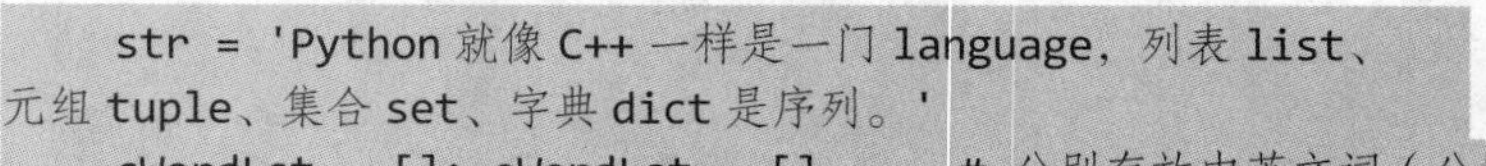

```
str = 'Python 就像 C++ 一样是一门 language，列表 list、
元组 tuple、集合 set、字典 dict 是序列。'
cWordLst = []; eWordLst = []        # 分别存放中英文词（分段子字符串）
cWord = ''; eWord = ''
for ch in str:
    if 'a'<=ch<='z' or 'A'<=ch<='Z': # 英文字符范围
        if cWord:
            cWordLst.append(cWord)
            cWord = ''
        eWord += ch
    if 0x4e00<=ord(ch)<=0x9fa5:     # 中文 Unicode 编码范围
        if eWord:
            eWordLst.append(eWord)
            eWord = ''
        cWord += ch
if eWord:                            # 处理最后的分段子字符串
    eWordLst.append(eWord)
    eWord = ''
if cWord:
    cWordLst.append(cWord)
    cWord = ''
print(cWordLst)
print(eWordLst)
```

运行结果如图 4.8 所示。

```
['就像', '一样是一门', '列表', '元组', '集合', '字典', '是序列']
['Python', 'C', 'language', 'list', 'tuple', 'set', 'dict']
```

图4.8　运行结果

处理时非英文 ASCII 的字符（如 ++、，、。）被忽略。

【例 4.19】24 点游戏。给出 4 个整数，找出通过四则运算（+、-、*、/）构造的值恰好等于 24 的表达式。

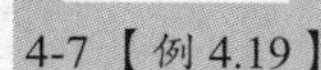

4-7【例 4.19】

代码如下（val24play.py）：

```
from itertools import permutations                # 说明（1）
```

```
# 4个数字和3个运算符可能组成的所有表达式形式
exps = ('((%s%s%s)%s%s)%s%s',                    # 说明（2）
       '(%s%s%s)%s(%s%s%s)',
       '(%s%s(%s%s%s))%s%s',
       '%s%s((%s%s%s)%s%s)',
       '%s%s(%s%s(%s%s%s))')
ops = r'+-*/'

def expCal(v4one):
   lstResult = []
   # 全排列，枚举4个数的所有可能顺序
    for v4 in permutations(v4one):               # 说明（1）
       print(v4)                                 # 显示当前排列的4个数
       # 说明（4）当前排列的4个数能实现的表达式
       for exp in exps:                          # 遍历四则运算形式
          for op1 in ops:                        # 遍历运算符
             for op2 in ops:
                for op3 in ops:
                   ls = exp % (v4[0], op1, v4[1], op2, v4[2], op3, v4[3])
                   try:                          # 说明（2）
                      v = int(eval(ls))
                      if v == 24:
                         lstResult.append(ls)
                         # v = int(eval(exp % (v4[0], op1, v4[1], op2, v4[2], op3,
v4[3])))
                         print(ls)
                   except:                       # 说明（3）
                      pass
                      # print("err:",ls)
   return lstResult

my4v = (1, 2, 3, 4)
result = expCal(my4v)
if not result:
   print('没有等于24的组合！')
```

（1）使用itertools模块的permutations(v4one)函数，可以生成v4one元组的所有组合。

（2）exps为元组，存放含括号的四则运算的表达式形式。

例如exp = ((%s%s%s)%s%s)%s%s，若采用：

exp % (v0, op1, v1, op2, v2, op3, v3)

表示四则运算((v0 op1 v1) op2 v2) op3 v3，其中,op1,op2,op3 = +, -, *, /。

（3）因为四则运算表达式eval(exp)枚举的所有情况中可能包含除数为0的组合（如2/((1+3)-4)，为了防止程序中断运行，需要加入异常处理（try… except…）。异常处理语句中pass仅占位，什么也不执行。这样，eval(exp)下面的循环体语句就不会执行，而是继续遍历其他组合。

（4）for exp in exps 枚举每一种运算表达式的形式，对连接 4 个数的 3 个运算符枚举每一种运算并构建表达式：exp % (v4[0], op1, v4[1], op2, v4[2], op3, v4[3])。将表达式对应的字符串用 eval() 函数转换为数值取整，如果等于 24，就将该元组加入列表保存。

上述四重 for 循环的功能也可以采用下面的列表推导式实现：

```
Result = [exp % (v4[0], op1, v4[1], op2, v4[2], op3, v4[3]) for op1 in ops \
    for op2 in ops for op3 in ops for exp in exps \
     if isVal24(exp % (v4[0], op1, v4[1], op2, v4[2], op3, v4[3]))]
```

其中，判断表达式是否等于 24 的函数 isVal24() 的代码如下：

```
def isVal24(exp):
    try:
        return int(eval(exp)) == 24
    except:
        return False
```

运行程序，结果如图 4.9 所示，因为各种满足条件的组合太多，这里仅列出前后两组。

```
(1, 2, 3, 4)
['((1+2)+3)*4']
['((1*2)*3)*4']
['(1*2)*(3*4)']
['(1+(2+3))*4']
['(1*(2*3))*4']
['1*((2*3)*4)']
['1*(2*(3*4))']
```

```
(4, 3, 2, 1)
['((4*3)*2)*1']
['((4*3)*2)/1']
['(4*3)*(2*1)']
['(4*3)*(2/1)']
['(4*(3*2))*1']
['(4*(3*2))/1']
['4*((3+2)+1)']
['4*((3*2)*1)']
['4*((3*2)/1)']
['4*(3+(2+1))']
['4*(3*(2*1))']
['4*(3*(2/1))']
```

图 4.9　运行结果

如果修改成下列语句，再运行程序，则显示“没有等于 24 的组合！”。

```
my4v = (1, 2, 3, 1)
```

【实训】

一、列表实训

1. 按照下列要求修改、运行并调试【例 4.5】中的程序。

（1）在网上搜索插入排序算法，采用插入法进行数据排序。

（2）赋值一个二维列表 list2 = [[11,2,3],[4,25,36],[7,8,19],…]，然后按照列表元素 a[i][0] (i=0, 1, 2, …) 对该二维列表进行排序。

2. 修改【例 4.8】中的程序，自己编程实现 remove() 和 max()。

二、集合实训

按照下列要求修改、运行并调试【例 4.11】中的程序。

（1）销售商品详情数据采用元组存放，商品号和购买用户互换位置，实现同样的功能。

（2）程序仅执行一次 for 循环，实现统计购买用户及其花费的金额的功能。

三、字典实训

根据商品分类统计列表数据中每一类商品的销售额。

商品销售信息如下：

```
lst_sale = [
    (2, '1A', 'easy-bbb.cox', 29.80, 2),
    (6, '1B', 'easy-bbb.cox', 69.80, 1),
    (2, '1A', '231668-aa.cox', 29.80, 1),
    (1002, '1B', 'sunrh-phei.nex', 16.90, 2)
]
```

包括商品号、类别编号、购买用户账号、价格、购买数量，其中类别编号的意义如下：1A——苹果，1B——梨，其中，第一个字符1表示水果大类。

四、组合数据类型综合应用实训

1. 修改【例4.17】中的程序：将下列列表推导式改成普通循环语句，且完成同样的功能。

```
primes = [p for p in range(2,maxNum) if 0 not in
    [p%d for d in range(2,int(sqrt(p))+1)]]
```

2. 修改【例4.18】中的程序：统计字符串中汉字、大写的英文字母、小写的英文字母和其他字符的个数。

3. 按照下列要求修改、运行并调试【例4.19】中的程序。

（1）四则运算（+、-、*、/）的构造不允许包含括号。

（2）四重for循环采用【例4.19】说明中的列表推导式实现。

（3）判断表达式是否等于24，通过自定义函数isVal24()实现。

【习题】

一、选择题

1. 下列情况中判断条件为True的是（　　）。

   A. 空列表、空元组、空集合、空字典、空range对象

   B. { }、[ ]、( )

   C. ‘’、””、”””“”

   D. not None

2. 下列关于序列的说法错误的是（　　）。

   A. 当增加和删除元素时列表自动进行内存的扩展和收缩

   B. 列表、元组和字符串支持双向索引，正反向索引均从0开始

   C. 字典支持使用“键”作为索引访问其中的元素值

   D. 集合不支持任何索引，因为集合是无序的

3. 下列关于序列的说法错误的是（　　）。

   A. 切片不能用于集合，可用于列表、元组、字典、字符串等

   B. 列表是可变的，元组是不可变的

   C. 字典的“键”和集合的元素都不允许重复

   D. 字符串不能作为列表处理

4. 序列不能进行的操作是（　　）。

   A. in　　B. is　　C. len()　　D. +

5. 执行下面的语句后，列表 x 的长度是（　　）。

```
x = [1,2,3]; x.extend('abc'); x.append('xyz')
```

A. 5　　　　B. 6　　　　C. 7　　　　D. 9

6. 下列选项中不是集合的是（　　）。

A. {1,'a'}　　　　B. {1,d}　　　　C. {1,(2,3)}　　　　D. { }

7. 下列选项中错误的是（　　）。

A. d={1:[1,2],2:[3,4]}　　　　B. d={[1,2]:1,[3,4]:2}

C. d={(1,2):1,(3,4):2}　　　　D. {'a':{1,2},'b':{3,4}}

二、填空题

1. 表达式 [1,3] not in [1,2,3] =________。

2. lst=[1,2,3,4,5,6,7,8]，lst[2:5]=________，lst[-2::]= ________，lst[::-2] = ________，lst[0] = ________。

3. a=[13.2]，b= a.sort(reverse=True)=________，a=________。

4. a=[1,2];b=[3,4];[a,b]= ________，a+b= ________。

5. tup1=(1,3,2)*2，tup1=____________，tup1(1)= ____________。

6. k=['name','sex','age']，v=['王平', '女', 38]，dict(zip(k,v))=__________。

7. d= {'name': '王平', 'sex': '女', 'age': 38}，d['age']= ______。

8. a={1,2,3};b={3,4,5};c={1,3,6,7,8}，a > (a | b) & c= ________。

9. str1=" +" ;list1=['-1','2','-3','4','-5']; str1.join(list1)=______________。

10. dir1='/E:/Python/v3-6';pdir2.split('/')=______________。

11. d1={'a':1,'b':2};d2=d1;d2['a']=2;print(d1['a']+d2['a'])=______________。

三、编程题

1. 列表 lst=[1,2,3,4,5,6]，将这个列表中的每个元素依次向前移动一个位置，第一个元素移动到列表的最后。输出移动后的列表。

2. 生成一个包含 30 个元素的列表，每个元素是 0 ～ 100 的一个随机整数，输出属于 0 ～ 59、60 ～ 69、70 ～ 79、80 ～ 89、90 ～ 100 各范围的元素，统计个数。

3. s=" The Python Dict: Key=1, Val=10 "，统计 s 字符串中字母、数字、其他字符的个数，并输出统计结果。

4. s=" The Python Dict: Key=1, Val=10 "，删除字符串左右两边的空格，如果中间有连续的两个及以上空格则保留一个，输出新的字符串。

5. 在一段英文句子字符串中，按照下列要求编程。

（1）统计出单词及其出现的位置，采用列表记录，然后输出。

（2）统计出现的单词，采用集合记录，然后输出。

（3）统计出单词及其出现的次数，采用字典记录，然后输出。

第5章 自定义函数及应用程序构成

函数是组织好的、可重复使用的，用来实现单一或相关联功能的代码段。函数能提高应用的模块性和代码的重复利用率。Python 提供了许多内置函数，比如 input()、print()。在没有合适的内置函数时，可以自己创建函数，这些函数被称为自定义函数。

5.1 自定义函数

用户自己创建的函数称为自定义函数，下面分两个方面介绍自定义函数。

5.1.1 函数定义与调用

1. 定义一个函数

定义一个函数的语句如下：

```
def 函数名 ([ 参数 1, 参数 2,…]):
    函数体（语句块）
    [ return[ 表达式 ]]
```

（1）函数代码块以 def 关键字开头，后接函数名和圆括号，在圆括号中可以定义参数。

（2）函数体：包含实现函数功能的语句块。

（3）return[表达式]：结束函数，返回一个值给调用方。不带表达式的 return 相当于返回 None。

2. 函数调用

用户通过函数名（值 1，值 2,... ）来调用和执行函数。例如：

```
>>> def addxy(x,y):                # 定义包含双参数 (x,y) 的函数 addxy()
    return x+y
>>> addxy(-12.6,5)                 # 调用 addxy() 函数，没有赋值
-7.6                               # 函数返回结果
>>> sum = addxy(-12.6,5)           # 调用 addxy() 函数，赋值给 sum 变量
>>> sum
-7.6
```

函数返回的表达式可以是列表、元组、集合以及多个值。例如：

```
>>> def divide( a,b) :
```

```
    n1 = a//b;n2 = a-n1*b
    return n1,n2
>>> x,y = divide( 123,5)
>>> x,y
(24, 3)
```

5.1.2 列表推导式使用函数

在列表推导式中可以使用函数，这样列表推导式就可以根据用户的任何要求进行推导。例如（funInfer.py）：

```
lst = [1,-2,3,-4]
def func(val):
   if val% 2== 0:
      val = val*2
   else:
      val = val*3
   return val
print( [func(val)+1 for val in lst  if val>0] )  #显示调用函数带列表推导式的结果
```

运行结果：

[4, 10]

标准库 functools 函数“reduce(自定义函数 , 序列)”将接收两个参数的函数以迭代累积的方式从左到右依次作用到序列或迭代器对象的所有元素上，并且允许指定一个初始值。例如：

```
>>> from functools import reduce
>>> def addxy(x,y):                # 定义双参数 (x,y) 函数 addxy()
    return x+y
>>> list1 = [1, 2, 3, 4, 5]
>>> reduce(addxy,list1)            # 15
```

其中，reduce() 函数的执行过程如下。

x=1, y=2, addxy(x,y)=1+2;

x=3, y=3, addxy(x,y)=3+3;

x=6, y=4, addxy(x,y)=6+4;

x=10, y=5, addxy(x,y)=10+5;

如果把 addxy() 函数参数换成乘（*），则上述过程就能够计算 5！。

如果把 addxy() 函数参数换成字符串，则上述过程就能够将列表所有的字符串元素连接起来。

5.2 参数传递

函数定义时使用的是形参，调用时使用的是实参。例如，def addxy(x,y) 中的 x、y 是形参，addxy(-12.6,5) 中的 -12.6、5 是实参。

将实参传递给形参有两种方式：传值和传址。传值就是传入一个参数的值，传址就是传入一个参数的地址，也就是内存的地址。它们的区别是在函数内对传值参数赋值是不会改变函数外变量的值的，而用传址传入就会改变函数外变量的值。

传值还是传址是根据传入参数的类型来选择的。如果函数收到的是一个可变对象（比如字典或者列表）的引用，就选择传址方式。如果函数收到的是一个不可变对象（比如数字、字符串或者元组）的引用，就选择传值方式。

以传值方式传递参数的示例如下：

```
>>> def add1(x,y):
    x = x+y
    return x
>>> x = -12.6;  y = 5
>>> add(x,y)
-7.6
>>> x
-12.6
```

其中，因为 x 是数值型数据，所以这里使用的是传值方式，函数外的 x 的值不变。

以传址方式传递参数的示例如下：

```
>>> def add2(x):
    x[0] = x[0]+x[1]
    return x[0]
>>> lst = [10,20]
>>> add2(lst)
30
>>> lst[0]
30
```

其中，因为 x 的类型是列表，所以这里使用的是传址方式，`lst[0]` 的值会改变。

5.2.1　定长参数

定长参数调用函数的参数包括位置参数、参数名参数和默认值参数。

位置参数实参须以与形参相同的顺序传入函数。参数名参数（或关键字参数）用参数名确定传入的参数的对应关系。用户可以跳过不传入的参数或者乱序传参。如果没有传入参数的值，则认为采用默认值。

使用这 3 种参数的示例如下：

```
>>> def pout(a,b,c=3):
    print(a,b,c)
>>> pout(10,20,30)                        # 位置参数
10 20 30
>>> pout(b=123,a="abc",c=[4,5,6])         # 参数名参数，b 在 a 之前不影响对应关系
abc 123 [4, 5, 6]
>>> pout(1,2)                             # 默认值参数，c 采用默认值
1 2 3
```

5.2.2　可变长度参数

在定义函数时可变长度参数主要有两种形式："* 参数"或者"** 参数"。"* 参数"用来接收任意多个实参并将其放在一个元组中，"** 参数"接收类似于参数名参数一样形式的多个实参并将其放入字典中。例如：

```
def poutx (*x) :
    print (x)
```

```
>>> poutx(1,2,3)
(1, 2, 3)
>>> poutx(1,2,3,4,5,6)
(1, 2, 3, 4, 5, 6)
```

以及

```
>>> def poutkx(**x):
    for item in x.items() :
    print(item)
>>> poutkx(a=1,b=2,c=3)
('a', 1)
('b', 2)
('c', 3)
```

尽管可以同时使用位置参数、参数名参数、默认值参数等定长参数和可变长度参数，但只能在必要时使用，否则代码的可读性会变差。

【例 5.1】定义一个函数，实现可变个数的数值相加。

代码如下（argsSum.py）：

```
def mysum(*args):
   sum = 0
   for x in args:
      sum+=x
   return sum
print(mysum(1,2,3,4,5,6))
print(mysum(1,2))
print(mysum(2))
```

运行结果：

```
21
3
2
```

5.2.3 序列解包

序列作为实参，解包时也有“* 参数”和“** 参数”两种形式。

1. 一个星号（*）形式

调用含有多个参数的函数时，可以使用列表、元组、集合、字典以及其他可迭代对象作为实参，并在实参名前加一个星号，Python 解释器将自动对序列进行解包，然后把序列中的值分别传递给形参。例如：

```
>>> def drt(a,b,c):
      d = b*b-4*a*c
      return d
>>> lst = [1, 2 , 3]
>>> print( drt(*lst) )                # 对列表进行解包
-8
>>> dic = {1: 'a',2: 'b',3: 'c'}
>>> print( drt(*dic) )                # 用字典键值传递
-8
```

对元组和集合进行解包的方式，与对列表进行解包的方式相同。

如果执行：

```
>>> print( drt(*dic.values()) )
```

就会出现错误。

2. **两个星号（**）形式**

如果实参是字典，可以使用两个星号的形式对其进行解包，并要求实参字典中的所有键都必须是函数的形参名称，或者与函数中使用两个星号的可变长度参数相对应。例如：

```
>>> def dout(**d):
    for item in d.items():
      print(item)
>>> d = {'one':1, 'two':2, 'three':3}
>>> dout(**d)
('one', 1)
('two', 2)
('three',3)
```

3. **多种形式接收参数**

如果函数需要以多种形式来接收参数，定义时一般按照如下顺序：位置参数→默认值参数→一个星号形式的可变长度参数→两个星号形式的可变长度参数。调用函数时，一般也按照这个顺序进行参数传递。

调用函数时如果对实参使用一个星号形式进行序列解包，那么解包后的实参将会被当作普通位置参数对待，并且会在参数名参数和使用两个星号形式进行序列解包的参数之前进行处理。例如：

```
>>> def pout(a,b,c=3):
    print (a,b,c)
>>> pout(*[1,2,3])                    #列表解包
1 2 3
>>> pout(1,*(2,),3)                   #位置参数和元组解包
1 2 3
>>> pout(1,*(2,3))                    #元组解包后的实参相当于位置参数
1 2 3
>>> pout(*(3,),**{ 'c':1, 'b':2})     #元组解包、字典对应名字
3 2 1
```

5.3 变量作用域

在函数内和在函数外定义的变量，其作用域是不同的。在函数内定义的变量一般为局部变量，在函数外定义的变量为全局变量。不管是局部变量还是全局变量，其作用域都是从定义的位置开始的，在该位置之前无法访问。

在函数内定义的局部变量只在该函数内可见。当函数运行结束后，在其内定义的所有局部变量将被自动删除，变得不可访问。

但是，在函数内使用 global 定义或者声明的变量就是全局变量，当函数运行结束以后仍然存在并且可以访问。但需要注意下列几种情况。

（1）一个变量如果已在函数外定义，那么这个变量就是全局变量，如果在函数内需要修改这个变量的值，并将修改的结果反映到函数外，可以在函数内用关键字 global 明确声明要使用已定义的同名全局变量。

（2）在函数内直接使用 global 关键字可以将一个变量定义为全局变量，如果在函数外没有定义该全局变量，调用这个函数之后，会创建新的全局变量。

（3）在函数内如果只引用某个变量的值而没有为其赋新值，则该变量为函数外变量。如果在函数内为某个变量赋值，该变量就被认为是局部变量。

创建局部变量与全局变量的示例如下：

代码如下（funLocal.py）：

```
sum1 = 0                    # sum1、sum2 全局变量
sum2 = 0
def addxy(x, y):
   global sum2
   s = x + y                # s 局部变量
   sum1 = s                 # sum1 局部变量
   sum2 = s                 # sum2 全局变量
   return
addxy(-12.6, 8)             # 调用 addxy() 函数
print("sum1=",sum1)         # 显示原来值
print("sum2=",sum2)         # 显示相加值
```

运行结果：

```
sum1= 0
sum2= -4.6
```

（4）变量有 4 种作用域。局部作用域对应于函数本身，外部作用域对应于外部函数（如果有的话），全局作用域对应于模块（或文件），Python 内作用域对应于 Python 解释程序。

Python 解释程序有一个预建的，或者叫自带的模块（__builtins__），可以在 Python 解释程序中导入该模块，并查看其中预定义的名称。这些名称包括变量名和函数名。

在一个单独的模块中定义好全局变量后，可以在需要使用全局变量的模块中将定义好的全局变量模块导入。

5.4 函数嵌套和递归

本节先介绍函数的嵌套，然后介绍函数的递归。

5.4.1 函数的嵌套

Python 语言允许在定义函数的时候，在定义的函数体内包含另外一个函数的完整定义，这就是通常所说的嵌套定义。凡是语句可以出现的地方，都可以出现 def 语句。

定义在其他函数内的函数叫作内部函数，内部函数所在的函数叫作外部函数。函数可以多层嵌套，除了最外层和最内层的函数之外，其他函数既是外部函数又是内部函数。

（1）嵌套函数使用时需注意其作用域

内部函数定义的变量只在该函数内部有效，包括其嵌套的内部函数，但是对外部函数无效。

（2）变量名的查找顺序

当某个函数引用一个变量时，首先应在当前函数的局部作用域中查找该变量，如果在局部作用域中有对该变量赋值的语句，并且没有使用关键词 global，即没有将其声明为全局变量，就相当于在该函数内部定义了一个局部变量，那么这个变量

就是要找的变量。如果在当前函数的局部作用域中没有找到该变量的定义，并且当前函数是某个函数的内部函数的话，那么继续由内向外在所有外部函数中查找该变量的定义，将最先找到的赋值语句作为它的定义，并将第一个赋给它的值作为要找的变量的值。如果在所有外部函数中都没有找到该变量的定义，或者根本就没有外部函数，那么继续在全局作用域中查找。如果在全局作用域中还没有找到定义，那么到 Python 内作用域去找，如果 4 个作用域都没找到的话，则说明引用了一个未加定义的变量，这时 Python 解释器就会报错。

（3）函数嵌套时的执行顺序

在使用 def 语句定义函数时，Python 并不会立即执行其语句体中的代码，只有在调用该函数时，对应 def 语句的语句体才会被执行。所以，当分析嵌套函数的执行顺序时，遇到 def 语句可以先行跳过（包括其语句体），在遇到函数调用时，再查看对应 def 语句的语句体。

（4）嵌套作用域具有静态性

函数内定义的局部变量只有在该函数执行时有效，当函数退出后就不能再访问了。这是因为局部变量是动态分配的，当函数执行时为其分配临时内存，函数执行后马上释放临时内存。这反映出局部变量的动态性。但是当出现函数嵌套时，如果内部函数引用了外部函数的局部变量，那么外部函数的局部变量将被静态存储，即当函数退出后，其局部变量所占内存也不会被释放。

【例 5.2】函数的嵌套演示 1。

代码如下（funNest1.py）：

```
x = 0
def fun1():
   x1 = 1
   def fun2():
      global x2
      x2 = 2
      print('func2a:x0,x1,x2=', x, x1, x2)
      def fun3():
         x = 31
         x2 = 23
         x3 = 3
         print('func3:x, x1,x2,x3=', x, x1, x2, x3)
      fun3()
      print('func2b:x0,x1,x2=', x, x1, x2)
      x2 = 22
   fun2()
   print('func1:x,x1,x2=', x, x1, x2)
   #x = 10
fun1()
print('x,x2=', x, x2)
```

运行结果如图 5.1 所示。

```
func2a:x0,x1,x2= 0 1 2
func3:x, x1,x2,x3= 31 1 23 3
func2b:x0,x1,x2= 0 1 2
func1:x,x1,x2= 0 1 22
x,x2= 0 22
```

图5.1　运行结果

【例 5.3】函数的嵌套演示 2。

代码如下（funNest2.py）：

```
def myOP(optab, opc, opval):                #自定义函数
```

```
    if opc not in '+-*/':
        return 'OP Err!'
    def OP(opitem):                                    # 在自定义函数中定义函数
        return eval(repr(opitem)+opc+repr(opval))
    return map(OP, optab)                              # 使用在函数内部定义的函数
print(list(myOP(range(6), '+', 2)))                    # 调用 myOP() 实现 [0,1,2,3,4,5]+2
print(list(myOP(range(6), '/', 2)))                    # 调用 myOP() 实现 [0,1,2,3,4,5]/2
```

运行结果：

```
[2, 3, 4, 5, 6, 7]
[0.0, 0.5, 1.0, 1.5, 2.0, 2.5]
```

5.4.2 函数的递归

递归是一个不断地将一个问题分成更小的子问题最终找到一个简单的基础问题，再由解决基础问题入手逐步向上解决初始问题的过程。递归其实是分为两个过程的，一个是向下的递推过程，另一个就是向上的回溯过程。

在递归的过程中，存在着栈的先进后出的过程。在调用函数的时候，Python 会分配一个栈来处理该函数的局部变量。当函数返回时，返回值就在栈的顶端，以供调用者访问。栈限定了函数所用变量的作用域。尽管反复调用相同的函数，但是每一次调用都会为函数的局部变量创建新的作用域。

递归在形式上就是函数的自我调用。

假设有一个函数 A，在它的函数体中又调用 A，这样自己调用自己，自己再调用自己……当某个条件得到满足时就不再调用了，然后一层一层地返回，直到该函数的第一次调用，如图 5.2 所示。

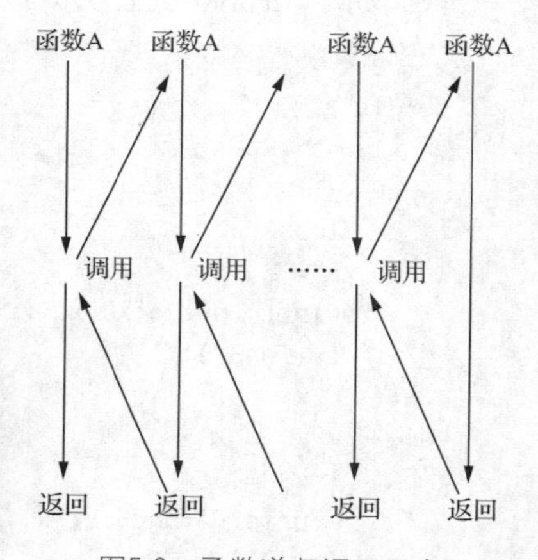

图5.2　函数递归调用示意

5.4.3 【典型案例】：递归和嵌套

下面通过 4 个典型案例介绍递归和嵌套程序的设计。

5-1 【例 5.4】

【例 5.4】利用递归求阶乘 $n!$。

（1）普通方法：

$n!=1\times2\times3\times\cdots\times(n-2)\times(n-1)\times n$

代码如下（funNest3.py）：

```
def fact1( n):
    s = 1
    for i in range(1,n+1):
        s = s*i
    return s
num = int(input("n="))
print(num, '!=', fact1(num))
```

运行结果：

```
n=6
6 != 720
```

（2）递归方法：

$$n!=\begin{cases}1 & n=0\\ n(n-1)! & n>0\end{cases}$$

代码如下（funNest3-2.py）：

```
def fact2(n):
   if n == 0:  s = 1
   else:
      s = n * fact2(n-1)
   print(str(n)+'!=', s)
   return s
num = int(input("n="))
fact2(num)
```

运行结果：

```
n=6
0! = 1
1! = 1
2! = 2
3! = 6
4! = 24
5! = 120
6! = 720
```

【例 5.5】递归函数实现斐波那契数列。

$$f(n)=\begin{cases}0 & n=0\\ 1 & n=1\\ f(n-1)+f(n-2) & n\geqslant 2\end{cases}$$

代码如下（nestFibon1.py）：

```
def fib(n):
   if n==0: return 0
   elif n==1: return 1
   else: return fib(n-2)+ fib(n-1)
num = int(input("n="))
print('sum=',fib(num))
```

运行结果：

```
n=10
sum= 55
```

用集合记录中间的运算结果，可以将程序修改如下（nestFibon2.py）：

```
fset = {0,1}
def fib(n):
   if n==0: return 0
   elif n==1: return 1
   else: s = fib(n-2)+ fib(n-1); fset.add(s);return s
num = int(input("n="))
print('sum=',fib(num))
print(fset)
```

运行结果；

```
n=10
sum= 55
{0, 1, 2, 3, 34, 5, 8, 13, 21, 55}
```

（1）集合是无序的，不要认为上述的输出顺序是斐波那契数列的生成顺序。

（2）集合是地址引用，所以在自定义函数中可以操作函数外的集合。

另外，函数递归可以把一个大型的复杂问题层层转化，只需要很少的代码就可以描述过程中需要的大量重复计算。

【例 5.6】列表平铺。

5-2 【例 5.6】

如果列表包含多级嵌套或者不同子列表嵌套的深度不同，以致需要平铺列表，那么可以使用函数递归来实现。

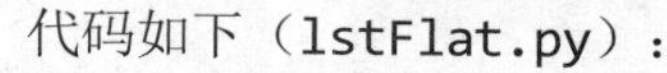

代码如下（lstFlat.py）：

```
def flatList(mylst):
    lst = []                                    # 存放结果列表
    def nested(mylst):                          # 函数嵌套定义
        for item in mylst:
            if isinstance(item,list):
                nested(item)                    # 递归子列表
            else:
                lst.append(item)                # 平铺列表
    nested(mylst)                               # 调用嵌套函数
    return lst                                  # 返回结果
list1 = [[1,2,3],[4,[5,6]],[7,[8,[9]]]]
list2 = flatList(list1)
print(list2)
```

运行结果：

```
[1, 2, 3, 4, 5, 6, 7, 8, 9]
```

【例 5.7】塔内有 3 根柱子 A、B 和 C，A 柱子上有 *n* 个大小不同的盘子，大的盘子在下，小的盘子在上。把这 *n* 个盘子从 A 柱子移到 C 柱子，每次只允许移动一个盘子，在移动盘子的过程中可以利用 B 柱子，但任何时刻 3 根柱子上盘子都必须始终保持大盘在下、小盘在上。如果只有一个盘子则可直接将盘子从 A 柱子移动到 C 柱子。如果最初 A 柱子上有 64 个盘子就与汉诺塔问题相关，如图 5.3 所示。

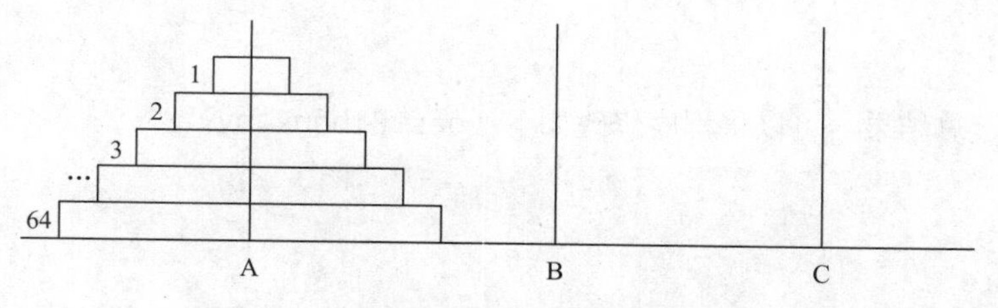

5-3 【例 5.7】

图5.3 汉诺塔问题

下面基于递归算法解决汉诺塔问题（thanoi.py）。

```
# num：盘子个数，src：最初放置盘子的柱子，dst：目标柱子，temp：临时柱子
def hanoi(num, src, dst, temp=None):
    global times                                # times 变量用来记录移动次数
```

```
    # 只剩最后一个盘子需要移动时，函数递归调用结束
    if num == 1:
        print('第 {0} 次: {1} ==> {2}'.format(times, src, dst))
        times += 1
    else:
        # 先把除最后一个盘子之外的所有盘子移动到临时柱子上
        hanoi(num-1, src, temp, dst)
        # 把最后一个盘子直接移动到目标柱子上
        hanoi(1, src, dst)
        # 把除最后一个盘子之外的其他盘子从临时柱子移动到目标柱子上
        hanoi(num-1, temp, dst, src)
#========
times = 1
# 4 个盘子，A 是最初放置盘子的柱子，C 是目标柱子，B 是临时柱子
hanoi(4, 'A', 'C', 'B')
print("="*15)
times = 1
# 3 个盘子，B 是最初放置盘子的柱子，C 是目标柱子，A 是临时柱子
hanoi(3, 'B', 'C', 'A')
```

运行结果如图 5.4 所示。

```
第1次: A ==> B
第2次: A ==> C
第3次: B ==> C
第4次: A ==> B
第5次: C ==> A
第6次: C ==> B
第7次: A ==> B
第8次: A ==> C
第9次: B ==> C
第10次: B ==> A
第11次: C ==> A
第12次: B ==> C
第13次: A ==> B
第14次: A ==> C
第15次: B ==> C
===============
第1次: B ==> C
第2次: B ==> A
第3次: C ==> A
第4次: B ==> C
第5次: A ==> B
第6次: A ==> C
第7次: B ==> C
```

图5.4　汉诺塔问题解决方案

5.5　应用程序构成

一个简单的应用程序通常只有一个 .py 文件。但在解决复杂的大问题时，通常需要把它分解成一系列的小问题，然后将小问题继续划分成更小的问题，当问题细化到足够简单时，再通过编写函数、类等来分而治之，这时就可以采用模块化程序设计方法，设计出由一系列的模块和包构成的应用程序。

5.5.1　模块

在 Python 中，模块包含 Python 内置模块、第三方模块和自定义模块。

自定义模块是将包含变量、函数、类等的程序代码和数据封装起来以便重用的文件，以“.py”为扩展名，Python 将 .py 文件视为模块。自定义模块的组成如图 5.5 所示。

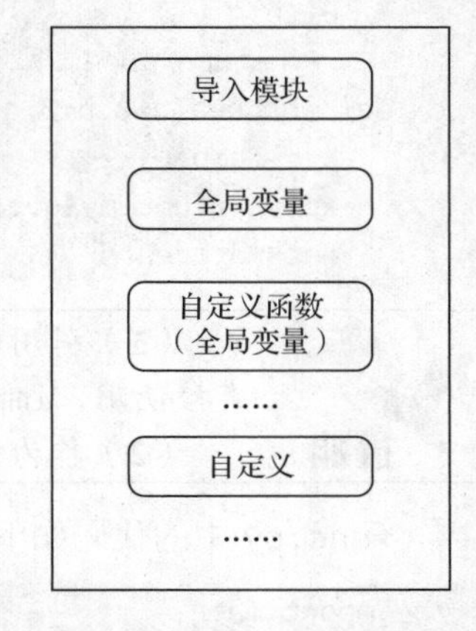

图5.5　自定义模块的组成

自定义模块也经常引用其他模块，如 time、math、re 等。

一个 Python 应用由若干个模块组成，这些模块中有一个主模块，它启动应用的文件，也是程序运行的入口。

5.5.2　包

解决一个应用问题需要编写的程序可能存放在若干个 .py 文件中，简单来说，Python 中的包（package）就是一个目录，里面存放了 .py 源程序文件和一个特定 __init__.py 文件。通过目录的方

式可以组织众多的模块，包就是用来管理和分类模块的目录。Python 包的结构示意如图 5.6 所示。

引入包之后，实现不同功能的同名模块可以放在不同的包下，以避免产生名称冲突。这些模块可以采用“包 . 模块名称”进行引用，示例如图 5.7 所示。

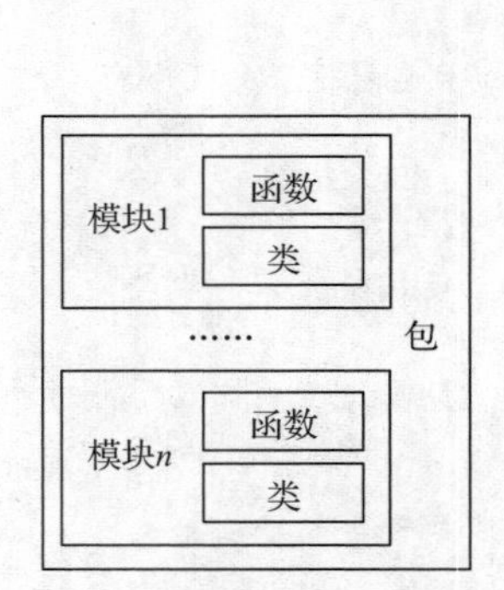

图5.6　Python包的结构示意

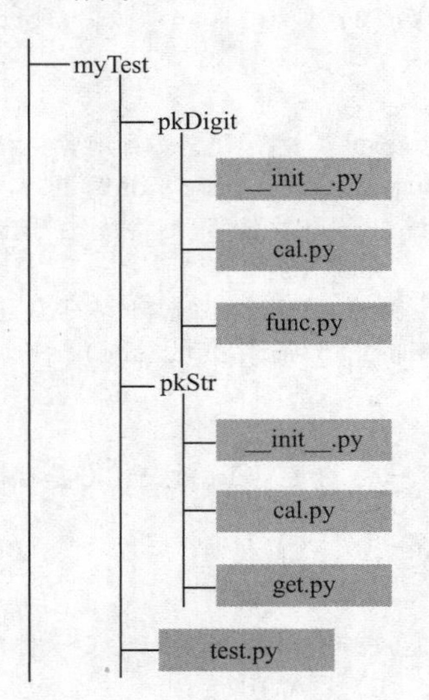

图5.7　包和模块文件存放示例

说明　如图 5.7 所示，用户存放 Python 文件的 myTest 目录中（也可认为这是最外面的包），包含 pkDigit、pkStr 包，每个包下存放了若干个 .py 文件，即若干个自定义模块程序。

1. pkDigit 包

pkDigit 包中包含 cal.py 和 func.py 程序文件。

cal.py 中的代码如下：

```
from pkDigit import func                          # 说明（1）
def div(a=0,b=1):                                 # 说明（2）
   if b!=0:
      ab = a/b
      return ab
   else:
      return none
def abcArea(a=0,b=0,c=0):
   p = (a+b+c)/2
   area = func.mySqrt(p*(p-a)*(p-b)*(p-c))
   return area
```

说明　（1）引用包中模块需要使用的语法格式是“from 包 import 模块”，而不能直接使用“import 模块”。

（2）作为模块的函数包含的参数需要有默认值。

func.py 中的代码如下：

```
import math
PI = 3.14
def mySqrt(x=0):
```

```
    if x>=0:
        y = math.sqrt(x)
    else:
        y = -1
    return y
def mySin(x=0):
    radian = x/180*PI
    y = math.sin(radian)
    return y
```

这里引入 math 系统内置模块，PI 是全局变量，整个应用的其他模块均可使用。

2. pkStr 包

pkStr 包中包含 cal.py 和 get.py 程序文件。

cal.py 中的代码如下：

```
def adds(s1='',s2=''):
    s = s1+s2
    return s
def muls(s1='',n=1):
    s = s1*n
    return s
```

不同包中的模块文件名可以相同，但构建一个应用需要的所有包中的函数名不能相同，如果函数名相同，则以最后导入的模块的函数作为该名称函数。

get.py 中的代码如下：

```
def left(s='',n=0):
    s1 = s[:n]
    return s1
def subs(s='',n1=0,n=0):
    n2 = n1+n
    if n2<=len(s):
        s1 = s[n1:n1+n]
   return s1
```

5.5.3　引用包模块

引用包模块包括下列 3 个方面。

1. __init__.py 文件

只有包含一个名为 __init__.py 的文件的目录才会被认为是一个包。包含该文件后，在搜索有效模块时，可避免搜索一些无效路径。

（1）pkDigit 包：__init__.py

代码如下：

```
from pkDigit.cal import *
```

```
from pkDigit.func import *
pkDigitStr = "本模块包含算术 +、-、*、/ 运算，计算平方根和正弦函数"
```

该文件也是 Python 的程序，可以包含程序语句。但除了导入模块外，一般仅包括共用的变量等内容。这里，pkDigitStr 是对本包包含的函数的说明，方便使用者查看。

也可以通过下列形式引用包模块：

```
import pkDigit.cal
import pkDigit.func
```

不过，在引用模块函数时需要加“模块名 .”作为前缀。

或者采用列表给 __all__ 变量赋值：

```
__all__ = ['cal','func']
```

不过，其他包也需要“模块名 .”引用，而且函数不能同名。

（2）pkStr 包：__init__.py

```
import pkStr.cal
import pkStr.get
```

2. 导入和引用

下列程序引用 pkDigit 模块和 pkStr 模块。

test.py 中的代码如下：

```
a = 3; b = 4
from  pkDigit import *
from  pkStr import *

n = div(a,b);print('a/b=',n)
print('sin(30)=',mySin(30));
print('PI=',PI)
s = cal.muls('xyz',2); print(s)
s = get.subs(pkDigitStr,5,8); print(s)

area = abcArea(2,3,4)
print(area)
```

运行结果如图 5.8 所示。

```
a/b= 0.75
sin(30)= 0.4997701026431024
PI= 3.14
xyzxyz
算术+-*/运算
2.9047375096555625
```

图5.8　运行结果

3. 模块单独运行和作为模块被调用兼顾

pkDigit 包中的 cal.py 文件在作为模块使用的同时又引用其他模块，代码如下：

```
from pkDigit import func
...
def abcArea(a=0,b=0,c=0):
   p = (a+b+c)/2
   area = func.mySqrt(p*(p-a)*(p-b)*(p-c))
   return area
```

模块单独运行会出现错误，需要修改导入语句如下：

```
import func
```

但这样其作为模块被调用又会出现错误。

通过下列两种方式使模块单独运行和作为模块被调用兼顾。

（1）通过 __name__ 变量进行兼顾。例如：

```
if __name__=='__main__':
   import func
else:
   from pkDigit import func
...
def abcArea(a=0,b=0,c=0):
   p = (a+b+c)/2
   area = func.mySqrt(p*(p-a)*(p-b)*(p-c))
   return area
if __name__=='__main__':
   print("cal:",abcArea(3,4,5))
```

（2）获取路径，并且将其添加到 os.path 中。

```
import sys, os
sys.path.insert(0,
    os.path.dirname(os.path.dirname(os.path.abspath(__file__))))
from pkDigit import func
...
```

5.5.4 【典型案例】：报数游戏

本小节介绍报数游戏程序设计。

5-4 【例 5.8】

【例 5.8】 有 n（如 n=16）个人围成一圈，从 1 开始按顺序编号，从第一个人开始报数，报到 js（如 js=5）的人出局，即退出圈子，剩下的人重新围成一圈，从报到 js 的后一个人开始继续游戏，问最后留下的人的编号。

代码如下（cycle1.py）：

```
from itertools import cycle

def leave(lst, js):
   mylst = lst[:]                                  # 保存当前圈子人员编号
   while len(mylst) > 1:                           # 游戏一直进行到只剩下最后一个人
      # 创建 cycle 对象
      cLst = cycle(mylst)
      # 从 1 到 js 报数
      for i in range(js):
         c1 = next(cLst)
      lstOut.append(c1)                            # 保存出局人员编号
      index = mylst.index(c1)
      mylst = mylst[index + 1:] + mylst[:index]    # 删除出局人员编号
   return mylst[0]

lstOut = []
lst = list(range(1, 16))
lstOut.append(leave(lst, 5))
print(lstOut)
```

运行结果：

```
[5, 10, 15, 6, 12, 3, 11, 4, 14, 9, 8, 13, 2, 7, 1]
```

上述代码导入 itertools 模块中的 cycle 对象，通过 cLst = cycle(mylst)，使 cLst 对象形成一个头尾相连的环；使用 next(cLst) 方法寻找当前的下一个人员。

【实训】

一、自定义函数实训

1．按照下列要求修改、运行并调试【例 5.2】中的程序。

修改程序如下：

```
…
global x2                        #(a)
x2 = 2                           #(b)
…
x2 = 10
fun1()
…
```

（1）分别注释（a）、（b）对应语句，分析运行结果。

（2）同时注释（a）和（b）对应语句，分析运行结果。

2．修改【例 5.3】中的程序，增加整除功能，测试 6+12%5/2 的运行结果。

3．修改【例 5.4】中的程序，采用递归计算 1+2+3+4+…+*n*。

4．参考【例 5.5】中的程序，采用非递归方法计算斐波那契数列。

5．参考【例 5.6】中的程序，采用非递归方法实现列表平铺。

6．按照下列要求修改、运行并调试【例 5.7】中的程序。

（1）5 个盘子，A 柱子是最初放置盘子的柱子，C 是目标柱子，B 是临时柱子。

（2）1 个盘子，C 柱子是最初放置盘子的柱子，B 是目标柱子，A 是临时柱子。

二、应用程序实训

商品销售信息如下：

```
lst_sale = [
   (2, '1A', 'easy-bbb.cox', 29.80, 2),
   (6, '1B', 'easy-bbb.cox', 69.80, 1),
   (2, '1A', '231668-aa.cox', 29.80, 1),
   (1002, '1B', 'sunrh-phei.nex', 16.90, 2)
]
```

包括商品号、类别编号、购买用户、价格、购买数量，其中类别编号的意义如下：

1A——苹果，1B——梨，其中，第一个字符 1 表示水果大类。

按照下列要求编程。

（1）定义全局变量 dictCType，存放类别编号字典。

（2）自定义函数 insertSale(…)，对 lst_sale 增加商品分类名列。

（3）自定义函数 calCtype(…)，根据商品分类统计商品销售信息中每一类商品的销售额。

（4）自定义函数 lstSort(…)，该函数的参数指定列表和排序方式，不影响原来列表。

调用自定义函数，实现指定功能。

【习题】

一、选择题

1. 下列说法正确的是（　　）。
   A. 可以用关键字作为函数的名字
   B. 函数内可以通过关键字 global 声明全局变量
   C. 调用带有默认值参数的函数时，不能为默认值参数传递值
   D. 若函数中没有 return 语句或者 return 语句不带任何返回值，则返回值为 True
2. 下列关于函数定义的说法错误的是（　　）。
   A. 不需要指定参数类型　　B. 不需要指定函数的返回值类型
   C. 可以嵌套定义函数　　D. 没有 return 语句函数返回 0
3. 下列关于函数的说法错误的是（　　）。
   A. lambda 表达式可定义命名函数
   B. 函数外调用变量在函数执行结束后会自动释放
   C. 函数中变量的数据类型并没有特别选择
   D. 局部变量不会隐藏同名的全局变量
4. 下列不可以作为参数的是（　　）。
   A. 组合数据　　B. 日期时间　　C. 表达式　　D. 带参数函数
5. 关于递归和嵌套，下列说法正确的是（　　）。
   A. 所有嵌套均可表示为递归　　B. 递归程序运行效率不如常规程序
   C. 所有递归均可表示为嵌套　　D. 嵌套的程序不能写非嵌套的程序
6. 下列说法错误的是（　　）。
   A. 函数定义不一定放在调用之前
   B. 当代码中有 main() 函数时，程序将从 main() 开始执行
   C. 可以在函数中定义函数
   D. 语句 a=func() 中，func() 函数可以没有返回值
7. 关于应用程序，下列说法错误的是（　　）。
   A. 一个 .py 文件可以是一个应用程序
   B. 一个 Python 应用可以包含若干个 .py 文件
   C. 一个 Python 应用可以包含若干个包和若干个 .py 文件
   D. 一个 .py 文件的全局变量不能用于其他 .py 文件

二、填空题

1. 函数参数有位置参数、________、参数名参数和可变长度参数等几种类型。
2. 在函数内可以通过关键字 ________ 来定义全局变量。
3. 计算 $bx+c=0$ 方程根的 lambda 表达式：____________________。
4. 生成器对象的 __________ 方法可以得到序列的第 1 个元素。
5. myfunc.Py 文件通过 ________________________ 导入。
6. 对于 * 参数，实参存放在 __________；对于 ** 参数，实参存放在 ________。

三、阅读程序

1. 下列程序输出的结果：____________________。

```
def drt(a,b,c):
    d = b*b-4*a*c
    return d
```

```
dic = {1: 'a',2: 'b',3: 'c'}
print( drt(*dic) )
```

2. 下列程序输出的结果：____________________。

```
def poutkx(**x):
    for item in x.items() :
        print(item)
poutkx(a=1,b=2,c=3)
```

3. 下列程序输出的结果：____________________。

```
lst = [1,-2,3,-4]
def func(val):
   if val>= 0:
      val = (val+1)*(-2)
   else:
      val = (val+1)* 3
   return val
print( [func(val)+1 for val in lst  if val>0] )
```

4. 下列程序输出的结果：____________________。

```
def func():
   yield from ['one','two','three']
s = func()
print(next(s))
print(next(s))
```

5. 下列程序输出的结果：____________________。

```
def func(x = 1):
   return x + 1
n = func(func())
print(n)
```

6. 下列程序输出的结果：____________________。

```
x = 1
def myf1():
   global x
   x = 2
def myf2():
   x = 3
print(x,end=',')
myf1(); print(x,end=',')
myf2(); print(x,end=',')
```

7. 下列程序输出的结果：____________________。

```
def func(ls=[ ]):
   ls. append(1)
   return ls
ls = func()
ls = func()
print(ls)
```

四、编程题

1. 编写函数，求两数的最大公因数与最小公倍数。

2. 编写函数，该函数可以接收任意多个整数并用字典输出最大值、最小值、平均值和所有整数之和，对应的关键字为max、min、avg、sum。

3. 输入一个字符串，分别采用非递归和递归方式将其反向输出。

4. 利用列表和递归函数来产生并输出杨辉三角形，如图5.9所示。

图5.9　杨辉三角形

5. 编写函数，将一个大于2的偶数表示成两个素数之和。

6. 编写函数，对给定字符串中全部字符（含中文字符）的出现频率进行分析，并采用降序方式输出。

7. 编写函数，采用由英文字母和数字字符组成的列表，随机生成由8位字符组成的密码。

8. 编写一个函数，它接收列表作为参数。如果一个元素在列表中出现了不止一次，则返回True，但不要改变原来列表的值。

第6章 文件操作

在程序运行时，变量、序列、对象等中的数据暂时存储在内存中，当程序终止时它们就会丢失。为了能够永久地保存程序的相关数据，需要将它们存储到磁盘或光盘的文件中。

文件是数据在操作系统中存在的形式。按数据的组织形式，可以把文件分为文本文件和二进制文件两大类。

1. 文本文件

文本是书面语言的表现形式，从文学角度来说，通常是具有完整、系统含义的一个句子或多个句子的组合。文本可以是一个句子、一个段落或者一篇文章。

在计算机中构成文本的最基本元素是字符，如英文字母、汉字、数字等。这些字符在计算机中保存的是它们的编码，英文字母、数字等字符最常见的编码之一是 ASCII，常见的表达汉字的编码是 GBK。能够把世界上多种字符一起进行编码的是 Unicode，UTF-8 是一种针对 Unicode 的可变长度字符编码，它用 1 到 4 个字节编码 Unicode 字符。在同一网页上可以显示中文简体、繁体字符及其他语言（如英文、日文、韩文）字符。

一个句子是由若干个字符组成的，从计算机的角度来说就是字符串。

文本文件存储的是常规字符串组成的文本行，每行以换行符结尾。常规字符串是指记事本之类的文本编辑器能正常显示、编辑并能够供用户直接阅读和理解的字符串，不包括基本的 ASCII 中前面那部分字符，在 Windows 平台中，扩展名为 .txt、.log、.ini 的文件都属于文本文件。

在写入和读取文本文件时需要注意它的内容采用的编码，如果将采用 GBK 编码的内容写入文件，却以 Unicode 编码方式读取，则读到的内容一定是乱码。

2. 二进制文件

常见的图形图像文件、音视频文件、可执行文件、资源文件、各种数据库文件、各类 Office 文件等都属于二进制文件。程序经过编译形成的二进制文件可以直接执行。

二进制文件把信息以字节串的形式进行存储，所以，用户一般无法用记事本或其他普通字处理软件直接进行编辑和阅读，需要使用对应的软件（如 Hex Editor、UltraEdit 等）来进行操作。

6.1 文件及其操作

无论是文本文件还是二进制文件，对它们进行操作的流程基本都是一致的，首先打开文件并创建文件对象，然后通过该文件对象对文件内容进行读取、写入、删除、修改等操作，最后保存文件内容并关闭文件。

6.1.1 打开和关闭

需要打开文件才能对文件进行操作，操作完成后应该关闭文件。

1. 打开文件

open() 函数可以用指定模式打开指定文件并创建文件对象。

open() 函数的语法格式为：

```
文件对象 =open( 文件名 , 模式 ,...)
```

（1）“文件名”指定要打开（文件已经存在）或创建（文件不存在）的文件名称，如果该文件不在当前目录中，可以使用相对路径或绝对路径，并使用原始字符串表达，因为文件路径分隔符需要转义字符（/）。

（2）“模式”指定打开文件后的处理方式。例如，“只读”“只写”“读写”“追加”“二进制只读”“二进制读写”等，默认为“只读”模式。以不同模式打开文件时，文件指针的初始位置略有不同。以“只读”和“只写”模式打开时，文件指针的初始位置是文件的开头；以“追加”模式打开时，文件指针的初始位置为文件的结尾。以“只读”模式打开的文件无法进行任何写操作。

文件打开模式及其说明见表 6.1。

表 6.1　　文件打开模式及其说明

模式	说明
r	以只读方式打开文件，文件指针将会放在文件的开头。这是默认模式
rb	只用于读，以二进制格式打开文件，文件指针将会放在文件的开头。这是默认模式
r+	用于读写，文件指针将会放在文件的开头
rb+	用于读写，以二进制格式打开文件，文件指针将会放在文件的开头
w	只用于写入。如果该文件已存在，则将其覆盖；如果该文件不存在，则创建新文件
wb	只用于写入，以二进制格式打开文件。如果该文件已存在，则将其覆盖；如果该文件不存在，则创建新文件用于读写
w+	打开文件用于读写。如果该文件已存在，则将其覆盖；如果该文件不存在，则创建新文件用于读写
wb+	用于读写，以二进制格式打开文件。如果该文件已存在，则将其覆盖；如果该文件不存在，则创建新文件用于读写
a	打开文件用于追加。如果该文件已存在，文件指针将会放在文件的结尾。也就是说，新的内容将会被写入已有内容之后；如果该文件不存在，则创建新文件进行写入
ab	用于追加，以二进制格式打开文件。如果该文件已存在，文件指针将会放在文件的结尾。也就是说，新的内容将会被写入已有内容之后。如果该文件不存在，则创建新文件进行写入
a+	打开文件用于读写。如果该文件已存在，文件指针将会放在文件的结尾，文件打开时是追加模式；如果该文件不存在，则创建新文件用于读写
ab+	用于追加，以二进制格式打开文件。如果该文件已存在，则文件指针将会放在文件的结尾；如果该文件不存在，则创建新文件用于读写

如果 open() 函数执行正常，返回一个文件对象，则通过该文件对象可以对文件进行读写操作；如果指定文件不存在、访问权限不够、磁盘空间不够或其他原因导致创建文件对象失败，则抛出异常。

2. 关闭文件

close() 方法刷新缓冲区中还没写入文件的信息，将其存放到文件中并关闭该文件。当一个文件对象的引用被重新指定给另一个文件时，会关闭之前的文件。

3. 上下文管理

要进行文件处理，则需要提供一个文件句柄（即文件描述符）给文件对象。在向文件写入数据、从文件中读取数据之后，需要关闭文件句柄。例如：

```
myf1 = open("myFile.dat")
......
data1 = myf1.read()
......
myf1.close()
```

但可能会出现忘记关闭文件句柄的情况，此时占用的系统资源没有释放，或者文件读写数据发生异常，没有进行任何处理，程序执行被中断。处理异常虽然可以采用 try…except …finally，但这会使程序比较烦琐。采用 with 可以很好地处理上下文环境产生的异常，且这个方法使用起来很简便。例如：

```
with open("myFile.dat") as myf1:
......
   data1 = myf1.read()
myf1.close()
```

with 加在原来的 open 语句之前可以实现自动管理资源，不论是因为什么原因跳出 with 块，总能保证文件被正确关闭。

with 虽然没有加异常处理语句，但出现异常时程序不会中断执行，所以除了用于文件操作，还常用于数据库连接、网络通信连接、多线程与多进程同步时的锁对象管理等场合。

6.1.2 数据操作

文件数据操作包括写入数据、读取数据和在文件中定位数据。

1. 写入数据

文件对象 . write(字符串 , encoding=“utf-8”)：可将任何字符串（包括二进制数据）写入一个打开的文件。该方法不在字符串的结尾添加换行符。

文件对象 .writelines(序列)：把序列的多行内容一次性写入文件，且不会在每行后面加上任何内容。

使用这两种方法的示例如下：

```
fo = open("FileTest1.txt","w+")                    # 打开一个文件
fo.write("Test1 Line \n")
fo.write("Test2 Line ")
list1 = ['one ' , 'two ' , 'three ']
fo.writelines(list1)
print("name 属性: ",fo.name)                       # name 属性:  FileTest1.txt
fo.close()                                         # 关闭打开的文件
```

运行程序，在当前目录下用记事本打开 FileTest1.txt，文件内容如图 6.1 所示。

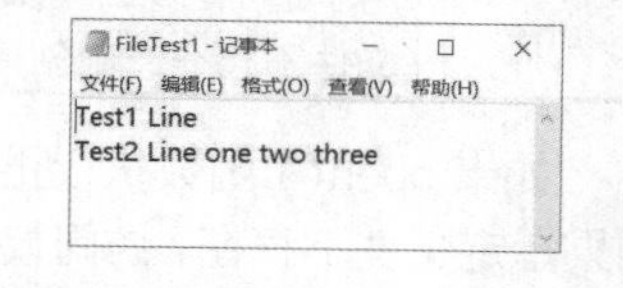

图6.1 文件FileTest1.txt的内容

2. 读取数据

文件对象 .read([个数])：从一个打开的文件的起始位置开始读取一个字符串（或者二进制数据），参数是要从已打开文件中读取的字节个数。如果没有“个数”参数，它会尝试尽可能多地读取更多的内容，直到文件的末尾。

文件对象 .readline([个数])：从文件中读取单独的一行，换行符为 \n。如果返回一个空字符串，说明已经读取到最后一行。如果包括“个数”参数，则读取一行中的指定个数的部分。

文件对象 .readlines([长度])：将返回该文件中包含的所有行，把文件每一行作为一个

列表的成员，并返回这个列表。如果提供“长度”参数，表示读取内容的总长，也就是说可能只读取文件的一部分。

使用这 3 个方法的示例如下：

```
fo = open("FileTest1.txt","r+")
str1 = fo.read(17)
str2 = fo.readline()
list1 = fo.readlines()
print(str1)
print(str2)
print(list1)
fo.close()
```

程序输出：

```
Test1 Line
Test2
 Line one two three
[]
```

前两行是 print(str1) 输出的内容，共 17 个字节（包括空格和换行符）；第 3 行是 print(str2) 输出的当前位置所在行剩下的全部内容；在执行过前两条 print 语句后，文件指针已经到达文件结尾处，此时已读不到任何内容，故 print(list1) 返回空列表。若想通过 readlines() 读取所有行，可用 seek(0,0) 将文件指针重定位到文件开头。

3. 在文件中定位数据

tell()：给出文件的当前位置（字节数），下一次的读写会从该位置开始。

seek(字节数 [, 参考位置])：按照“参考位置”（0 表示文件的开头，1 表示当前的位置，2 表示文件的末尾），将当前文件位置移动指定“字节数”。

文件定位的示例如下：

```
fo = open("FileTest3.txt","wb+")                                   # 说明 (1)
fo.write(bytes("2 进制 :01\n",encoding='utf-8'))                    # 说明 (2)
fo.write(bytes("8 进制 :01234567\n",encoding='utf-8'))
fo.write(bytes("16 进制 :0123456789abcdef\n",encoding='utf-8'))
fo.seek(0,0)                                                       # 说明 (3)
print(fo.readline(),'当前位置：',fo.tell())                          # 说明 (4)
print(fo.readline(),'当前位置：',fo.tell())
fo.seek(-17,2)                                                     # 说明 (5)
print(fo.readline(),'当前位置：',fo.tell())
fo.close()
```

运行结果如图 6.2 所示。

```
b'2\xe8\xbf\x9b\xe5\x88\xb6:01\n' 当前位置： 11
b'8\xe8\xbf\x9b\xe5\x88\xb6:01234567\n' 当前位置： 28
b'0123456789abcdef\n' 当前位置： 54
```

图6.2 运行结果

（1）以二进制格式打开一个文件（FileTest3.txt）用于读写（使用 wb+ 模式）。

（2）字节串采用 UTF-8 编码，写入前需要采用 bytes(字符串 ,encoding='utf-8') 函数把字符串变成字节串。

（3）fo.seek(0,0) 将文件指针定位到文件的开头 0 字节处。

（4）从当前位置读一行“2 进制 :01\n”后，位置 =1+2×3+4=11，一个汉字保存 3 个字节。

（5）从文件尾部定位 17 个字节，从后面数，位置 =-(1+3×7+16)=-38。

6.1.3 二进制文件和序列化操作

对于二进制文件，不能通过 Python 的文件对象直接读取和理解它的内容，需要进行序列化处理。

所谓序列化，简单地说就是把内存中的数据在不丢失其类型信息的情况下转换成二进制形式的过程，对象序列化后的数据经过正确的反序列化过程应该能够准确无误地恢复为原来的对象。Python 中常用的序列化模块有 struct、pickle、shelve 和 marshal。下面以 pickle 模块为例介绍二进制文件的读写操作。

pickle 模块实现了基本的数据序列化和反序列化。通过 pickle 模块的序列化操作能够将程序中运行的对象信息永久保存到文件中。通过 pickle 模块的反序列化操作，能够从文件中创建上一次程序保存的对象。

pickle 模块的基本接口如下。

数据序列化保存文件：pickle.dump(数据 ， 文件对象)。

文件反序列化到数据：数据 =pickle.load(文件对象)。

【例 6.1】pickle 模块的序列化与反序列化操作。

代码如下（pickle_test.py）：

```
import pickle, pprint
fpick = open('FileTest5.pkl','wb+')
dict1 = {1: 'one ', 2: 'two', 3: 'three'}
list1 = [-23, 5.0, 'python', 12.8e+6]
pickle.dump(dict1,fpick)                        # pickle 字典使用默认的 0 协议
pickle.dump(list1,fpick,-1)                     # pickle 列表使用最高可用协议
fpick.seek(0,0)
dict1 = pickle.load(fpick)                      # 反序列化对象到 dict1
list1 = pickle.load(fpick)                      # 反序列化对象到 list1
pprint.pprint(dict1)                            # 输出数据对象 dict1
pprint.pprint(list1)                            # 输出数据对象 list1
fpick.close()                                   # 关闭保存的文件
```

运行结果如图 6.3 所示。

```
{1: 'one ', 2: 'two', 3: 'three'}
[-23, 5.0, 'python', 12800000.0]
```

图6.3 运行结果

6.1.4 文件（文件夹）操作

使用 Python 对文件或文件夹进行操作时经常要用到 os 模块或 shutil 模块。例如：

```
import shutil
shutil.copyfile('my1.txt','my1.bak')            # 复制 my1.txt 文件
import os
os.rename('my1.bak','my1.tmp')                  # 将 my1.bak 改名为 my1.tmp
os.remove('my1.tmp')                            # 删除 my1.tmp 文件
os.mkdir("E:\MyPython\test")                    # 创建子目录 test
os.chdir("E:\MyPython\test")                    # 修改当前目录为 E:\MyPython\test
print(os.getcwd())                              # 显示当前目录
os.rmdir("E:\MyPython")         # 目的是删除 E:\MyPython，但无法删除，因为该目录不为空
os.rmtree("E:\MyPython\test")   # 目的是删除 E:\MyPython，该目录不为空也可删除
import time
# 得到文件的状态
fState = os.stat(r"E:\pythonFile\ 第 1 章 .doc")
print(fState)                                   # 显示文件状态信息
print(time.localtime(fState.st_ctime))          # os.stat.st_ctime 表示文件创建时间
```

6.1.5 【典型案例】：商品分类和用户账号管理

本小节介绍商品分类和用户账号管理程序的设计。

【例 6.2】创建包含商品分类（类别编号和类别名称）的文本文件，其初始内容如图 6.4 所示。

要求如下。

（1）从键盘输入类别编号和类别名称。

（2）到 category.txt 中查找是否存在类别编号，如果存在则显示提示信息；如果不存在，则将其保存在文本文件中。

（3）输入结束将该文件中的记录全部显示出来。

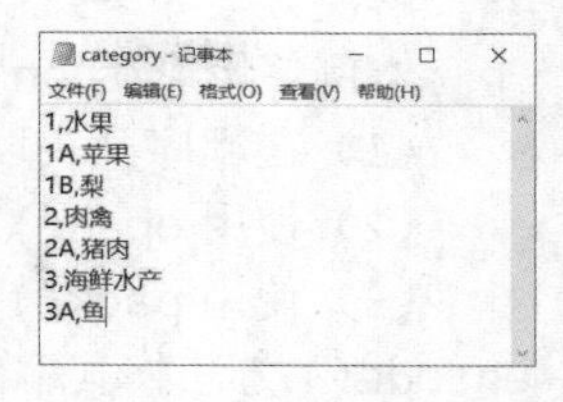

图6.4　文件初始内容

代码如下（category.py）：

```
with open("category.txt","r+",encoding='utf-8') as fc:
    dict = {}
    while True:
        cate = fc.readline()
        if cate == '':
            break
        k,v = cate.strip().split(',')
        dict[k] = v
    tcode = input('输入类别编号：')
    tname = input('输入类别名称：')
    if tcode in dict.keys():
        print('类别已经存在！')
    else:
        fc.write('\n' + tcode + ',' + tname)
        print('已保存到文件。')
    fc.seek(0,0)                        # 重定位到文件开头读取并显示全部记录
    while True:
        cate = fc.readline()
        if cate == '':
            break
        k,v = cate.strip().split(',')
        print(k,v)
    fc.close()
```

本例将读取的类别信息以键值对的形式存放到字典中，便于按键（类别编号）进行检索以查找类别是否存在。

运行效果如图 6.5 所示。

6-1 【例 6.3】

输入类别编号：2A
输入类别名称：猪肉
类别已经存在！
1 水果
1A 苹果
1B 梨
2 肉禽
2A 猪肉
3 海鲜水产
3A 鱼

输入类别编号：3B
输入类别名称：虾
已保存到文件。
1 水果
1A 苹果
1B 梨
2 肉禽
2A 猪肉
3 海鲜水产
3A 鱼
3B 虾

图6.5　运行效果

【例 6.3】创建用户账号二进制文件，输入并显示账号信息。

要求如下。

（1）将已有用户的账号名保存在账号名集合中。

（2）从键盘输入账号名，先判断当前输入的账号名在账号名集合中是否存在，如果存在，则显示提示信息后退出程序；如果不存在，就进一步接收从键盘输入的账号信息（含姓名、性别、年龄、信用评分、联系地址，其中，联系地址为字典类型），并将其保存到二进制文件中。

（3）录入结束后显示二进制文件中新建的账号信息。

解决方案如下。

本例使用 Python 的 struct 模块对二进制文件进行读写操作，其基本使用流程如下。

（1）在程序开头以 import struct 导入 struct 模块。

（2）使用 open() 方法打开二进制文件。

（3）使用 pack() 方法把数据对象按指定的格式进行序列化；对于字符串形式的数据，则用 encode() 方法将其编码为字节串。

（4）使用文件对象的 write() 方法将序列化（或编码为字节串）的数据写入二进制文件。

（5）使用文件对象的 read() 方法按字节数读取二进制文件的内容。

（6）使用 unpack() 方法进行反序列化（或使用 decode() 解码），恢复原来的信息并显示。

代码如下（user.py）：

```
import struct                                              # 导入 struct 模块
u_set = {'231668-aa.cox','sunrh-phei.nex'}                 # 在集合中存储已有用户的账号名
addr = {'prov': '江苏','city': '南京','area': '栖霞','pos': ''}
                                                           # 联系地址为字典类型
ucode = input('输入账号名：')
if ucode in u_set:
   print('账号名已经存在！')
else:
   print('请输入账号信息——')
   name = input('姓 名：')
   sex = bool(input('性别（男？ y）：'))                    # 说明（1）
   age = int(input('年 龄：'))
   eva = float(input('信用评分：'))
   addr['pos'] = input('联系地址：')                        # 说明（2）
   with open('user.dat', 'wb+') as fu:
      fu.write(name.encode())                              # 写入编码后的姓名
      detail = struct.pack('?if', sex, age, eva)           # 说明（3）
      fu.write(detail)                                     # 写入序列化的账号信息
      fu.write(str(addr).encode())                         # 字典转为字符串后编码保存
      fu.close()
   with open('user.dat', 'rb') as fu:
      uname = fu.read(len(name.encode())).decode()         # 说明（4）
      print('新建账号')
      print('账号：' + ucode + ' ' + uname)
      uinfo = fu.read(len(detail))                         # 说明（4）
      s,a,e = struct.unpack('?if', uinfo)                  # 序列解包
      if s:
         print('性别：男')
      else:
         print('性别：女')
      print('年龄：',a)
      print('信用评分：',e)
      uaddr = fu.read(len(str(addr).encode())).decode()  # 说明（4）
      print('地址：',uaddr)
      fu.close()
```

（1）在 Python 中，任何非空字符串都被视为 True，因此无论用户在这里输入什么，转换成的布尔值都将是 True（表示性别男）；若要表示性别女，则什么也不输入直接按“Enter”键即可。

（2）本例在联系地址字典中，对所在省（prov）、市（city）、区（area）都已经预置了默认值，唯有具体位置（pos）为空（需要用户输入）。程序在接收用户输入后修改字典键 pos 对应的值即得到完整的地址信息。

（3）struct 模块的 pack() 方法使用参数指定的格式对数据进行序列化处理，这里的“?if”就是序列化格式，其中，“?”表示布尔值（性别），“i”表示整数（年龄），“f”表示实数（信用评分）。

（4）read() 方法按字节读取二进制数据，这里的字节指的是经 struct 模块序列化（或编码）后内容的字节数而非用户输入的原始数据的字节数。

运行程序，创建一个用户账号，过程如图 6.6 所示。

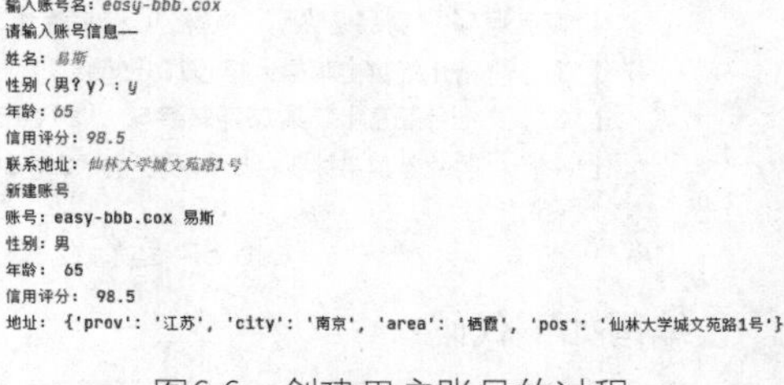

图6.6　创建用户账号的过程

6.2 Python 操作规范文件

这里介绍的规范文件包括 CSV 文件和 Excel 文件。

6.2.1 CSV 文件及其基本操作

下面先介绍 CSV 文件结构，然后介绍其操作模块和操作方法。

1. CSV 文件结构

CSV（Comma-Separated Values，逗号分隔值）文件以纯文本形式存储表格数据，其本质就是一个字符序列，可以由任意数目的行（又称记录）组成，行之间以某种换行符分隔，每行由列（又称字段）组成，通常所有记录具有完全相同的列序列，列间常用逗号或制表符进行分隔。

例如，图 6.7 所示就是一个典型的存储商品信息的 CSV 文件（commodity.csv）。

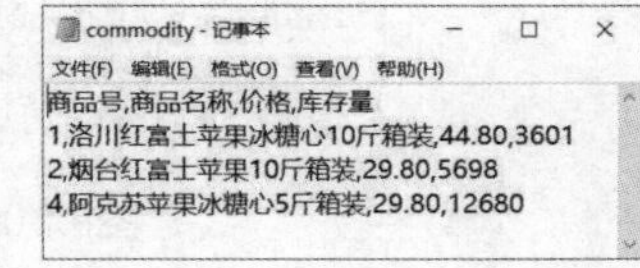

图6.7　一个典型的CSV文件

2. 操作模块和操作方法

Python 通过 csv 模块来实现对 CSV 文件中数据的读写，该模块提供了兼容 Excel 方式输出、读取数据文件的功能，这样用户就无须知道 CSV 格式的细节，并且还可以定义其他应用程序可用或满足特定需求的 CSV 格式。

csv 模块中使用 reader 类和 writer 类读写序列化的数据，使用 DictReader 类和 DictWriter 类以字典的形式读写数据。

（1）从 CSV 文件中读数据

- reader(文件名 , ...) 方法：返回一个 reader 对象，该对象将逐行遍历文件名所指定的对象。

例如，对于图 6.7 所示的文件，编写如下代码：

```
import csv
with open("commodity.csv", "r", encoding="utf-8") as fc:
```

```
    reader = csv.reader(fc)
    for row in reader:
        print(row)
```

运行结果如图 6.8 所示。

- register_dialect(名称, delimiter= 分隔符, ...) 方法：自定义分隔符。

例如，创建 commodity2.csv 文件，以“|”作为商品、价格、库存量之间的分隔符，如图 6.9 所示。

```
['商品号', '商品名称', '价格', '库存量']
['1', '洛川红富士苹果冰糖心10斤箱装', '44.80', '3601']
['2', '烟台红富士苹果10斤箱装', '29.80', '5698']
['4', '阿克苏苹果冰糖心5斤箱装', '29.80', '12680']
```

图6.8　运行结果

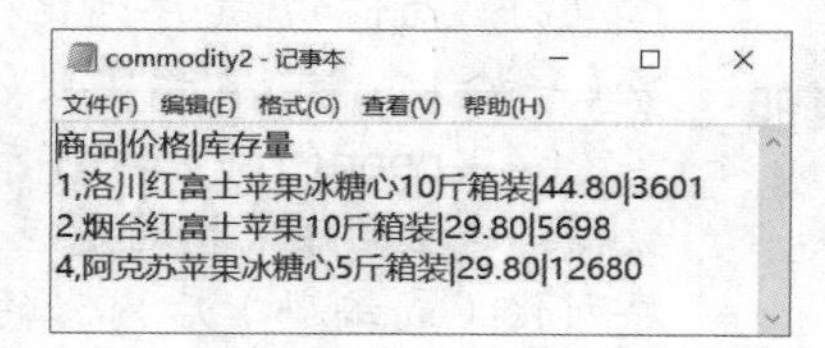

图6.9　自定义分隔符的CSV文件

编写如下代码：

```
import csv
csv.register_dialect('mydia', delimiter='|')
with open('commodity2.csv', 'r', encoding="utf-8") as fc:
    reader = csv.reader(fc, 'mydia')
    for row in reader:
        print(row)
```

运行结果如图 6.10 所示。

- DictReader(文件名, 其余键,...) 方法：创建一个对象，将每行中的信息映射到一个字典中，如果某一行中的列多于首行中的列，则其余列将被放入其余键参数指定（默认为 None）的列表中。如果非空白行的列少于首行列，则缺少的值将用 None 填充。

例如，创建 commodity3.csv 文件编辑其内容，如图 6.11 所示。

```
['商品', '价格', '库存量']
['1,洛川红富士苹果冰糖心10斤箱装', '44.80', '3601']
['2,烟台红富士苹果10斤箱装', '29.80', '5698']
['4,阿克苏苹果冰糖心5斤箱装', '29.80', '12680']
```

图6.10　运行结果

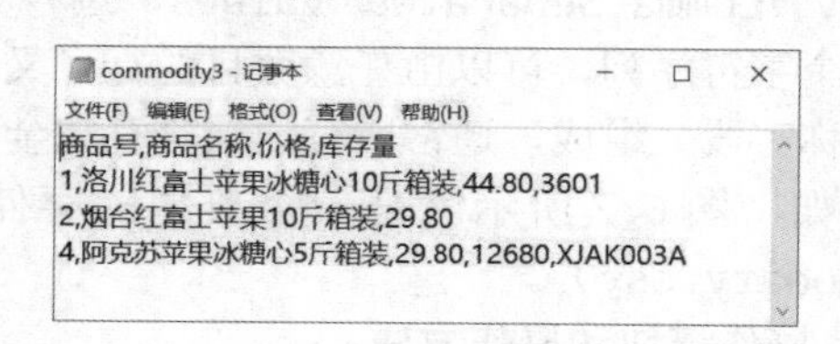

图6.11　字段数与字段名不一致的CSV文件

编写如下代码：

```
import csv
with open("commodity3.csv", "r", encoding="utf-8") as fc:
    reader = csv.DictReader(fc)
    for row in reader:
        print(row)
```

运行结果如图 6.12 所示。

```
{'商品号': '1', '商品名称': '洛川红富士苹果冰糖心10斤箱装', '价格': '44.80', '库存量': '3601'}
{'商品号': '2', '商品名称': '烟台红富士苹果10斤箱装', '价格': '29.80', '库存量': None}
{'商品号': '4', '商品名称': '阿克苏苹果冰糖心5斤箱装', '价格': '29.80', '库存量': '12680', None: ['XJAK003A']}
```

图6.12　运行结果

（2）向 CSV 文件中写数据

• writer(文件名, ...) 方法：返回一个 writer 对象，该对象负责将用户的数据在给定的“文件名”对象上转换为带分隔符的字符串。例如：

```
import csv
udata = [
    ('Name', 'Age', 'Sex'),
    ('easy', '65', '男'),
    ('周何骏', '19', '男'),
    ('sunrh', '38', '女'),
]
with open('user.csv', 'w', newline='') as fu:
    writer = csv.writer(fu)
    writer.writerows(udata)
```

运行程序后，打开 user.csv 文件，其内容如图 6.13 所示。

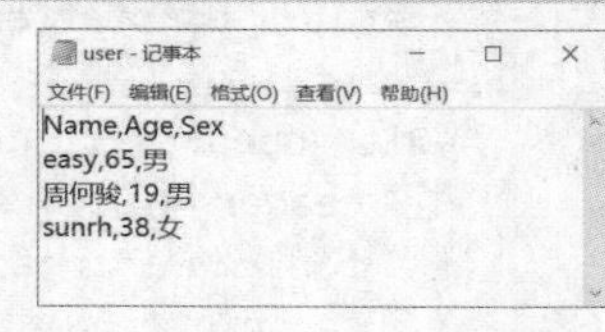

图6.13 写入CSV文件的内容

• DictWriter(文件名,fieldnames=...,restval=...,...) 方法：创建一个字典对象，类似常规 writer 对象，但会将字典映射到输出行，字典键由 fieldnames 参数指定，没有键的值由 restval 参数指定。例如：

```
import csv
udata = [
    {'Name': 'easy', 'Age': 65, 'Sex': '男', 'Evaluate': 98.5},
    {'Name': '周何骏', 'Age': 19, 'Sex': '男'},
    {'Name': 'sunrh', 'Age': 38, 'Sex': '女'},
]
with open('user2.csv', 'w', newline='') as fu:
    字段名 = ['Name', 'Age', 'Sex', 'Evaluate']
    writer = csv.DictWriter(fu, fieldnames= 字段名 , restval=60)
    writer.writeheader()
    writer.writerows(udata)
```

运行程序后，打开 user2.csv 文件，其内容如图 6.14 所示。

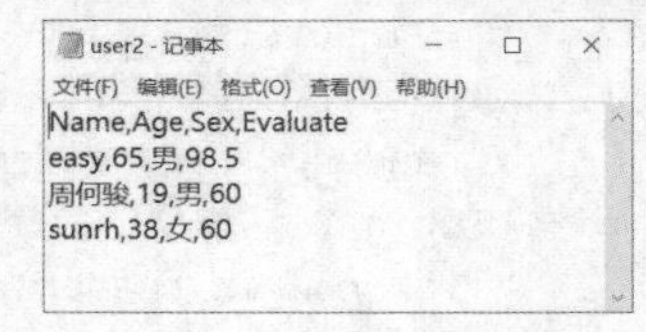

图6.14 写入CSV文件的内容

由于字典的后两条用户记录缺少 Evaluate（信用评分）键，将指定的值（60）写入 CSV 文件中。

6.2.2 【典型案例】：商品订单管理

本小节介绍商品订单管理程序的设计，并据此对 CSV 文件进行综合应用。

【例 6.4】创建存储商品订单信息的 CSV 文件，内容包括订单号、用户账号、支付金额和下单时间。初始内容如图 6.15 所示。

6-2 【例 6.4】

图6.15 CSV文件的初始内容

要求如下。

（1）判断指定目录中是否存在保存商品订单信息的 CSV 文件（orders.csv），如果存在，则显示该文件最后修改时间，并将文件中已有的订单信息记录全部显示出来；如果不存在，则创建该文件，并显示创建时间。

（2）从键盘输入元组类型的订单信息记录。

（3）查询并显示指定订单号的记录。

代码如下（orders.py）：

```
import os
import time
import datetime
import csv

csvf = r'orders.csv'                              # 含路径的 CSV 文件名
tfmt = '%Y-%m-%d %H:%M:%S'                        # 时间日期格式化字符串
# 首先判断文件是否存在
if os.path.lexists(csvf):                         # 如果存在
    fstat = os.stat(csvf)
    print('最后修改时间：',time.strftime(tfmt,time.localtime(fstat.st_mtime)))
    with open(csvf, "r+") as fo:                  # 读取并显示已有的全部订单信息记录
        reader = csv.reader(fo)
        for row in reader:
            print(row)
        fo.close()
else:                                             # 如果不存在
    with open(csvf, "w+") as fo:                  # 使用 w+ 模式打开不存在的文件时会自动创建文件
        print('最近创建时间：',datetime.datetime.now().strftime(tfmt))
        fo.close()
# 接收用户输入的新订单信息记录
order = input('输入订单记录：')
tup = eval(order)                                 # 字符串转化为元组类型
with open(csvf, "a") as fo:                       # 以 a 方式追加到文件的结尾（避免影响原有记录）
    writer = csv.writer(fo)
    writer.writerow(tup)
    fo.close()
# 查询指定订单号的记录
id = input('输入订单号：')
with open(csvf, "r") as fo:
    reader = csv.reader(fo)
    print('订单号  用户账号     支付金额      下单时间')
    for row in reader:
        oid,ucode,paymoney,paytime = row
        if oid == id:
            print(oid,ucode,paymoney,paytime)
            break
```

运行程序，按提示输入内容。一个典型的执行过程如图 6.16 所示。

若原来的 orders.csv 文件不存在，则执行过程如图 6.17 所示。

```
最后修改时间： 2023-01-31 12:09:07
['订单号', '用户账号', '支付金额', '下单时间']
['1', 'easy-bbb.cox', '129.40', '2021.10.01 16:04:49']
['2', 'sunrh-phei.nex', '495.00', '2021.10.03 09:20:24']
['3', 'sunrh-phei.nex', '171.80', '2021.12.18 09:23:03']
输入订单记录：(4,'231668-aa.cox','29.80','2022.01.12 10:56:09')
输入订单号：4
订单号  用户账号     支付金额      下单时间
4 231668-aa.cox 29.80 2022.01.12 10:56:09
```

图6.16　典型的执行过程

```
最近创建时间： 2023-01-31 12:23:48
输入订单记录：(4,'231668-aa.cox','29.80','2022.01.12 10:56:09')
输入订单号：4
订单号  用户账号     支付金额      下单时间
4 231668-aa.cox 29.80 2022.01.12 10:56:09
```

图6.17　orders.csv文件不存在时的执行过程

6.2.3 Excel文件及其基本操作

Excel软件有较为完善的电子表格处理和计算能力，可在表格特定行列的单元格上定义公式，并对其中的数据进行批量运算处理。用Python操作Excel文件可以巧妙地借助单元格的运算功能执行大量对原始数据的计算，减轻Python程序的计算负担。

1. 基本概念

（1）工作簿

用Excel创建的文件就叫工作簿（扩展名为.xls或.xlsx），它由若干个工作表组成。当启动Excel时，系统就自动打开了一个工作簿，也打开了1个工作表。

（2）工作表

工作表就是常说的电子表格，当新建一个工作簿时系统默认创建3个工作表：Sheet1、Sheet2、Sheet3。

工作表由许多横向和纵向的网格组成，这些网格构成的任意一个表格称为单元格。横向的单元格称为行，每行用一个数字标识，单击行号可选取整行单元格；纵向的单元格称为列，每列分别用字母来标识，单击列标可选取整列单元格。

（3）单元格

单元格是工作表的最小单位，由地址来标示和引用。

（4）地址

单元格地址就是由它所在的行号和列标所确定的坐标，能唯一地标识或引用当前工作表中的任意一个单元格。书写时列标在前、行号在后，如C3就表示该单元格在第C列的第3行。

2. 操作Excel的模块及使用方法

（1）传统方法

Python中用来操作Excel的库有很多种，传统方法是使用xlrd、xlwt、xlutils模块配合：xlrd从Excel文件中读数据；xlwt新建Excel文件并向其中写入数据和设置单元格样式（字体、对齐、填充、宽度等）；xlutils则将两者结合起来，把xlwt写过的文件另存，从而实现对Excel文件的修改。但是，最新版的xlrd不再支持.xlsx格式的文件，这就导致使用传统方法无法访问和操作新版Excel文档。

（2）流行方法——openpyxl库

目前，操作Excel最流行的方法之一是使用openpyxl库。openpyxl是一个开源项目，它是一个读写新版Excel（Excel 2010及更高版本）文件的Python库。它能够同时读取和修改Excel文件，可以对Excel文件内的单元格进行详细设置，不仅可设置单元格基本样式，甚至还支持图表插入、打印设置等。另外，使用openpyxl还可以处理数据量较大的Excel文件，其跨平台处理大量数据的功能是其他模块无法比拟的。因此，openpyxl成为处理Excel复杂问题的首选库之一。

3. 使用openpyxl库操作Excel的方法

openpyxl库对应Excel基本组件提供了3个对象：Workbook（对应Excel的工作簿，是一个包含多个工作表的Excel文件）、Worksheet（对应Excel的工作表，一个工作簿包含多个工作表）、Cell（对应Excel的单元格，存储具体的数据）。

使用openpyxl编程操作Excel通用的流程如下。

（1）导入openpyxl模块

通过如下语句导入openpyxl模块：

```
import openpyxl
```

如果需要导入库中具体的功能类，使用如下语句：

```
from openpyxl import 类名
```

（2）获取 Workbook（工作簿）对象

可以通过调用 openpyxl.load_workbook() 函数获取 Workbook 对象。例如：

```
book = openpyxl.load_workbook('./netshop.xlsx')
```

其中，参数为要打开操作的 Excel 文件名（含路径的全名），这里使用相对路径，也可以用绝对路径，如果路径中包含中文字符，则前面需要加 r。例如：

```
book = openpyxl.load_workbook(r"E:\MyPython\数据文件\netshop.xlsx")
```

也可以使用 openpyxl.Workbook() 创建一个新的工作簿。例如：

```
book = Workbook()
```

（3）获取 Worksheet（工作表）对象

可以通过调用 get_active_sheet() 或 get_sheet_by_name() 方法获取 Worksheet 对象。例如：

```
sheet = book.get_sheet_by_name('订单表')
```

更简单地，还可以直接以工作簿对象引用表名得到工作表。例如：

```
sheet = book['订单表']
```

（4）读取或编辑 Cell（单元格）数据

可以使用索引或工作表的 cell() 方法（包含行和列参数）取得 Cell 对象，然后读取或编辑 Cell 对象的 value 属性。例如：

```
ucode = sheet['A2'].value
ucode = sheet.cell(row=2, column=1).value
```

（5）保存 Excel 文件

直接调用工作簿对象的 save() 函数即可保存修改过的 Excel 文件。例如：

```
book.save('netshop.xlsx')
```

6.2.4 【典型案例】：订单统计分析

本小节介绍订单统计分析程序设计，并据此对 Excel 文件进行综合应用。

【例 6.5】创建 Excel 文件 netshop.xlsx，其中包括一个“订单表”工作表，用来存放所有订单记录。初始内容如图 6.18 所示。

6-3 【例 6.5】

	A	B	C	D
1	订单号	用户账号名	支付金额	下单时间
2	1	easy-bbb.cox	129.4	2021.10.01 16:04:49
3	2	sunrh-phei.nex	495	2021.10.03 09:20:24
4	3	sunrh-phei.nex	171.8	2021.12.18 09:23:03
5	4	231668-aa.cox	29.8	2022.01.12 10:56:09
6	5	easy-bbb.cox	119.6	2022.01.06 11:49:03
7	6	sunrh-phei.nex	33.8	2022.03.10 14:28:10
8	8	easy-bbb.cox	358.8	2022.05.25 15:50:01
9	9	231668-aa.cox	149	2022.11.11 22:30:18
10	10	sunrh-phei.nex	1418.6	2022.06.03 08:15:23
11				

订单表 Sheet2 Sheet3

图6.18 Excel文件中的初始内容

操作要求如下。

（1）整行读取输出第 1 条订单记录（使用字典）。

（2）分单元格读取输出第 2 条订单记录（使用字典）。

（3）整列读取输出所有用户账号（使用集合）。

（4）添加一个“合计”栏（醒目设置），统计所有订单的支付总金额。

代码如下（netshop.py）：

```
import openpyxl
from openpyxl.styles import Alignment,PatternFill          # 说明（1）（2）
```

```
    book = openpyxl.load_workbook('netshop.xlsx')
    sheet = book['订单表']
    # 读取表格的整行
    key_list = [cell.value for cell in tuple(sheet.rows)[0]] # 说明（3）标题行
    val1_list = [cell.value for cell in tuple(sheet.rows)[1]]  # 说明（3）记录行 1
    order1_dict = dict(zip(key_list,val1_list))              # 合成字典
    print('第 1 条订单记录：',order1_dict)
    # 读取指定单元格                                          # 记录行 2
    oid = sheet['A3'].value                                  # 订单号
    ucode = sheet['B3'].value                                # 用户账号
    paymoney = sheet['C3'].value                             # 支付金额
    paytime = sheet['D3'].value                              # 下单时间
    val2_list = []                                           # 存放单元格值的列表
    val2_list.append(oid)
    val2_list.append(ucode)
    val2_list.append(paymoney)
    val2_list.append(paytime)
    order2_dict = dict(zip(key_list,val2_list))              # 合成字典
    print('第 2 条订单记录：',order2_dict)
    # 读取表格的整列
    ucode_set = set()                                        # 存放用户账号的集合
    for cell in tuple(sheet.columns)[1][1:]:                 # 说明（3）
       ucode_set.add(cell.value)
    print('所有用户账号：',ucode_set)
    # 合并单元格、设置单元格样式、公式统计
    rn = str(sheet.max_row + 1)                              # 定义“合计”栏所在的行号
    sn = str(sheet.max_row)                                  # 定义公式用的行号
    sheet.merge_cells('A' + rn + ':B' + rn)                  # 合并单元格
    sheet['A' + rn].alignment = Alignment(horizontal='center') # 说明（1）
    color = '00FFFF00'                                       # 黄色
    sheet['A' + rn].fill =
PatternFill(start_color=color,end_color=color,fill_type='solid')          # 说明（2）
    sheet['A' + rn] = '合计'
    sheet['C' + rn].alignment = Alignment(horizontal='center')              # 说明（1）
    sheet['C' + rn].fill =
PatternFill(start_color=color,end_color=color,fill_type='solid')          # 说明（2）
    sheet['C' + rn] = '=sum(C2:C' + sn + ')'                 # 定义公式，计算“合计”栏的数据
    book.save('netshop.xlsx')
```

说明

（1）openpyxl.styles.Alignment 是 openpyxl 模块中设置对齐方式的类，此类功能强大，除了用于对齐，还可以使用它来旋转文本、设置文本换行和缩进等。这里设置 horizontal='center' 将“合计”二字居中。

（2）openpyxl 提供了一个名为 PatternFill 的类，可以使用它来更改单元格的背景色。PatternFill 类接收以下参数：

- patternType=None（单元格填充底纹纹路样式）；
- fgColor=Color()（前景色）；
- bgColor=Color()（背景色）；
- fill_type=None（填充样式）；

- start_color=None（起始颜色）；
- end_color=None（结束颜色）。

本例把 fill_type 设为 'solid' 表示用纯色填充。

（3）openpyxl 以 sheet.rows 或 sheet.columns 获取工作表整行（列）的数据，它们都返回一个生成器，里面存放的是每一行（列）的数据，而每一行（列）又由一个元组包裹，通过使用索引就可以取到想要的某一行（列）的数据内容。

运行程序，输出结果如图 6.19 所示。

```
第 1 条订单记录： {'订单号': 1, '用户账号': 'easy-bbb.cox', '支付金额': 129.4, '下单时间': '2021.10.01 16:04:49'}
第 2 条订单记录： {'订单号': 2, '用户账号': 'sunrh-phei.nex', '支付金额': 495, '下单时间': '2021.10.03 09:20:24'}
所有用户账号： {'easy-bbb.cox', 'sunrh-phei.nex', '231668-aa.cox'}
```

图6.19　输出结果

程序执行后再打开 Excel 文件 netshop.xlsx，可看到其中的内容如图 6.20 所示。

	A	B	C	D
1	订单号	用户账号名	支付金额	下单时间
2	1	easy-bbb.cox	129.4	2021.10.01 16:04:49
3	2	sunrh-phei.nex	495	2021.10.03 09:20:24
4	3	sunrh-phei.nex	171.8	2021.12.18 09:23:03
5	4	231668-aa.cox	29.8	2022.01.12 10:56:09
6	5	easy-bbb.cox	119.6	2022.01.06 11:49:03
7	6	sunrh-phei.nex	33.8	2022.03.10 14:28:10
8	8	easy-bbb.cox	358.8	2022.05.25 15:50:01
9	9	231668-aa.cox	149	2022.11.11 22:30:18
10	10	sunrh-phei.nex	1418.6	2022.06.03 08:15:23
11	合计		2905.8	

订单表 | Sheet2 | Sheet3

图6.20　程序执行后Excel文件的内容

除了传统的 xlrd、xlwt、xlutils 和流行的 openpyxl 之外，还有很多其他的第三方库也可以实现对 Excel 文件的操作，如 xlwings、XlsxWriter、win32com、DataNitro 和 pandas 等，有兴趣的读者可以去尝试使用。

【实训】

一、文件及其操作实训

1. 参考【例 6.1】中的程序，先使用字典存放若干个订单号、用户账号、支付金额和下单时间，采用 pickle 模块数据序列化保存文件，然后读取文件内容并将其显示出来。

2. 参考【例 6.2】中的程序，输入若干个订单号、用户账号、支付金额和下单时间，保存到文本文件中，然后读取文件内容并将其显示出来。

二、CSV 文件及其基本操作实训

参考【例 6.4】中的程序，使用列表存放若干个订单号、用户账号、支付金额和下单时间，采用 CSV 文件格式保存文件，然后读取文件内容并将其显示出来。

三、Excel 文件及其基本操作实训

参考【例 6.5】中的程序，输入若干个订单号、用户账号、支付金额和下单时间，采用 Excel 文件格式保存文件，然后读取文件内容并将其显示出来。

【习题】

一、填空题

1. 文本文件可以用 ____________ 工具打开，二进制文件可以用 ____________ 工具打开。

2. 文本文件和二进制文件的不同之处在于：________________________。

3. 文件需要 ____________________，文件的内容才能真正写入。

4. 序列化的作用是 ____。

5. with 语句的作用是 ____。

6. 解析下列语句。

```
myf = open("File1.txt","w+") 表示: ________________________。
lst1 = [ '1 ' , '2' , '3 '];  s=' hello';  lst2 = [1,2,3];
myf.writelines(lst1) 表示: ________________________。
myf.writelines(s) 表示: ________________________。
myf.writelines(lst2) 表示: ________________________。
```

7. 解析下列语句。

```
import pickle, pprint 表示: ______________________。
fpick = open( 'File2.pkl' ,'wb+' );
list1 = [ -23, 5.0, 'python', 12.8e+6];
pickle.dump(list1,fpick, -1) 表示: ____________________。
fpick.seek(0,0) 表示: ________________________。
list1 = pickle.load( fpick) 表示: ____________________。
pprint.pprint(list1) 表示: ______________________。
fpick.close ( ) 表示: ____________________。
```

二、编程题

1. 操作文本文件。

（1）编写程序，创建文件 myfile.txt，向文件输入“Hello! 吃饭没？”。

（2）编写程序，将文件 myfile.txt 的内容修改为“Hello! 吃过了。”。

2. 操作二进制文件。

（1）创建一个文件 myfile.dat，输入 3 条记录，每一条记录都包括字符串型的数据、整型的数据、浮点型的数据。

（2）读取文件 myfile.dat，将其中的内容显示出来，观察这些内容与输入的内容是否相同。

3. 对学生成绩进行管理，完成下列功能。

（1）编写文件写入程序，创建学生成绩信息文件。学生成绩信息包括以下项目：课程号、学号、成绩。学生成绩信息放在列表中，从列表中读取信息，然后将其写到学生成绩信息文件中。

（2）编写文件读取程序，把学生成绩信息读到列表中，然后计算各课程的平均分、最高分、最低分。

（3）编写文件查找程序，查找指定学生各课程的成绩。

（4）编写文件修改程序，修改指定学生指定课程的成绩。

第7章 数据可视化

数据可视化就是将数据处理的结果用图形方式展现出来。Python 常用的绘图功能很强，本身包含的 turtle 模块可以实现画线、画圆等一系列绘图功能。Matplotlib 是提供数据绘图功能的第三方库，使得用户绘制各种图表非常方便。Tkinter 模块提供图形界面编程框架。

7.1 绘图

Python 常用的绘图模块为 turtle。

turtle 模块绘制图形有一个基本框架：画布正中央坐标为 (0, 0)，由此为中心的 4 个方向称为“前进方向”“后退方向”“左侧方向”和“右侧方向”。画布位置由屏幕左上角的（startx, starty）确定，画布大小通过（width, height）确定，如图 7.1 所示。

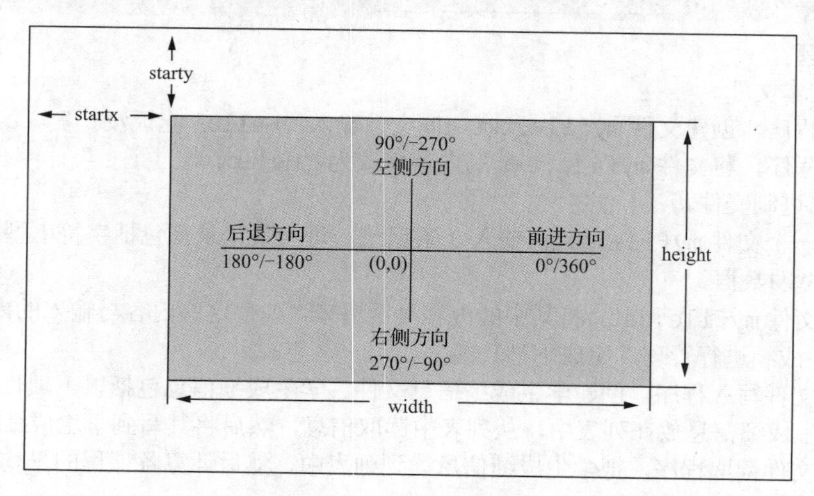

图7.1　turtle画布

在画布上，默认有一个以坐标原点（0,0）为画布中心的坐标轴，坐标原点上有一个面朝 *x* 轴正方向的三角图标。使用画笔可以绘制图形、填充颜色。在画笔提起时，可以移动画笔。

7.1.1　画笔函数

画笔函数很多，下面先介绍最常用的函数，然后以表格方式列出画笔函数。

1. 提起画笔和放下画笔

penup()、pu() 或者 up()：提起画笔，之后移动画笔不绘制形状。

pendown()、pd() 或者 down()：放下画笔，之后移动画笔将绘制形状。

2. 设置画笔宽度

pensize(宽度) 或者 width(宽度)：宽度为像素。如果为 None 或者为空，返回当前画笔宽度。

3. 设置画笔颜色

pencolor(颜色)：颜色可以为字符串，如 "purple"、"red" 和 "blue" 等。也可以使用 (r,g,b) 形式直接输入颜色值，每个颜色采用 8bit 表示，取值范围是 [0,255]，如 (51,204,140)。部分典型颜色对照如表 7.1 所示。

表 7.1 部分典型颜色对照

字符串名称	(r,g,b) 表示	十六进制表示	颜色
white	(255,255, 255)	#FFFFFF	白色
black	(0, 0 ,0)	#000000	黑色
gray	(128,128,128)	#808080	灰色
darkgreen	(0, 100,0)	#006400	深绿色
gold	(255,215, 0)	#FFD700	金色
violet	(238,130,238)	#EE82EE	紫罗兰色
purple	(128,0,128)	#800080	紫色

turtle 库的画笔函数如表 7.2 所示。

表 7.2 turtle 库的画笔函数

函数	描述
pendown()	放下画笔
penup()	提起画笔，与 pendown() 搭配使用
pensize(宽度)	设置画笔线条的粗细为指定宽度
pencolor(颜色)	设置画笔的颜色
color(画笔颜色 , 背景填充颜色)	设置画笔和背景填充颜色
begin_fill(填充区域颜色)	填充图形前，调用该方法
end_fill()	填充图形结束，调用该方法
filling()	返回是否处在 begin_fill() 填充的状态，True 为处在填充状态，False 为不在填充状态
hideturtle()	隐藏画笔的 turtle 形状
showturtle()	显示画笔的 turtle 形状
isvisible()	如果画笔 turtle 可见，则返回 True，否则返回 False
write(字符串 [,font=("字体", 大小 ,"类型")])	输出使用 font 字体的字符串

7.1.2 形状绘制函数

turtle 通过一组函数控制画笔的行进路线，进而绘制形状。

1. 画笔向当前行进方向前进一段距离

turtle.fd(距离) 或者 turtle.forward(距离)：控制画笔向当前行进方向前进指定距

离（像素值），当距离为负数时，表示向相反方向前进。例如：

turtle.fd(100*2/3) 向前进 67。

turtle.fd(-120) 向后退 120。

2. 改变画笔绘制方向

turtle. seth(角度) 或者 turtle.setheading(角度)：设置当前行进方向为指定角度，该角度是绝对方向角度整数值。

turtle 库的角度坐标体系以正东为绝对 0°，这也是初始方向，正西为绝对 180°，这个角度坐标体系是方向的绝对体系。

3. 绘制一个弧形

turtle.circle(半径，弧形角度)：根据半径绘制指定角度的弧形。当半径为正数时，弧形在画布的左侧；当半径为负数时，弧形在画布的右侧。当不设置角度或将角度设置为 None 时，绘制整个圆形。

turtle 通过一组函数控制画笔的行进路线及绘制形状，常用函数如表 7.3 所示。

表 7.3 turtle 控制画笔常用函数

函数	描述
forward(距离) fd(距离)	沿着当前方向前进指定距离
backward(距离) bk(距离)、back(距离)	沿着与当前方向相反的方向后退指定距离
right(角度) rt(角度)	向右旋转指定角度
left(角度) lt(角度)	向左旋转指定角度
goto(x,y)	如果当前画笔处于放下状态，则从当前点到 (x,y) 处画一条直线。如果当前画笔处于提起状态，则改变当前点到绝对坐标 (x,y) 处
setx(x)	修改画笔的横坐标到 x，纵坐标不变
sety(y)	修改画笔的纵坐标到 y，横坐标不变
setheading(角度) seth(角度)	设置当前行进方向为指定角度
home()	设置当前画笔位置为原点，画笔为初始方向
circle(半径，弧形角度)	绘制一个指定半径和弧形角度的圆或弧形
dot(直径，背景色)	绘制一个指定直径和背景色的圆点
undo()	撤销画笔的最后一步动作
speed(速度)	设置画笔的绘制速度，参数为 0 ～ 10。0 表示没有绘制动作。数值越大，速度越快。速度超过 10，效果等同 0
begin_poly()	开始记录多边形的顶点。当前位置是多边形的第一个顶点
end_poly()	停止记录多边形的顶点。当前位置是多边形的最后一个顶点。将与第一个顶点相连
get_poly()	返回最后记录的多边形
position() xcor()、ycor() heading() distance()	获取 turtle 当前坐标位置； 获取 x 坐标，获取 y 坐标； 获取朝向； 获取距离
tracer(布尔值)	布尔值为 False，不显示绘制轨迹；为 True，显示绘制轨迹

7.1.3 窗口状态函数

turtle 库的窗口状态函数如表 7.4 所示。

表 7.4 turtle 库的窗口状态函数

函数	描述
setup(宽度,高度[,x,y])	设置画布的宽度、高度、(x,y) 坐标
clear()	清空当前画布，但不改变当前画笔的位置
reset()	清空当前画布，并重置位置等为默认值（原点）
undo()	撤销上一个 turtle 动作
mode(模式=None)	设置模式。模式“standard”：向右（东），逆时针；模式“logo”或“world”：向上（北），顺时针。如果没有给出模式，则返回当前模式
delay(延迟时间=None)	设置或返回以 ms 为单位的绘图延迟时间
resizemode() shape()/turtlesize() shapesize()	设置大小调整模式； 设置 turtle 形状； 设置 turtle 形状和大小，当且仅当大小调整模式设为“user”时起作用
done() mainloop()	停止画笔绘制，但画布不关闭，直到用户关闭 Python turtle 图形化窗口为止

【例 7.1】画五色花。

代码如下（tur5Circle.py）：

```
import turtle
lstColor = ['red', 'orange', 'yellow', 'green', 'blue']
for i in range(5):
   c1 = lstColor[i]
   turtle.color('black',c1)
   turtle.begin_fill()
   turtle.rt(360 / 5)
   turtle.circle(50)
   turtle.end_fill()
turtle.done()
```

运行结果如图 7.2 所示。

图7.2 五色花

7.1.4 【典型案例】：实时时钟

7-1 【例 7.2】

【例 7.2】画实时时钟。

分析：时钟包括外框和时、分、秒指针。外框是固定的，包括画时、分点，其中时位置为粗线条。文字包括时文本（1,2,3,…,12），中间显示中文日期和星期。时、分、秒指针是可代替的，需要分别注册时、分、秒指针形状为 turtle。每隔 1s，根据实时时间，画时、分、秒指针形状。

代码如下（turtleClock.py）：

```
import turtle
from datetime import *
```

```
# 画笔前移指定距离 d
def turSkip(d):
    turtle.penup()
    turtle.forward(d)
    turtle.pendown()

# 注册时、分、秒指针形状为 turtle
def turReg(name, length):
    turtle.reset()
    turSkip(-length * 0.1)                          # 从原点前 0.1×length 位置
    turtle.begin_poly()                             # 开始记录多边形的顶点
    turtle.forward(length * 1.1)                    # 到 1.1×length 位置
    turtle.end_poly()                               # 停止记录多边形的顶点
    myform = turtle.get_poly()                      # 获得多边形
    turtle.register_shape(name, myform)     # 注册指定 name 和 length 长度多边形 turtle
# 时、分、秒指针和显示文本 turtle 初始化
def clockInit():
    global turSec, turMin, turHur, turText
    turtle.mode("logo")                             # 将 turtle 设置为指向北

    # 建立 3 个表针 turtle 并初始化
    turReg("turHur", 90)                            # 时针 turtle
    turHur = turtle.Turtle()
    turHur.shape("turHur")

    turReg("turMin", 120)                           # 分针 turtle
    turMin = turtle.Turtle()
    turMin.shape("turMin")

    turReg("turSec", 160)                           # 秒针 turtle
    turSec = turtle.Turtle()
    turSec.shape("turSec")

    for hand in turSec, turMin, turHur:
        hand.shapesize(1, 1, 3)
        hand.speed(0)

    # 建立输出文字 turtle
    turText = turtle.Turtle()
    turText.hideturtle()                            # 隐藏画笔 turtle
    turText.penup()

# 显示时钟 1,2,3,…,12 时文本
def clockFrame(r):
    turtle.reset()
    turtle.pensize(6)
    for i in range(60):
        turSkip(r)
        if i % 5 == 0:
            turtle.forward(20)
```

```
        if i == 0:
            turtle.write(int(12),              # 写文字“12”
                align="center", font=("Courier New", 16, "bold"))
        elif i == 30:
            turSkip(25)
            turtle.write(int(i / 5),           # 写文字“6”
                align="center", font=("Courier New", 16, "bold"))
                 turSkip(-25)
        elif (i == 25 or i == 35):
            turSkip(20)
            turtle.write(int(i / 5),           # 写文字“5”和“7”
                align="center", font=("Courier New", 16, "bold"))
            turSkip(-20)
        else:
            turtle.write(int(i / 5),           # 写文字“1,2,3,4,6,8,9,10,11"
                align="center", font=("Courier New", 16, "bold"))
        turSkip(-r - 20)
    else:
        turtle.dot(5)
        turSkip(-r)
    turtle.right(6)

def cWeek(cTime):
    lstWeek = ["星期一", "星期二", "星期三", "星期四", "星期五", "星期六", "星期日"]
    return lstWeek[cTime.weekday()]             # 当前时间的中文星期表示

def cDate(cTime):
    cy = cTime.year
    cm = cTime.month
    cd = cTime.day
    return "%s 年 %d 月 %d 日" % (cy, cm, cd)     # 当前时间的中文格式"xxxx 年 xx 月 xx 日"
# 绘制时钟的动态时、分、秒指针
def clockHMS():
    cTime = datetime.today()
    second = cTime.second
    minute = cTime.minute
    hour =   cTime.hour
    turSec.setheading(6 * second)
    turMin.setheading(6 * minute)
    turHur.setheading(30 * hour)

    turtle.tracer(False)
    turText.forward(65)
    turText.write(cWeek(cTime), align="center",font=("Courier", 16, "bold"))
    turText.back(130)
    turText.write(cDate(cTime), align="center",font=("Courier", 16, "bold"))
    turText.home()
    turtle.tracer(True)
```

```
# ---------------------------
turtle.setup(600,600,300,200)
turtle.tracer(False)
clockInit()
clockFrame(200)
turtle.tracer(True)
turtle.hideturtle()

while True:
   clockHMS()
   turtle.delay(100)

turtle.mainloop()
```

运行结果如图 7.3 所示。

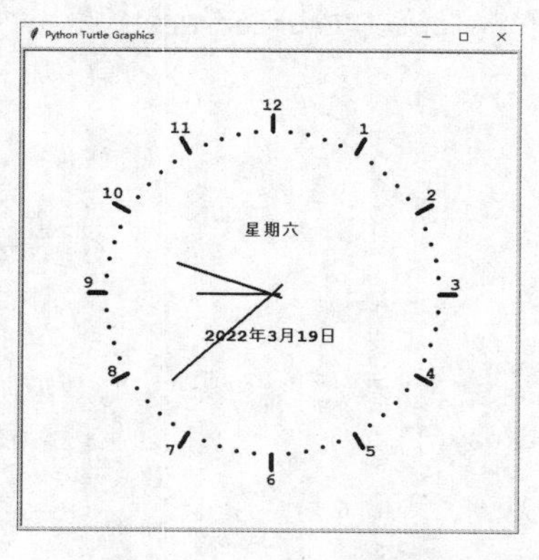

图7.3　实时时钟

（1）下列语句会使程序陷入死循环：

```
while True:
   clockHMS()
   turtle.delay(100)
```

每隔 100ms 就可执行一次 clockHMS() 函数，实时更新时、分、秒位置，实现实时显示。

clockHMS() 函数执行需要的时间不确定，无法加 turtle.delay(x) 准确延时，从而 1s 执行一次，所以循环中可以不加延时。但如果加延时且延时太大，则不能实现 1s 刷新一次界面。

（2）实时效果可以用 clockHMS() 嵌套实现：

```
def clockHMS():
   ...
   turtle.ontimer(clockHMS, 100)
...
turtle.hideturtle()
clockHMS()
turtle.mainloop()
```

7.2 图表处理模块及应用

Matplotlib 是提供图表绘制功能的第三方库，功能很强大，其中提供了一套方便绘图的接口函数（matplotlib.pyplot 子模块）从而实现各种数据展示图表的绘制。一般可以从函数名辨别这些函数的功能。

Matplotlib 库需要通过 pip 命令装入 Python 才能使用。matplotlib.pyplot 的引用方式如下：

```
import  matplotlib.pyplot as plt
```

为了更好地理解绘图，下面说明 plot 绘图的几个概念。

1．坐标体系

plot 库有两种坐标：图形坐标和数据坐标。图形坐标将所在区域左下角视为原点，将 *x* 方向和 *y* 方向长度设定为 1。数据坐标以当前绘图区域的坐标轴为参考，显示每个数据点的相对位置，这与坐标系标记数据点一致。plot 绘图参数如图 7.4 所示。

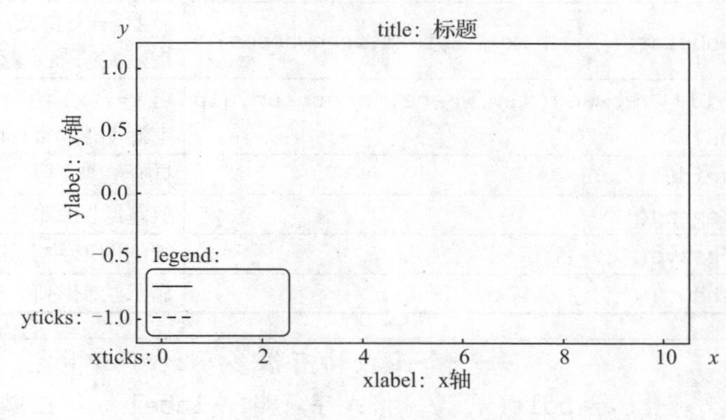

图7.4 plot绘图参数

2．中文字体

在图中直接使用中文字体会显示乱码。为了正确显示中文字体，可以采用下列方法更改 plot 默认字体设置：

```
matplotlib.rcParams['font.family']='字体英文表示'
matplotlib.rcParams['font.sans-serif']=['字体英文表示']
```

常用的中文字体及其英文表示如表 7.5 所示。

表 7.5 常用的中文字体及其英文表示

字体	字体英文表示	字体	字体英文表示
宋体	SimSun	仿宋	FangSong
黑体	SimHei	幼圆	YouYuan
楷体	KaiTi	华文宋体	STSong
微软雅黑	Microsoft YaHei	华文黑体	STHeiti
隶书	LiSu		

3．Figure 和 Auix

Figure 是一块画布，绘图开始前可以通过 Figure 指定画布的大小。plot 绘图是在 Auix 上进行的，一个 Figure 上默认有一个 Auix，对 plot 绘图就是在默认的 Auix 上进行的，所以可以不设置 Auix。但如果要在一块画布上画几个子图，则一个 Figure 就需要包含几个 Auix，需要指定每个 Auix 在 Figure 上的位置。

7.2.1 基本绘图

plot 常用的绘制图表的函数如表 7.6 所示。

表 7.6　　plot 常用的绘制图表的函数

函数	描述
polt(x,y，格式字符串，label)	根据 (x,y) 值和指定格式绘制直线
title(标题字符串)	设置标题字符串
xlabel(标签字符串)	设置 x 轴标签
ylabel(标签字符串)	设置 y 轴标签
xlim(最小值，最大值)	设置当前 x 轴取值范围
ylim(最小值，最大值)	设置当前 y 轴取值范围
xscale()	设置 x 轴缩放
yscale()	设置 y 轴缩放
text(x,y, 字符串)	在 (x,y) 位置显示“字符串”
annotate(字符串,xy, xytext,arrowprops)	显示箭头和文字，xy=(x,y) 指定箭头顶点，xytext=(x,y) 指定文字显示起点，arrowprops 指定箭头样式
fill_between(x,y,where,facecolor,alpha)	对 y=f(x) 函数曲线符合 where 条件 x 指定的范围内填充指定透明度（alpha）和颜色 (facecolor)
grid()	打开（参数为 True）或者关闭（参数为 False）坐标网格
legend()	放置绘图图例
fgsave(文件名)	绘制图形并将其写入指定文件中
show()	显示绘制图形

每一个函数均有很多参数可以指定，如果不指定，则使用默认值。这里对 polt(x, y, 格式字符串，label) 绘图函数的参数进行简单介绍。

（1）x，y：x 轴和 y 轴数据，可以是列表或数组。

（2）格式字符串：用来控制我们画的曲线的格式。格式一般包括颜色、风格、标记，可取三者的组合，如“g--”“r-.D”；如果不用组合，则用 color、marker、linestyle 这 3 个参数分别指定。

画线采用的颜色表示及其说明如表 7.7 所示。

表 7.7　　画线采用颜色表示及其说明

颜色表示	说明	颜色表示	说明
'b'	蓝色	'm'	洋红色
'g'	绿色	'y'	黄色
'r'	红色	'k'	黑色
'c'	青绿色	'w'	白色
'#08000'	纯绿	'0.8'	灰度值

可以指定的风格字符及其说明如表 7.8 所示。

表 7.8　　可以指定的风格字符及其说明

风格字符	说明	风格字符	说明
'-'	实线	':'	虚线
'--'	短画线	'' ' '	无线条
'-.'	点画线		

标记一般采用默认标记。

label 用于添加图例的显示内容描述。

【例 7.3】绘制 $y=x^2$ 的曲线。

代码如下（plotX2.py）：

7-2 【例 7.3】

```
import matplotlib.pyplot as plt
import numpy as np
xMax = 20
x = np.arange(0, xMax, 0.01)      # 生成 0 ～ 20 的数据，每个数据间隔 0.01
plt.plot(x, x**2)

plt.grid(True)
plt.xlabel("x-Auix",color="g",fontsize=16)
plt.ylabel("y-Auix",color="b",fontsize=16)
plt.title("Figure.1")
plt.text(0.5*xMax-2,(0.5*xMax)**2,"$y=x^2$",color='red',fontsize=16)

yMax = xMax**2
plt.annotate('(xMax,yMax)', xy=(xMax,yMax), xytext=(xMax-6,yMax-6),
   arrowprops = dict(facecolor='red', shrink=0.02),)
plt.show()
```

运行结果如图 7.5 所示。

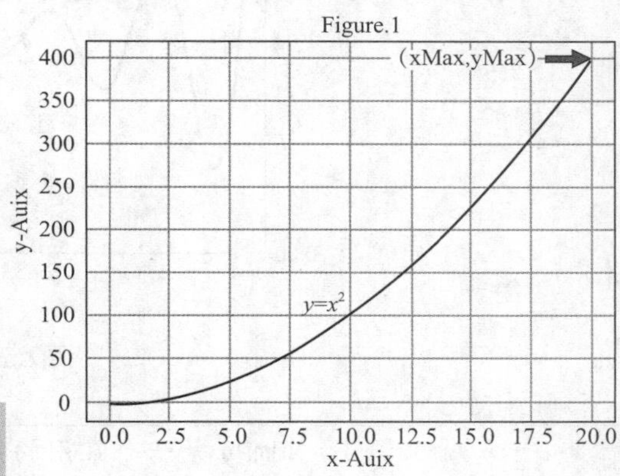

图7.5　函数 $y=x^2$ 的曲线

7.2.2 【典型案例】：指数衰减曲线

本小节介绍指数衰减曲线程序的设计，并在本小节的案例中综合应用绘图函数。

7-3 【例 7.4】

【例 7.4】绘制指数衰减曲线。

代码如下（plotCosExp.py）：

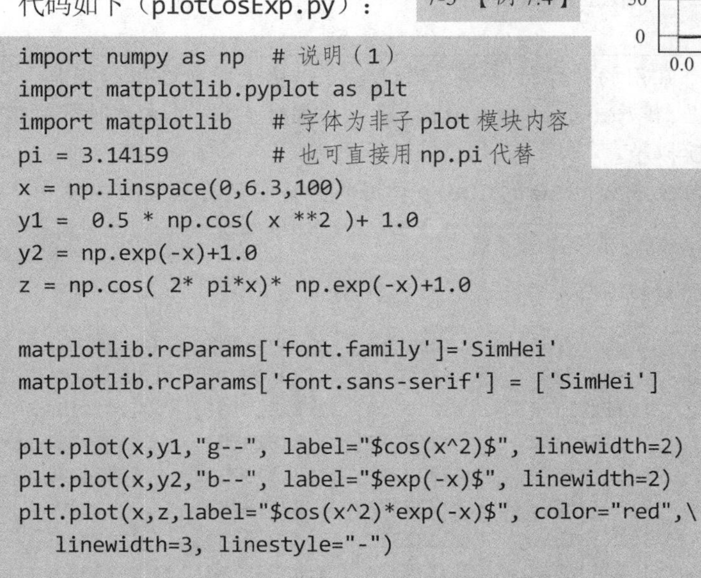

```
import numpy as np  # 说明（1）
import matplotlib.pyplot as plt
import matplotlib   # 字体为非子 plot 模块内容
pi = 3.14159        # 也可直接用 np.pi 代替
x = np.linspace(0,6.3,100)                              # 说明（1）（4）
y1 =  0.5 * np.cos( x **2 )+ 1.0                        # 说明（2）
y2 = np.exp(-x)+1.0                                     # 说明（2）
z = np.cos( 2* pi*x)* np.exp(-x)+1.0                    # 说明（2）

matplotlib.rcParams['font.family']='SimHei'             # 设置默认字体
matplotlib.rcParams['font.sans-serif'] = ['SimHei']     # 设置默认字体

plt.plot(x,y1,"g--", label="$cos(x^2)$", linewidth=2)   # 说明（3）绿虚线，线宽为 2
plt.plot(x,y2,"b--", label="$exp(-x)$", linewidth=2)    # 说明（3）蓝虚线，图例为 exp(-x)
plt.plot(x,z,label="$cos(x^2)*exp(-x)$", color="red",\
   linewidth=3, linestyle="-")

plt.xlabel('x 坐标', fontsize=16)
plt.ylabel('y 坐标',fontsize=16)
plt.title("f(x)=cos(x).exp(x) 函数",fontsize=16)
```

```
plt.xlim(0,2*pi)                                    # 说明（4）x 轴显示范围（0,2π）
plt.ylim(0,2)                                       # 说明（4）y 轴显示范围（0,2）

plt.xticks([pi/3,2* pi/3,pi,4*pi/3,5*pi/3,2*pi] \
      ,['$1\pi/3$','$2\pi/3$','$\pi$','$4\pi/3$','$5\pi/3$','$2\pi$'])      # 说明（5）
plt.fill_between(x,y1,0, where=(x>0.5*pi) & (x<1.5*pi), facecolor='grey', alpha=0.25)
                                                    # 说明（6）
plt.legend()
plt.savefig('sample.jpg')
plt.show()
```

运行结果如图 7.6 所示。

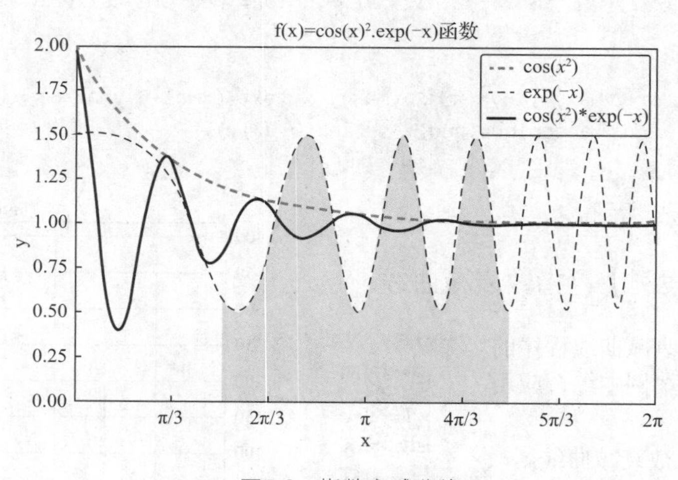

图7.6　指数衰减曲线

说明

（1）NumPy 是一个常用的科学计算库，通过它可以快速对数组进行操作，这些操作包括批量生成数据、排序、选择、输入输出、离散傅里叶变换、基本线性代数运算、基本统计运算和随机模拟等。

采用下列语句均匀生成 0 ～ 10 的 100 个数据，并将它们存放在数组 x 中：

```
x = np.linspace(0, 10, 100)
```

生成的数组 x 中的数据如下：

```
array([ 0.        ,  0.1010101 ,  0.2020202 ,  0.3030303 ,  0.4040404 ,
        0.50505051,  0.60606061,  0.70707071,  0.80808081,  0.90909091,
        1.01010101,  1.11111111,  1.21212121,  1.31313131,  1.41414141,
        1.51515152,  1.61616162,  1.71717172,  1.81818182,  1.91919192,
        2.02020202,  2.12121212,  2.22222222,  2.32323232,  2.42424242,
        2.52525253,  2.62626263,  2.72727273,  2.82828283,  2.92929293,
        3.03030303,  3.13131313,  3.23232323,  3.33333333,  3.43434343,
        3.53535354,  3.63636364,  3.73737374,  3.83838384,  3.93939394,
        4.04040404,  4.14141414,  4.24242424,  4.34343434,  4.44444444,
        4.54545455,  4.64646465,  4.74747475,  4.84848485,  4.94949495,
        5.05050505,  5.15151515,  5.25252525,  5.35353535,  5.45454545,
```

```
        5.55555556,  5.65656566,  5.75757576,  5.85858586,  5.95959596,
        6.06060606,  6.16161616,  6.26262626,  6.36363636,  6.46464646,
        6.56565657,  6.66666667,  6.76767677,  6.86868687,  6.96969697,
        7.07070707,  7.17171717,  7.27272727,  7.37373737,  7.47474747,
        7.57575758,  7.67676768,  7.77777778,  7.87878788,  7.97979798,
        8.08080808,  8.18181818,  8.28282828,  8.38383838,  8.48484848,
        8.58585859,  8.68686869,  8.78787879,  8.88888889,  8.98989899,
        9.09090909,  9.19191919,  9.29292929,  9.39393939,  9.49494949,
        9.5959596 ,  9.6969697 ,  9.7979798 ,  9.8989899 , 10.        ])
```

（2）下列语句分别以 x 作为参数，对应生成 y1、y2 和 z 数组

```
y1 =  0.5 * np.cos(x**2) + 1.0
y2 = np.exp(-x) + 1.0
z =  np.cos(2*pi*x) * np.exp(-x) + 1.0
```

其中 y1(i)=0.5 * cos(x(i) **2)+ 1.0（i=0,1,2,3,…）; y2(i)= exp(-x)+ 1.0; z(i)= cos(2* pi*x(i)* exp(-x(i))+1.0。

因为 cos() 函数的值为 [-1, ～1]，为了 y 轴右下角点为（0, 0），所以 y1 数据生成时上移 1.0。同时 y2 和 z 数组也同步上移。

在设计应用中，可以将 x 和对应的 y 数据存放在列表中。例如：

x= [0,0,1,0,2,0,3,0.4, ...]

y= [0,0.0998,0.1987,0.2955,0.3894, ...]

(xi,yi)（i=1,2,3,4,...）是实验参数得到的数据。

（3）plot 绘制图形的 plot(x,y) 就是根据一组数据（x1,y1）,（x2,y2）,（x3,y3）,（x4,y4）,…,(xn,yn)，分别将（xi,yi）表示每个点用直线连接起来，数据越多，图形越细致。

因为需要同时绘制 y1,y2,z=y1*y2 这 3 个图形，所以绘制 y1,y2 时采用虚线。

（4）通过下列语句：

```
x = np.linspace(0,6.3,100)
```

生成的 x 最大值 6.3>2π，但绘图时超过 2π 的数据不会出现在图上，因为采用下列语句限定 x 的范围：

```
plt.xlim(0,2*pi)
```

（5）下列语句标注 x 轴的 1π/3、2π/3、π、4π/3、5π/3、2π 处。

```
plt.xticks([pi/3,2*pi/3,pi,4*pi/3,5*pi/3,2*pi] \
   ,['$1\pi/3$','$2\pi/3$','$\pi$','$4\pi/3$','$5\pi/3$','$2\pi$'])
```

相当于 [v1,v2 ,v3 ,v4 ,v5,v6] ['s1','s2','s3','s4','s5','s6']，在 x=vi 的位置显示 si。

（6）下列语句标注阴影部分。

```
plt.fill_between(x,y1,where=(x>0.5*pi) & (x<1.5*pi), facecolor='grey',
alpha=0.25)
```

将 y1=f(x) 的函数的部分图像标注为阴影，条件为 x 的范围为 0.5π ～1.5π，阴影颜色为灰色，透明度为 0.25。

7.2.3 绘制基础图表

使用 plot 能够绘制各种基础图表（如折线图、柱形图、饼图等），常用函数如表 7.9 所示。

表 7.9　　绘制基础图表的常用函数

函数	描述
polt(x, y, 格式字符串 , label)	根据 (x、y) 和指定格式绘制直线
bar(参数)	绘制一个柱形图
barh(参数)	绘制一个横向柱形图
pie(参数)	绘制饼图
scatter(参数)	绘制散点图 (x、y 是长度相同的序列)
step(参数)	绘制阶梯图
hist(参数)	绘制直方图
axes(projection='3d')	建立一个三维坐标系
plot3D(x, y, z, 颜色)	根据 x、y、z 数据绘制指定颜色直线
imread("图像文件名")	读取图像文件（.jpg 文件）数据
imshow(图像数据)	根据图像数据显示图像

1. 绘制常见图表

plot() 函数用来画直线时，连在一起就是折线图，如果数据太密，就看不到折线的痕迹而形成了一种连续的图形。plot() 函数除了画折线图，还可以画柱形图和饼图，下面主要介绍绘制柱形图和饼图的方法。

（1）绘制柱形图

在 plot 中采用 bar() 函数可以绘制柱形图。

其语法格式为：

bar(x,height, 其他参数)。

其他参数如下。

- width：柱形的宽度，即在 x 轴上的长度，默认是 0.8。
- align：对齐方式。
- color：柱形的填充色。
- edgecolor：柱形边框的颜色，默认为 None。
- linewidth：柱形边框的宽度，默认为 0，表示没有边框。
- yerr：指定误差值的大小，用于在柱形上添加误差线。
- ecolor：表示误差线的颜色
- bottom：柱形底部的基线，默认为 0

例如将该函数的参数设置为：

```
    plt.bar(x=lstX, height=lstData, width=0.8, edgecolor='black', linewidth=2,
align='center', color='g', yerr=0.5, ecolor='r')
```

柱形图还可以有很多的变种，通过 barh()，可以绘制水平方向的柱形图。在单一柱形图的基础上，通过叠加可以实现以下两种柱形图。

实现堆积柱形图：

```
plt.bar(x=lstX, height=lstData1, label='A')
plt.bar(x=lstX, height=lstData2, bottom=lstData1, label='B')
plt.legend()
```

将第一组柱形的高度作为第二组柱形的底部，即使用 bottom 参数，来实现堆积的效果。

实现分组柱形图：

```
w=0.4
plt.bar(x=lstX - w/2, height=lstData1, width=w label='A')
plt.bar(x=lstX - w/2, height=lstData2, width=w, label='B')
plt.legend()
```

根据宽度的值，计算柱形的中心坐标，然后自然叠加就可以形成水平展开的分组柱形图。

用下列程序可在柱形图柱形上标注数值：

```
for x,y in enumerate(y):
    plt.text(x,y,'%d' %y ,ha='center') # 给柱形图添加标注
plt.show()
```

（2）绘制饼图

绘图函数如下：

```
pie(x,labels)
```

常用的参数如下。

- labels：设置饼图中每部分的标签。例如：

```
plt.pie(x=lstX, labels=x 对应的标签列表 )
```

- autopct：设置饼图上的百分比信息的字符串格式化方式，默认值为 None，不显示百分比。有以下两种设置方式。

第一种方式是通过字符串格式化来设置。例如：

```
plt.pie(x=lstData, labels=x 对应的标签列表 ,autopct='%.1f%%')
```

第二种方式是用函数来设置。例如：

```
plt.pie(x=lstData,, labels=x 对应的标签列表 , autopct=lambda
    pct:'({:.1f}%)\n{:d}'.format(pct, int(pct/100 * sum(lstData))))
```

- shadow：设置饼图的阴影，使它看上去有立体感，默认值为 False。
- startangle：设置饼图中第一个部分的起始角度。例如：

```
plt.pie(x=lstData, labels=x 对应的标签列表 , autopct='%1.1f%%', startangle=90)
```

- radius：设置饼图的半径，该数值越大，饼图越大。
- counterclock：设置饼图的方向，默认为 True，表示逆时针方向，值为 False 时为顺时针方向。
- colors：调色盘，默认值为 None，即使用默认的调色盘。
- explode：用于突出显示饼图中的指定部分，并且采用间隔突出的方式进行显示。例如：

```
pot.pie(x=lstData,labels= x对应的标签列表, autopct='%1.1f%%', explode = [0, 0, 0.05, 0])
```

为了将图例和内容有效地区分开来，可以通过 legend() 函数的 bbox_to_anchor 参数设置图例区域在 Figure 上的坐标，其值为包含 4 个元素的元组，分别表示 x、y、width、height 例如：

```
labels = x
plt.pie(x=lstData,labels=labels,autopct=lambda pct:'({:.1f}%)\n{:d}'.format(pct,
    int(pct/100 * sum(data))))
plt.legend(labels, loc="upper left",bbox_to_anchor=(1.2, 0, 0.5, 1))
```

x 的值大于 1，表示图例的位置位于轴线右侧区域，x 的值越大，图例和饼图之间的空隙也就越大。

2. 在子绘图区域同时绘图

plot 包含与子绘图区域有关的函数，如表 7.10 所示。

表 7.10　与子绘图区域有关的函数

函数	描述
figure(figsize=(宽度,高度), facecolor=None)	创建一个全局绘图区域
axes(rect,axisbg='w')	创建一个坐标系风格的子绘图区域
subplot(行,列, plot_number)	在全局绘图区域中创建一个子绘图区域
subplots_adjust()	调整子绘图区域的布局

（1）figure() 函数创建一个全局绘图区域，并且使它成为当前的绘图对象，figsize 参数可以指定绘图区域的宽度和高度，单位为英寸（1 英寸 =2.54 厘米）。绘图之前不调用 figure()，会自动创建一个默认的绘图区域。

（2）subplot() 用于在全局绘图区域内创建子绘图区域，其参数表示将全局绘图区域分成指定行和列，并在 plot_ number 位置生成一个坐标系。例如：

```
plt.subplot(324)
```

全局绘图区域被分割成 3×2 的网格，在第 4 个位置生成了一个坐标系。

（3）axes() 默认创建一个 subplot(111) 坐标系，其参数 rect=[左,底,宽,高] 中的范围都为 [0,1]，表示坐标系与全局绘图区域的关系；axisbg 可用来设置背景色，默认为 white。

7.2.4 【典型案例】：三维图形和 4 种子图表

本小节介绍三维图形和 4 种子图表程序设计，通过以下案例介绍它们的应用。

【例 7.5】根据三维（x, y, z）数据绘制图形。

代码如下（d3sincos.py）：

```
import numpy as np
import matplotlib.pyplot as plt
fig = plt.figure()
# 建立一个三维坐标系
ax1 = plt.axes(projection='3d')

n = 5
z = np.linspace(-n, n, 10*n)
x = n * np.sin(z)
y = n * np.cos(z)

# 进行三维绘图
ax1.plot3D(x, y, z, 'blue')

# 定义 x 与 y 的坐标
plt.xlabel("x-Auix",color="g",fontsize=12)
plt.ylabel("y-Auix",color="b",fontsize=12)
plt.title("3D Figure")
```

```
# 显示图形
plt.show()
```

运行结果如图 7.7 所示。

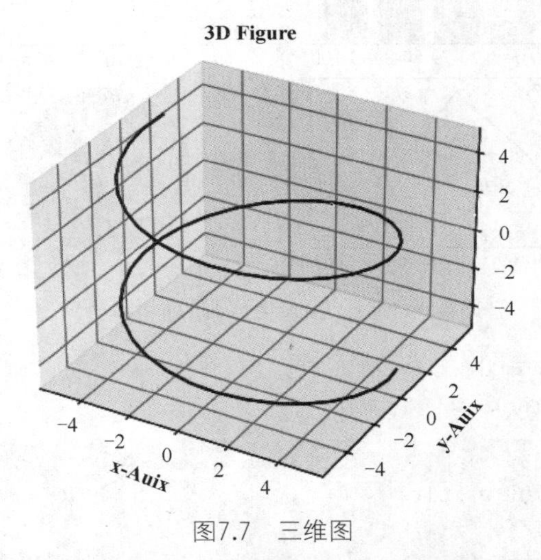

图7.7 三维图

【例 7.6】绘制学生课程成绩等级柱形图、散点图、折线图和饼图。

在 plot 子绘图区域直接绘图，代码如下（plotSub1.py）：

7-4 【例 7.6】

```
import matplotlib.pyplot as plt
import numpy as np

grade = ['<60', '60～69', '70～79', '80～89', '90～100']
nScore1 = [3, 15, 24, 12, 8]
nScore2 = [2, 25, 14, 16, 3]

plt.figure(figsize=(10,6))
plt.subplot(2,2,1)                # 构建 2×2 张图中的第 1 张子图
plt.bar(grade, nScore1)           # 柱形图
plt.bar(grade, nScore2)

plt.subplot(2,2,2)
plt.scatter(grade, nScore1)       # 散点图
plt.scatter(grade, nScore2)

plt.subplot(2,2,3)
plt.plot(grade, nScore1)          # 折线图
plt.plot(grade, nScore2)

plt.subplot(2,2,4)
plt.pie(nScore1,labels=grade,radius=1.2,autopct='%1.1f%%',explode=[0,0,0.1,0,0])
                                  # 饼图
plt.suptitle('学生课程成绩等级分布',fontname='SimHei',fontsize=18)
plt.show()
```

运行结果如图 7.8 所示。

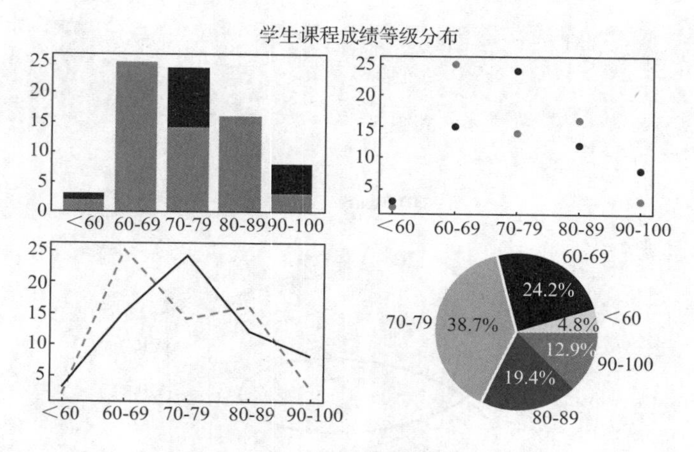

图7.8　figure直接绘制4种子图表

【例 7.7】采用子图对象绘图。

代码如下（plotSub2.py）：

7-5 【例 7.7】

```
import numpy as np
import matplotlib.pyplot as plt

fig = plt.figure(figsize=(6,6))                    # 建立一个大小为 6×6 的画板
# 在 fig 画板上创建两个子绘图区域
ax1 = fig.add_subplot(211)                         # 在画板上添加 2 行 1 列个画布的第 1 个子绘图区域
ax2 = fig.add_subplot(212)

girl = plt.imread("形体动作 01.jpg")                # 图（a）
ax1.imshow(girl)                                   # 图（a）

n = 60
x = np.random.rand(n)*80                           # 生成 60 个 0 ～ 80 的随机数放入 x 数组
y = np.random.rand(n)*100
n1 = np.random.rand(n)                             # 生成 60 个 0 ～ 1 的随机数放入 n1 数组
n2 = np.random.rand(n)
area = np.pi * (15 * n1)**2                        # 60 个半径为 0 ～ 15 的圆的面积放入 area 数组
color = 2 * np.pi * n2                             # 60 个 0 ～ 2π 的随机数放入 color 数组
ax2.scatter(x, y, s=area, c=color, alpha=0.5, cmap=plt.cm.hsv)  # 图（b）

plt.show()
```

运行结果如图 7.9 所示。

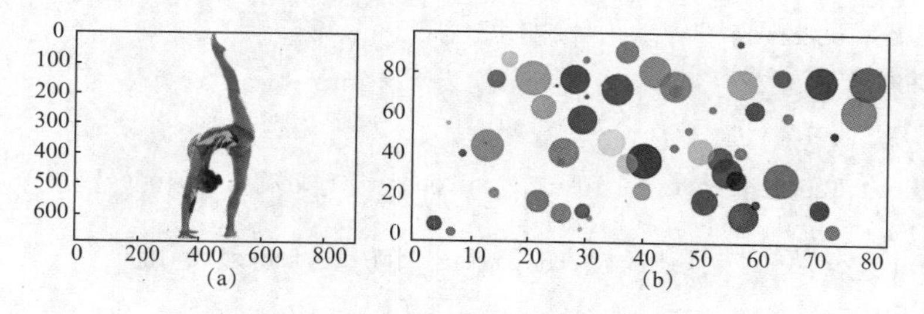

图7.9　采用子图对象绘图

7.3 图形界面设计

前面所举例的程序，都是用 Python 内置的 input() 函数接收输入、print() 函数输出结果，采用命令运行方式，这在学习 Python 语言及其程序设计初期是可以的（也够用）。但在实际应用开发中，即使是编写规模不大的程序，也建议采用图形用户界面（Graphical User Interface，GUI）作为输入输出的交互接口，以增强易用性和改善用户体验。

Python 常见的 GUI 库包括 wxPython、PyQt 和 Tkinter，用它们可以开发出具有图形界面的 Python 应用程序。其中，Python 自带的 Tkinter 是跨平台（Windows、UNIX 和 macOS）的 GUI 库。下面介绍 Tkinter 图形界面程序设计。

7.3.1 图形界面控件

Python 是面向对象的程序设计语言，图形界面编程就是面向对象编程，对象包括属性、事件和方法。Tkinter 模块中的窗口和各种控件称为类，由类创建对象并命名。

1. 窗口

窗口是容器，用于放置控件，窗口及放在其中的控件都是对象。调用窗口对象的方法，可以修改主窗口默认的属性。窗口的主要方法如表 7.11 所示。

表 7.11 **窗口的主要方法**

函数	功能说明
rtitle('标题文本')	修改窗口的标题
resizable(0,0)	圆括号中的两个参数都为 0，表示窗口不能改变大小
geometry('长度 x 宽度 '+ 与屏幕左边距离 + 与屏幕顶部距离)	指定窗口的大小，单位可以是像素、厘米和英寸
quit()	退出窗口
update()	刷新窗口

Tkinter 窗口使用 Tk 接口创建。可以同时创建多个窗口，并将其中一个作为主窗口。

（1）创建主窗口。

使用 Tk 接口创建 GUI 程序的主窗口界面：

```
窗口名 = Tk()
```

（2）调用窗口对象的方法如下：

```
m = Tk()
m.title('计算圆面积')
m.geometry('300x150')
```

2. 控件

Tkinter 库提供很多控件供用户在 GUI 应用程序中使用，常用的控件如表 7.12 所示。

表 7.12 **Tkinter 库提供的常用控件**

控件	名称	功能
Label	标签	显示单行文本和位图
Message	消息控件	显示多行文本
Entry	输入框	输入和显示单行文本
Text	文本框	输入和显示多（单）行文本

续表

控件	名称	功能
Button	按钮	单击执行代码完成特定功能
Listbox	列表框	选择字符串列表
Checkbutton	复选框	在多个项中选择一个或者多个项
Radiobutton	单选按钮	在多个项中选择一个项

（1）控件的属性

每个控件都有若干个属性，用于描述它的特征和状态。在创建时设置它的属性，在程序运行时就会表现出来；在创建时不设置它的属性，则采用默认值。在程序运行时改变有关对象的属性也会通过显示等方式表现出来。有一些属性是所有控件都具有的，如表 7.13 所示。

表 7.13　　Tkinter 控件的标准属性

属性	描述
anchor	控制内容的位置：N（上）、NE（右上）、E（右）、SE（右下）、S（下）、SW（左下）、W（左）、NW（左上）、CENTER（中）。默认值是 CENTER
foreground / fg	前景色：颜色名或 RGB 格式。具体参考附录 D
background / bg	背景色：颜色名或 RGB 格式
font	字体：（字体名，字号，'bold'，'italic'），其中 'bold' 为加粗，'italic' 为倾斜
width、height	宽度和高度
borderwidth / bd	边框的宽度。默认值与特定平台相关。但通常是 1 或 2 像素
image、bitmap	图像和位图
padx、pady	x 轴间距和 y 轴间距，以像素为单位，默认为 1
text	显示文本（可以包含换行符 \n）
textvariable	显示可变文本。赋值内容是 StringVar() 初始化的变量
relief	控件的边框形式。有些控件的边框默认是不可见的。如果是三维形式的边框，可以是 SUNKEN、RIDGE、RAISED 或 GROOVE；如果是二维形式的边框，可以是 FLAT 或 SOLID

控件对象放在窗口中，创建窗口后就可以创建控件对象。

在创建好程序主窗口后，就可以使用下面的语句加入其中的控件对象，主窗口是它们的容器。

```
控件对象名 = 控件名(窗口名, 属性= 值, …)
```

每一个控件又会根据控件的功能具有特有属性。常用控件的主要特有属性在后面分别介绍。

（2）控件的方法

每个控件包含若干个方法，用于完成特定功能，采用下列方式进行引用：

```
控件对象名.方法名()
```

常用方法如下。

configure(属性 = 值)：修改控件对象属性的值。

（3）控件的事件

每个控件包含若干个事件。

- 常用事件对应的标识符号如下。

<Button-1>：单击。

<Button-3>：右击。

<Double-Button-1>：双击。

<B1-Motion>：移动鼠标指针。
<Enter>：鼠标指针移入控件（放到控件上面）。
<Leave>：鼠标指针移出控件。
<FocusIn>：控件获得焦点。
<FocusOut>：控件失去焦点。
<Key>：键盘按下。
<Return>、<BackSpace>、<Escape>、<Left>、<Up>、<Right>、<Down>：键盘上对应键。
<Configure>：控件属性改变。

- 指定事件发生时执行的程序。

在创建控件时通过属性（如 command）指定：

```
def 函数名 ():
    …
控件对象名 = 控件名 ( 窗口名 , …, command= 函数名 )
```

例如：

```
def calc()
    …
bname = Button(m, text='计 算', command=calc)
```

在创建控件后绑定：

```
def 函数名 (event):
        …
    控件对象名 = 控件名 ( 窗口名 , …)
    控件对象名 .bind('事件对应标识符', 函数名 , …)
```

当事件发生时就会执行对应该事件编写的程序，所以图形界面程序代码主要就分布在各个事件对应的程序中。

例如：

```
def calc(event)
    …
bname = Button(m, text='计 算')
bname.bind('<Button-1>', calc)
```

也可以对应该事件执行系统方法，如单击控件对象，退出窗口：

```
控件对象名 = 控件名 ( 窗口名 , …, command= 窗口名 .quit)
```

3. 控件在窗口中布局

将控件对象添加进窗口时需要指定控件对象在窗口中的位置，这就需要用到布局方法。布局方法包括包（pack()）、网格（grid()）和位置（place()）。

例如，将某个控件在窗口中靠右放置：

```
控件对象名 .pack(side = RIGHT)
```

主窗口可以包含容器，如框架容器。控件不仅可在窗口中直接布局，也可在容器里布局，这种方式一般用在设计界面较为复杂的应用程序时。

还可在创建控件对象的同时实现布局，这样就不需要再专门布局。例如：

```
控件对象名 = 控件名 ( 窗口名 , 属性 = 值 , …,).pack(side = RIGHT)
```

关于每一种布局方法参数的意义将在应用控件时分别介绍。

4. 开启消息循环

在设计并布局好 Tkinter 窗口上的全部控件后，必须使用下面的语句开启窗口的消息循环，这样窗口才能随时对用户的操作做出响应：

```
mainloop()
```

7.3.2 标签和包布局

标签（Label）是常用的信息提示控件，包（pack()）布局是常用的布局方式。

1. 标签

标签主要用于显示提示信息，由背景色和前景色两部分组成，其中背景包括区域、填充区、边框，分别通过 width/height、padx/pady 和 borderwidth 设置，如图 7.10 所示。

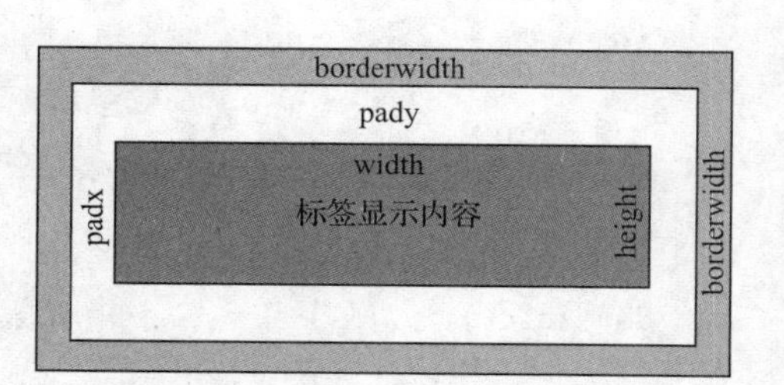

图7.10 标签主要属性位置

标签除了可以用来显示文本之外，还可以用来显示图片。

2. pack() 布局

pack() 布局默认根据先后顺序从上到下依次排列控件。pack() 布局参数如表 7.14 所示。

表 7.14 pack() 布局参数

参数	说明
side	指定放置窗口位置，为 TOP、BOTTOM、LEFT、RIGHT、CENTER，小写需要指定格式串
fill	指定控件在 x（水平）、y（垂直）、both（同时在两个方向上）进行拉伸以占满剩余位置
ipadx, ipady	与 fill 共用，表示组件文本与组件边框的距离（内边距）
padx,pady	用于控制组件之间的左右、上下的距离（外边距）

【例 7.8】图形界面窗口、标签和 pack() 布局程序设计。

代码如下（LableTest.py）：

```
from tkinter import *                      # 导入 Tkinter 模块
m = Tk()                                   # 说明（1）
m.title('第一个 Tkinter 程序')              # 说明（2）
lab1 = Label(m,                            # 说明（3）
   justify = LEFT,                         # 标签文本内容左对齐
   text = "Hello!\nI love Python!",        # 设置显示文本内容，\n 表示换行
   padx = 15)                              # 文本沿窗口 x 轴方向的外边距为 15
lab1.pack(side = RIGHT)                    # 说明（4）
mainloop()                                 # 说明（5）
```

运行程序，如图 7.11 所示。

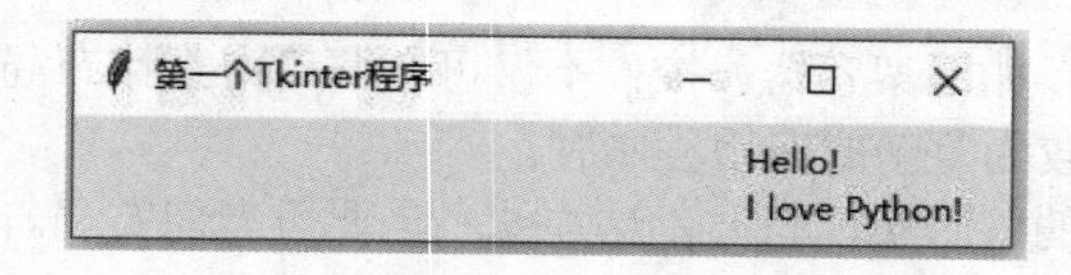

图7.11 第一个Tkinter程序

说明

（1）m = Tk()：创建窗口对象，对象名为m。对象需要创建才能使用，窗口和控件可以创建多个对象。

（2）m.title('第一个Tkinter程序')：设置m对象窗口的标题。也就是对m对象的title属性赋值“'第一个Tkinter程序'”字符串。

（3）lab1 = Label(m,…)：在m中创建一个文本标签对象，同时设置该对象的3个属性值。

（4）lab1.pack(side = RIGHT)：将lab1标签对象布局到m窗口的右边。并在这时执行lab1控件对象的pack()方法。

pack()布局默认添加的第1个控件在最上方，然后依次往下方添加。

（5）mainloop()：系统开始接收窗口消息。只有当系统执行该语句后，用户在窗口中操作界面控件对象的事件才能被响应。

【例7.8续】对【例7.8】进一步扩展，标签采用图片并改变文本的字体和颜色。

代码如下（LabelTestx.py）：

```
from tkinter import *
m = Tk()
m.title('第一个Tkinter程序')
myimage = PhotoImage(file = 'python.gif')          # 载入背景图资源
lab1 = Label(m,
    image = myimage,                               # 设置图片属性
    compound = TOP,                                # 设置图片在文本顶部
    justify = CENTER,                              # 设置文本位置居中
    text = "Hello!\nI love Python!",
    font = ("方正舒体", 12),                        # 设置标签文本字体、字号
    fg = "green"                                   # 设置标签文本颜色
)
lab1.pack(side = RIGHT)                            # 标签放窗口右边
mainloop()
```

运行程序，如图7.12（a）所示。

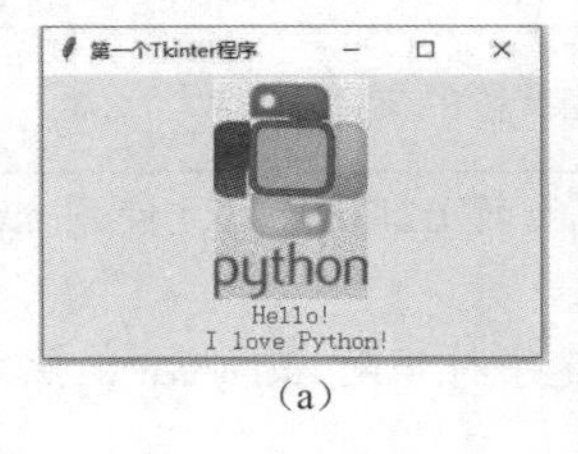

（a）

（b）

图7.12 扩展的第一个Tkinter程序

说明

如果要在标签上显示图片，则需要载入背景图资源到变量中，且创建标签时需要设置标签图片属性（image）、图片在标签中与文本内容的相对位置（compound）。如果没有设置compound属性，则图片会取代标签文本，如图7.12（b）所示。

7.3.3 按钮应用

按钮（Button）控件是实现程序与用户交互的主要控件。用户通过单击按钮（事件）来执行回调函数，是Button控件的主要功能。首先自定义一个函数或者方法，在创建按钮对象时通

过 command 参数将函数与按钮关联起来（也可创建按钮对象后使用 bind() 方法绑定）。在程序执行时，用户单击这个按钮，Tkinter 就会自动调用定义的函数。

按钮的 justify 属性指定多行文本的对齐方式，其参数值有 LEFT、RIGHT、CENTER。另外，可以为 Button 控件添加一张背景图片。

【例 7.9】Tkinter 图形界面包含事件程序设计演示。

代码如下（buttonTest.py）：

```
from tkinter import *
# 说明（1）定义函数
def b1Func():
   myvar.set('你好，\n 我喜欢 Python!')
m = Tk()
m.title('第二个 Tkinter 程序')
# 说明（2）定义字符串对象，然后设置初值
myvar = StringVar()
myvar.set( "Hello!\nI love Python!")
# 说明（3）
lab1 = Label(m,
   textvariable = myvar,
   justify = LEFT,
   padx = 15)
# 说明（4）在 m 中创建一个命令按钮 b1
b1 = Button(m, text = "修改内容", command = b1Func)
# 标签 lab1 布局在 m 窗口右边，按钮 b1 布局在 m 窗口左边
lab1.pack(side=RIGHT)
b1.pack(side=LEFT)
mainloop()
```

运行程序，单击“修改内容”按钮，改变右边标签的文字内容，如图 7.13 所示。

图7.13 单击按钮改变标签的文字内容

（1）def b1Func()：用户自定义函数 b1Func()，使用 myvar.set('...') 语句以实现修改 myvar 字符串对象的值。

（2）myvar = StringVar()：创建字符串对象 myvar，然后用 myvar.set('...') 对 myvar 字符串对象赋初值。

（3）lab1 = Label(m, textvariable = myvar, ...)：创建标签对象 lab1，标签显示的内容通过 textvariable 属性提供，该属性可从字符串对象中获取值。

（4）b1 = Button(m, text = "修改内容", command = b1Func)：创建按钮对象 b1，command 属性指定单击事件对应要执行的函数名称。

7.3.4 文本框和位置布局

文本框（Text）是用于接收输入数据的主要控件，位置（place()）布局可以对控件对象进行精确布局。

1. 文本框

文本框可获取输入数据，也可显示数据。文本框获取的输入数据一般为1行，也可以包含多行字符串，行和行内位置如图7.14所示。

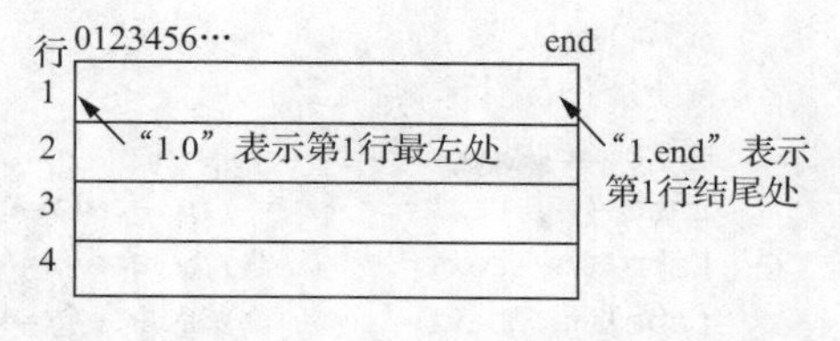

图7.14 文本框获取字符串的行和行内位置

使用文本框获取字符串可采用如下方式：

```
文本框对象名.get(起始位置，结束位置)
```

例如myText.get('1.0','1.end')表示获取第1行的第0个字符到最后一个字符，也就是第1行的所有字符。

可以采用如下方式将需要显示的内容插入文本框中：

```
文本框对象名.insert(INSERT, 插入内容表达式)
```

2. place()布局

place()布局可以直接指定控件在窗口中的位置，或者相对于其他控件定位的位置，窗口左上角为(x=0, y=0)。它还可指定对象的宽度和高度，包括其绝对大小和相对数值，参数如表7.15所示。

表7.15 place()布局参数

参数	说明
x、y	在窗口中水平向右（x）和垂直向下（y）的起始位置
relx、rely	对象位置相对于所在窗口宽度和高度的比例，取值范围为0.0～1.0
height、width	对象本身的高度和宽度
relheigh、relwidth	对象尺寸相对于所在窗口高度和宽度的比例，取值范围为0.0～1.0
justify	对齐方式，比如LEFT、RIGHT、CENTER，默认为CENTER
anchor	控件在窗口内的方位

【例7.10】设计计算圆周长和面积的程序。

place()布局窗口运行后的界面如图7.15所示。

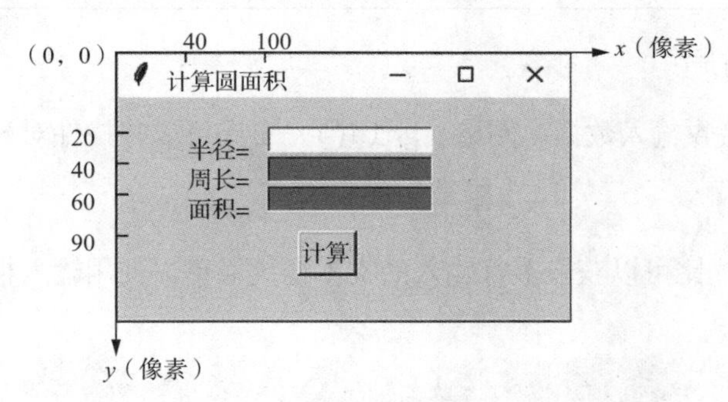

图7.15 place()布局窗口运行后的界面

7-6【例7.10】

代码如下（circle_cal.py）：

```
from tkinter import *
def calc(event):                          # 定义计算圆周长和面积的函数
    r1 = int(r.get('1.0','1.end'))        # 说明（1）从r文本框中获取数据并将其转换为整数
    if r1 >= 0:
        length1 = 2*3.14159*r1
        area1 = 3.14159*r1*r1
        length.insert(INSERT, length1)    # 把变量length1值插入length文本框
        area.insert(INSERT, area1)        # 把变量area1值插入area文本框
```

```
m = Tk()
m.title('计算圆面积')
m.geometry('300x150')
Label(m, text='半径 =').place(x=40,y=20)  # 创建标签的同时使用 place() 布局
Label(m, text='周长 =').place(x=40,y=40)
Label(m, text='面积 =').place(x=40,y=60)
r = Text(m, width=15,height=1)
length = Text(m, background='Silver', width=15,height=1)
                                         # 说明（2）
area = Text(m, background='Silver', width=15,height=1)
r.place(x=100,y=20)
length.place(x=100,y=40)
area.place(x=100,y=60)
bname = Button(m, text='计 算')                # 说明（3）
bname.bind('<Button-1>', calc)              # 说明（3）
bname.place(x=120,y=90)
mainloop()
```

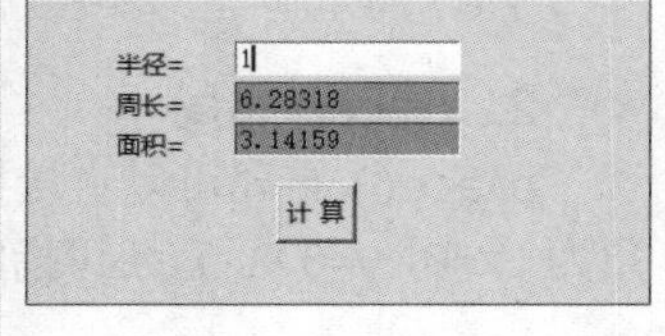

图7.16 计算半径为1的圆的周长和面积

运行程序，如图 7.16 所示。

（1）r1 = int(r.get('1.0','1.end'))：获得 r 文本框第 1 行从第 0 个字符开始到结束（1.end）的字符，然后将其转换为整数赋值给 r1 变量。

（2）length = Text(m, background='Silver', width=15,height=1)：创建文本框对象，一行显示 15 个字符，背景颜色为银白色（'Silver'）。周长和面积文本框的背景颜色与半径文本框的不同，以区分它们显示的是计算结果。

（3）先创建“计算”命令按钮 bname，然后为其绑定单击事件（<Button-1>）处理函数 calc。

7.3.5 输入框和网格布局

输入框（Entry）也用于接收输入数据。网格（grid()）布局可以将控件对象布局在网格单元格中。

1. 输入框

输入框用于获取单行文本，比可以获取多行输入的文本框更简单。使用输入框获得内容的方式如下：

```
输入框对象名 .get()
```

2. grid() 布局

grid() 布局就是把控件放在网格单元格中，单元格的行（row）和列（col）由用户指定，如图 7.17 所示。

row=0，col=0	row=0，col=1	row=0，col=2	row=0，col=3
row=0，col=0	row=1，col=1	row=1，col=2	row=1，col=3
row=2，col=0	row=2，col=1	row=2，col=2	row=2，col=3

图7.17 grid()布局的单元格的行（row）和列（col）

grid() 布局参数如表 7.16 所示。

表 7.16　　grid() 布局参数

参数	说明
row=x、column=y	将控件放在 x 行、y 列的位置。默认从 0 行 0 列开始
padx、pady	设置控件沿水平和垂直方向的外边距
ipadx、ipady	设置内边距，在单元格内部，指定左右、上下方向上填充的空间
rowspan	控件行数，默认为 1 行，可以合并一列中多个邻近单元格
columnspan	控件列数，默认为 1 列，可以合并一行中多个邻近单元格
sticky	设置控件沿着单元格的方位布局，参数值和 anchor 的相同，若不设置该参数则控件在单元格内居中

【例 7.11】登录功能界面程序设计。

登录功能界面设计如图 7.18 所示。

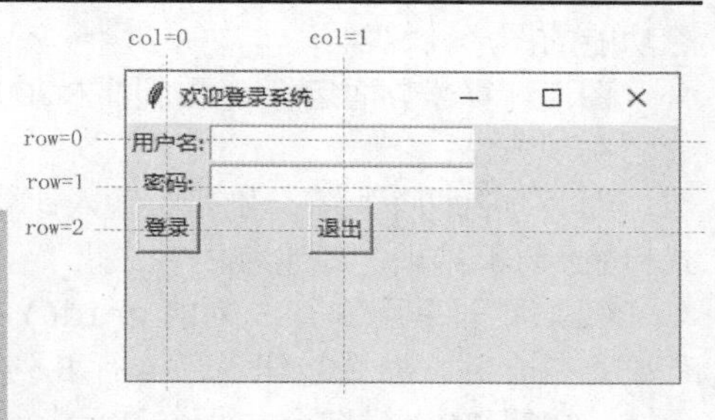

图7.18　登录功能界面设计

代码如下（login.py）：

```
from tkinter import *
import tkinter.messagebox # 导入 Tkinter 模块的
messagebox 子模块

def onClick():        # “登录”按钮的单击事件函数
    name = bname.get() # 从 bname 输入框中获取用户名
    pwd = bpwd.get()  # 从 bpwd 输入框中获取密码
    if (name == 'zhou' and pwd == '123'): # 判断用户名和密码是否相符
        # 相符，对话框显示“登录成功！”消息
        tkinter.messagebox.showinfo(title='提示', message='登录成功！')
    else:
        # 不相符，对话框显示“输入错误！”消息
        tkinter.messagebox.showerror(title='提示', message='输入错误！')

m = Tk()
m.title('欢迎登录系统')
m.geometry('300x150')                              # 设置窗口大小
Label(m, text='用户名：').grid(row=0, column=0)   # 添加用户名标签
Label(m, text='密码：').grid(row=1, column=0)     # 添加密码标签
bname = Entry(m)                                   # 添加用户名输入框
bname.grid(row=0, column=1)                        # 设置用户名输入框的位置
bpwd = Entry(m, show='*')                          # 将输入的密码显示为 *
bpwd.grid(row=1, column=1)
Button(m, text='登录', command=onClick).grid(row=2, column=0)
                                                   # 添加“登录”按钮
Button(m, text='退出', command=quit).grid(row=2, column=1)
                                                   # 添加“退出”按钮
mainloop()
```

运行程序，效果如图 7.19 所示。

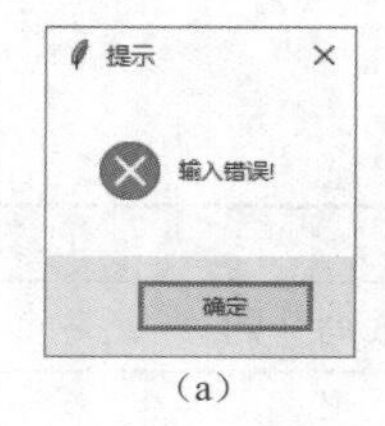

（a）

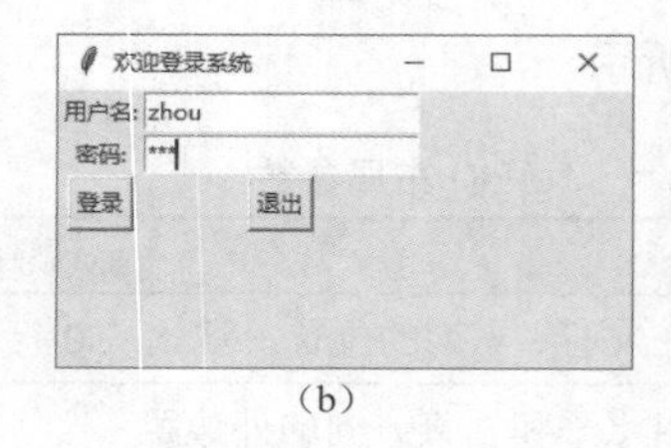

（b）

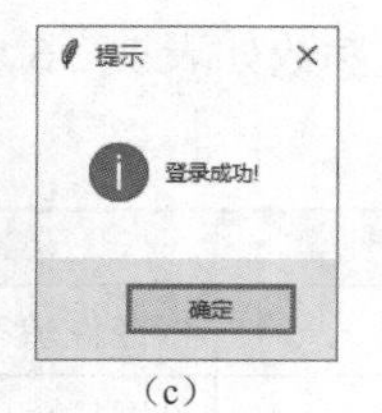

（c）

图7.19　登录程序运行效果

7.3.6 【典型案例】：图形计算器

本小节介绍图形计算器的程序设计，帮助读者初步熟悉图形界面程序设计。

【例 7.12】设计一个简单的、具有加减乘除功能的图形计算器。

图形计算器界面运行效果如图 7.20 所示。

实现方法：

（1）顶部两个标签分别接收输入计算表达式和显示计算结果，其他为命令按钮。

（2）界面采用 6 行 5 列的 grid() 布局。顶部两行把所有单元格合并。命令按钮占用 4 行 5 列，每个按钮占一个单元格，按钮“0”横向合并两个单元格，按钮“=”纵向合并两个单元格。

7-7【例 7.12】

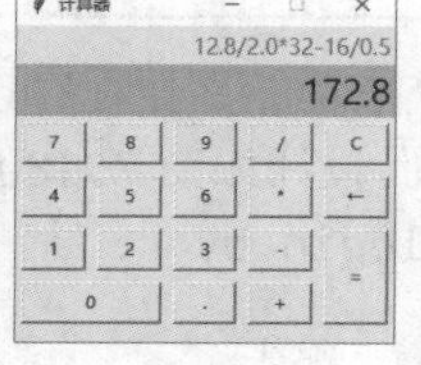

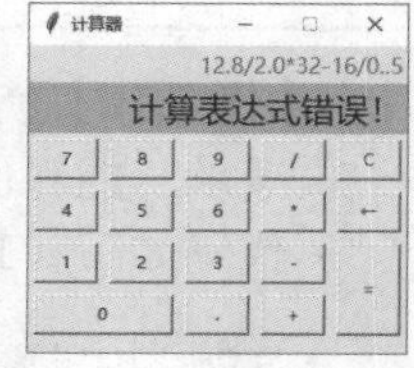

图7.20　图形计算器界面运行效果

（3）用一个自定义函数创建命令按钮，同时指定单击按钮时执行的自定义函数。

（4）输入错误，显示错误信息。

代码如下（calculator.py）：

```
from tkinter import *
master = Tk()
master.geometry('265x225')
master.title('计算器')
master.resizable(0,0)

inputstr = ''                                    # 初始输入框为空
opt_is = False                                   # 上一次按运算符按钮，该变量为 True

# 说明（1）创建和 grid() 布局按钮共用的函数
def new_btn(btxt,brow,bcol,rsp,csp):
   Button(master, text=btxt, width=5, \
          command=lambda:(input_operand(btxt))) \
          .grid(row=brow, column=bcol, rowspan=rsp, \
          columnspan=csp, sticky=N+S+W+E, padx=(4,4), pady=(4,4))
# 说明（2）创建输入框和显示计算结果框
input_lbl = Label(master, text='', fg='grey', font=('微软雅黑',12), \
   anchor='e', relief='flat')
output_lbl = Label(master, text='0',bg='#ABCE99', font=('微软雅黑',18), anchor='e',relief=
'flat')
# 使用 grid() 布局输入框和显示计算结果框
input_lbl.grid(row=0, column=0, columnspan=5, sticky='we')
output_lbl.grid(row=1, column=0, columnspan=5, sticky='we')
```

```
# 说明（3）创建第1行按钮
new_btn('7',2,0,1,1); new_btn('8',2,1,1,1); new_btn('9',2,2,1,1)
new_btn('/',2,3,1,1); new_btn('C',2,4,1,1)
# 创建第2行按钮
new_btn('4',3,0,1,1); new_btn('5',3,1,1,1); new_btn('6',3,2,1,1)
new_btn('*',3,3,1,1); new_btn('←',3,4,1,1)
# 创建第3行按钮
new_btn('1',4,0,1,1); new_btn('2',4,1,1,1); new_btn('3',4,2,1,1)
new_btn('-',4,3,1,1); new_btn('=',4,4,2,1)
# 创建第4行按钮
new_btn('0',5,0,1,2); new_btn('.',5,2,1,1); new_btn('+',5,3,1,1)

# 说明（4）单击按钮共用处理函数
def input_operand(x):
    global inputstr,opt_is
    # 如果单击非"="号
    if x != '=':
        if x == 'C':                                      # 单击"C"，清除所有内容
            inputstr = ''
            input_lbl.configure(text=inputstr)
            output_lbl.configure(text='0')
            opt_is = False
        elif x == '←':                                    # 单击"←"，删除前一个输入字符
            inputstr = inputstr[0:-1]
            input_lbl.configure(text=inputstr)
            opt_is = False
        elif (x == '/')|(x == '*')|(x == '-')|(x == '+'): # 单击"+" "-" "*" "/" 按钮
            if inputstr == '':                            # 起始位置，不响应
                pass
            elif opt_is == True:                          # 连续单击，覆盖前一个
                inputstr = inputstr[0:-1] + x
            else:                                         # 正常单击，加入表达式中
                inputstr = inputstr + x
                opt_is = True
                input_lbl.configure(text=inputstr)
        else:                                             # 单击数字字符，加入表达式中
            inputstr = inputstr + x
            input_lbl.configure(text=inputstr)
            opt_is = False
    # 单击"="号
    else:
        try:
            # 说明（5）计算表达式的值，显示结果
            output_lbl.configure(text=eval(inputstr))        # 计算表达式的值，并显示结果
        except(ZeroDivisionError):                        # 计算表达式异常：含/0
            output_lbl.configure(text='被0除错误！')
        except(SyntaxError):                              # 连续多次单击"="按钮
            output_lbl.configure(text='计算表达式错误！')
        opt_is = False

mainloop()
```

（1）创建和 grid() 布局按钮共用函数。

```
def new_btn(btxt,brow,bcol,rsp,csp):
Button(master, text=btxt, width=5, \
       command=lambda:(input_operand(btxt))) \
       .grid(row=brow, column=bcol, rowspan=rsp, \
       columnspan=csp, sticky=N+S+W+E, padx=(4,4), pady=(4,4))
```

- 创建 new_btn() 自定义函数，参数为 btxt、brow、bcol、rsp、csp。
- 创建 Button 对象，加入 master 主窗口，按钮显示 text 为函数参数 btxt，按钮宽度 width 默认为 5。单击按钮（command）执行自定义函数 input_operand(btxt)。
- 采用 grid() 布局，函数参数 brow、bcol、rsp、csp 指定布局单元格的行、列以及行合并、列合并个数。

- padx=(4,4)、pady=(4,4) 指定控件沿水平和垂直方向各留 4 像素，每个按钮宽度默认为 5，sticky=N+S+W+E 指定按钮在网格单元格中上下左右对齐，这样就可使“0”按钮横跨两列，并且与两个按钮对齐。

（2）创建输入框和显示计算结果框采用标签，设置字体、字符颜色和背景色。“row=0, column=0, columnspan=5”表示从 0 行 0 列开始合并 5 列。

（3）分别调用 new_btn(btxt,brow,bcol,rsp,csp) 函数创建各行按钮，指定按钮显示字符网格位置和合并单元格。

（4）运行时，单击按钮执行的共用处理函数。

如果单击非“=”按钮，则分别实现“C”按钮、“←”按钮、“+”“-”“*”“/”按钮、“0”“1”……“9”数字按钮功能。

如果单击“=”按钮，则通过 try...except... 计算表达式的值。

（5）eval(inputstr) 计算 inputstr 标签内表达式的值。

如果计算出现异常，如果是被 0 除，在显示结果标签中显示“被 0 除错误！”，否则（如连续多次单击“=”按钮）显示“计算表达式错误！”。

【实训】

一、绘图模块实训

1. 按照下列要求修改、运行并调试【例 7.1】中的代码。

（1）画 3 个圆，线条加粗为原来的 2 倍。

（2）画奥运五环。

2. 按照下列要求修改、运行并调试【例 7.2】中的代码。

（1）将“2”“3”“4”“8”“9”“10”文字位置适当向外调整。

（2）将时钟变大，时、分、秒指针加粗一倍，长度适当加长。

（3）用 time.sleep(1) 控制延时 1s。要使时、分、秒指针看上去是连续运行的，该如何调整？

（4）采用函数嵌套调用实现时、分、秒指针动态刷新。

二、图表处理模块实训

1. 按照下列要求修改、运行并调试【例 7.3】中的代码。

（1）箭头标注指向中点位置，内容为 $y=x^2$。

（2）在图上加画 $y=1/x$ 图像。

（3）图标题、x 和 y 轴标签采用中文显示。

2. 按照下列要求修改、运行并调试【例 7.4】中的代码

（1）π 用 np.pi 实现。

（2）$cos(x^2)$ 和 $exp(-x)$ 图像的线条改成细实线。

（3）阴影范围改为 x=0 ～ π。

（4）x 终点坐标修改为 5/3π。

3. 将【例 7.6】子图改成 4 行 1 列，同步调整画布大小。在柱形图中，两门课程的成绩分别显示柱形，运行并调试程序。

4. 将【例 7.6】两张子图分别画成两张图，并且设置图大小为（8, 6）。将柱形图上加上连线，将颜色设置为蓝色。将饼图删除缝隙，加阴影。

三、图形界面设计实训

1. 在界面运算符（“/”“*”“-”“+”）按钮右侧增加一列按钮“%”（取余）、“^”（乘方）、“√”（开方），并实现相应的功能。

2. 加入重复“.”按钮的异常处理。

3. 删除“.”按钮，程序改为只支持输入整数，并调整“+”按钮使其占两列。

4. 起始时允许用户单击“-”按钮，以输入负数。

【习题】

一、选择题

1. 在 turtle 库中将画笔移动 x 像素的语句是（　　）。

   A. turtle.forward(x)　　B. turtle.circle(x)

   C. turtle.right(x)　　D. turtle.left(x)

2. turtle.circle(50,180) 的执行效果是（　　）。

   A. 绘制一个半径为 50 的圆　　B. 绘制一个直径为 50 的半圆

   C. 绘制一个半径为 50 的圆，分 3 次画完　　D. 绘制一个半径为 50 的半圆

3. turtle.reset() 方法的作用是（　　）。

   A. 撤销上一个 turtle 动作

   B. 清空画笔的状态

   C. 清空 turtle 窗口，重置 turtle 状态为起始状态

   D. 设置 turtle 图形可见

4. 设置 turtle 画笔向左前方移动的函数可能是（　　）。

   A. turtle.left()

   B. turtle.left()、turtle.fd()

   C. turtle.penup()、turtle.fd()

   D. turtle.circle()、turtle.penup()

5. 设置 turtle 窗口大小的函数是（　　）。

   A. turtle.setup()　　B. turtle.window()

   C. turtle.shape()　　D. turtle.pensize()

6. 在 turtle 坐标体系中，(0,0) 坐标位于窗口的（　　）。

   A. 左下角　　B. 正中央　　C. 左上角　　D. 右上角

7. Matplotlib 最擅长绘制（　　）。

   A. 2D 图像　　B. 3D 图像　　C. 2D 图表　　D. 3D 动画

8. 以下增加子图的方案中，表示“add_subplot(233)”的是（　　）。

A.

B.

C.

D.

9. Tkinter 包括（　　）。

A. 窗口　　B. 控件　　C. 对象　　D. 类

10. Tkinter 用户实现功能代码在（　　）中。

A. 属性　　B. 方法　　C. 事件　　D. 窗口

二、填空题

1. 采用 turtle，在 (x1,y1) 和（x2,y2）之间画一条直线使用 ____________。

2. 创建一个绘图对象使用 ________ 函数。

3. 用形如“myaxs.plot(x, y, "…", label = "$…$", linewidth = …)”的绘图语句画出一条线型为红色虚线、线宽为 1.8、标注文本为“sinx”的正弦曲线，该语句应写为：________。

4. 若要使用 Matplotlib 库中的全部类，需要使用的导入语句为 ____________。

5. 使 Matplotlib 图表标注中显示中文的语句是 ____________。

6. Matplotlib 中最常用的子库是 ________。

7. 为图表添加坐标轴通过 ________ 的 add_axes() 函数实现。

8. 绘图后使用 ______ 函数为其添加图例标注。

9. Tkinter 中仅显示内容的控件包括 ________，支持单行输入的控件为 ________，支持多行输入的控件为 ________。

10. Tkinter 显示图像的控件包括 ________ 和 ________。

11. Tkinter 在创建控件对象时除了绑定事件处理函数还可以采用 ________。

12. Tkinter 的 Label 控件的 ____________ 属性可保存运行时可改变的内容。

三、编程题

1. 采用 turtle 画等边六边形、红色五角星、连续的 3 个方波。

2. 采用 turtle 画奥迪车 logo 和电子琴键盘。

3. 采用 Matplotlib 把 sin、cos、tan 和 cot 函数曲线绘制在 2 行 2 列的子图中。

4. 采用 place() 和 pack() 布局设计用户登录界面。

5. 采用 Tkinter，设计计算三角形面积的界面程序。

第8章 常用模块应用

目前，Python 语言有许多第三方库，应用范围广，本章介绍常用模块的应用。

8.1 文本分词、语音合成和播放

本节介绍 Python 的 3 个库，包括分词库 jieba、音频合成库 pydub 和语音播放库 PyAudio。

8.1.1 扩展库安装和基本使用

Python 扩展库需要先进行安装，然后才能使用。

1. 扩展库安装

（1）安装 jieba

直接在 Windows 命令提示符窗口联网安装：

```
C:\…>pip install jieba
```

jieba 是库名，而不是需要安装的文件名，所以，不需要事先下载该库文件。

（2）安装 pydub

下载 pydub，得到安装文件 pydub-0.25.1-py2.py3-none-any.whl，存盘后在 Windows 命令提示符窗口执行如下语句进行本地安装：

```
C:\…>pip install 文件路径 \pydub-0.25.1-py2.py3-none-any.whl
```

（3）安装 PyAudio

下载 PyAudio，选择与自己所用 Python 及计算机操作系统相适配的 PyAudio 版本，笔者使用的是 Python 3.9/64 位 Windows 10 系统，故选择下载 PyAudio-0.2.11-cp39-win_amd64.whl，存盘后在 Windows 命令提示符窗口用 pip 进行本地安装。

2. jieba 库基本使用

jieba 库的使用非常方便，如下。

（1）导入 jieba 库

只需在程序开头用语句导入 jieba 库：

```
import jieba
```

（2）调用分词函数

jieba 提供了 4 个分词函数：cut()、lcut()、cut_for_search()、lcut_for_search()，它们均接收一个需要分词的字符串作为参数。其中，cut()、lcut() 采用精确模式或全模式进行分词，精确模式将字符串文本精确地按顺序切分为一个个单独的词语，全模式则把字符串文本中所有可以成词的词语都切分出来；cut_for_search()、lcut_for_search() 采用搜索引擎模式进行分词，在精确模式的基础上对长词进一步切分。

（3）处理结果

jieba 分词的结果以两种形式返回。其中，cut()、cut_for_search() 函数返回可迭代的生成器对象；lcut()、lcut_for_search() 函数返回的是列表对象。用户可根据需要选择不同函数以得到不同形式的结果。

（4）自定义词典

jieba 默认使用内置的词典进行分词，但在某些应用场合，需要识别特殊的专有词汇，这时候就要由用户来自定义词典。自定义的词典以 UTF-8 编码的文本文件保存，其中每个词占一行（每行还可带上以空格隔开的词频和词性参数）。编程时用 load_userdict() 函数载入用户自定义的词典，这样 jieba 在分词时就会优先采用用户词典里定义好的词。

【例 8.1】分别使用 jieba 内置和自定义的词典对以下这段文字执行分词操作，并以不同形式输出结果。

206 路无人售票车开往南京站北广场东请有序排队主动让座文明乘车下一站王家湾要下车的乘客请往后门走做好下车准备

这段文字中的“南京站北广场东”“王家湾”是公交站名，不可以拆分；而“路无人售票车”“请有序排队主动让座文明乘车”“要下车的乘客请往后门走做好下车准备”都是固定模式化的公交提示语，也不宜分割。故在此应用场景下，要将它们定义为新的词汇。

（1）定义词典

在项目目录下创建文本文件 dict.txt，其中包含如下内容：

```
路无人售票车
下一站
南京站北广场东
王家湾
请有序排队主动让座文明乘车
要下车的乘客请往后门走做好下车准备
```

（2）编写程序

代码如下（jieba_test.py）：

```
import jieba
str = '206 路无人售票车开往南京站北广场东请有序排队主动让座文明乘车下一站王家湾要下车的乘客请往后门走做好下车准备'
# 使用内置词典
result1 = jieba.cut(str)                    # 调用 cut() 函数
for a in result1:
    print(a, end='; ')                      # 迭代输出
print('\n')
# 使用自定义词典
jieba.load_userdict('dict.txt')             # 载入词典
result2 = jieba.cut(str)                    # 调用 cut() 函数
```

```
for a in result2:
    print(a, end='; ')                          # 迭代输出
print('\n')
# 列表形式输出
lresult = jieba.lcut(str)                       # 调用 lcut() 函数
print(lresult)                                  # 直接输出
```

（3）运行程序

运行程序，输出结果如图 8.1 所示。

```
206; 路; 无人售票; 车; 开往; 南京站; 北广场; 东请; 有序; 排队; 主动; 让座; 文明; 乘车; 下; 一站; 王家; 湾; 要; 下车; 的; 乘客; 请; 往后; 门; 走; 做好; 下车; 准备;

206; 路无人售票车; 开往; 南京站北广场东; 请有序排队主动让座文明乘车; 下一站; 王家湾; 要下车的乘客请往后门走做好下车准备;

['206', '路无人售票车', '开往', '南京站北广场东', '请有序排队主动让座文明乘车', '下一站', '王家湾', '要下车的乘客请往后门走做好下车准备']
```

图8.1　输出结果

可见，输出结果的第一行因为用的 jieba 内置词典，把整个句子拆得四分五裂；而第二、三行改用了自定义的词典，分词结果更符合实际，便于应用。

8.1.2 【典型案例】：公交车语音播报

8-1 【例 8.2】

本小节通过公交车语音播报典型案例来介绍 Python 的语音模块。

【例 8.2】以【例 8.1】为基础，结合 Python 的 pydub 和 PyAudio 库实现一个公交车语音播报应用。

1. 录制音频

用录音软件录制音频，以 .wav 格式将音频文件保存在 audio 目录下，如图 8.2 所示。

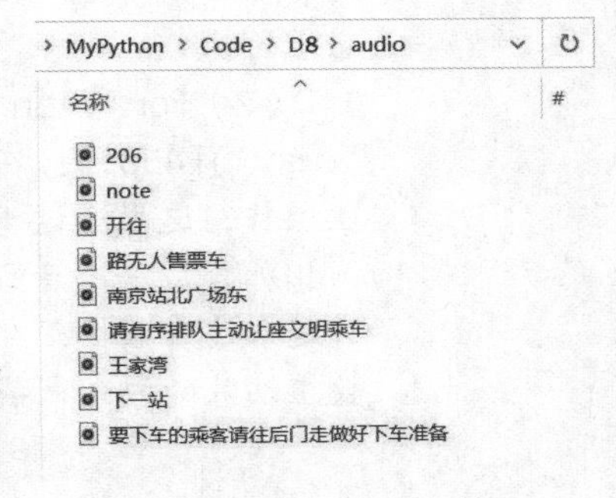

图8.2　保存音频文件

其中，note 是公交车铃音，在每段播报的开头响起。为简单起见，这里直接就将语音的内容（词汇）作为音频文件名以方便程序查找。

2. 编写程序

程序根据用户提供的文本用 jieba 分词，pydub 根据分词结果查找对应名称的所有音频文件，再将它们合成完整语音，最后通过 PyAudio 播放出来。

代码如下（busvoice.py）：

```
import jieba                                    # 导入 jieba 分词库
from pydub import AudioSegment                  # 导入 pydub 音频处理库
import pyaudio                                  # 导入 PyAudio 播放库
import wave                                     # 导入 Python 内置音频库

str = '206 路无人售票车开往南京站北广场东请有序排队主动让座文明乘车下一站王家湾要下车的乘客请往后门走做好下车准备'
# 分词操作
jieba.load_userdict('dict.txt')
result = jieba.cut(str)
lresult = jieba.lcut(str)
print(lresult)
# 合成语音
```

```
voice = AudioSegment.from_wav('audio/note.wav')               # 说明（1）
for v in result:
   voice += AudioSegment.from_wav('audio/' + v +'.wav')[450:]
                                                              # 说明（2）
voice.export('audio/voice.wav', format='wav')                 # 说明（3）
# 播放语音
busvoice = wave.open('audio/voice.wav', 'rb')                 # 说明（4）
pa=pyaudio.PyAudio()
mystream=pa.open(format=pa.get_format_from_width(
                                                              # 取样量化格式
             busvoice.getsampwidth()),
             channels=busvoice.getnchannels(),
                                                              # 声道数
             rate=busvoice.getframerate(),                    # 取样频率
             output=True)                                     # 开启输出流
chunk = 1024
while True:
   mdata = busvoice.readframes(chunk)                         # 读取音频数据
   if mdata == "":
      break
   mystream.write(mdata)
mystream.close()                                              # 关闭音频流
pa.terminate()
```

（1）voice = AudioSegment.from_wav('audio/note.wav')：AudioSegment 是 pydub 库中的一个不可变对象，它能够将一个音频文件打开，后面通过 voice 对它进行操作。

（2）for v in result:voice += AudioSegment.from_wav('audio/' + v + '.wav')[450:]：在获得 AudioSegment 实例后就可以引用它来对音频进行各种处理操作，这里通过 for 循环遍历分词结果集，将名称与其中词汇匹配的音频文件实例相加合成一个音频。由于每个单独音频的开头不可避免会有间隙，为使合成语音听起来连贯顺畅，在相加前需要对每个音频截去头部一定的时长。pydub 以 Python 数组切片的方式来截取音频片段，基本用法如下：

```
新实例名 = 原实例名 [: 终止时刻 ]                # 取起始至终止时刻的片段
新实例名 = 原实例名 [ 起始时刻 : 终止时刻 ]      # 取指定起止时间段的片段
新实例名 = 原实例名 [ 起始时刻 :]                # 取指定起始时刻之后的片段
新实例名 = 原实例名 [- 时长 :]                   # 取音频末尾特定时长的片段
```

其中，无论“起始时刻”“终止时刻”还是“时长”，皆以 ms 为单位，返回得到的仍是一个 AudioSegment 类型的对象实例，对应于截取到新音频片段的引用。本程序中 [450:] 表示取 450ms 之后的内容，即截去每个音频开头 450ms 的间隙。

（3）voice.export('audio/voice.wav', format='wav')：调用 AudioSegment 实例的 export() 方法保存处理过的结果音频，保存时必须以 format 参数指定文件的存储格式。

（4）busvoice = wave.open('audio/voice.wav', 'rb')：wave 是 Python 语言内置的音频处理类，但它的使用比较麻烦，要设置很多参数，且功能上也不如 pydub 的强大，故实际应用中多用于打开已处理好的音频文件，再配合 PyAudio 播放出来。

最后运行程序，就可以听到完整的语音播报。

pydub 库默认支持通用 WAV 音频文件格式，若要操作其他格式音频文件，还必须另外安装 ffmpeg 库与之配合，打开音频文件的方法要与音频格式对应。例如，打开 MP3 音频文件的方式为 AudioSegment.from_mp3(音频文件)。

8.2　词频分析和词云可视化

在词频分析的基础上才能进行词云可视化。

1. 词频分析

“词频统计”是指统计一篇文章（文本文件）中各个词语出现的次数，进而概要分析文章内容的侧重点。第三方库 jieba 有助于将文本分成词，为每个词语设计一个计数器，词语每出现一次，相关计数器加 1（得到次数）。如果以词语为键，次数为值，则可构成“词语：次数”键值对字典。

2. 词云可视化

数据展示的方式多种多样，传统的方式是采用统计图。但对于文本来说，想更加直观地进行展示，则可以采用词云。

wordcloud 库是专门用于根据文本生成词云的 Python 第三方库，生成的词云十分直观有趣。

词云以词语为基本单元，根据其在文本中出现的次数设置不同大小以形成视觉上的不同效果，形成“关键词云层”，阅读者一看即可领略文本的主旨。

8-2 【例 8.3】

【例 8.3】一篇英文阅读的词频分析和词云可视化。

代码如下（jiebaWords.py）：

```
import jieba
from wordcloud import WordCloud
# 读取英文阅读文本文件内容到文本变量中
f = open("英文阅读 .txt","r")
txt = f.read()
f.close()

# 说明（1）将文本中 ",.?':!"符号替换成空格
for ch in ",.?':!":
    txt = txt.replace(ch," ")
wordcloud = WordCloud().generate(txt)
wordcloud.to_file('词频云图 .png')

# 说明（2）将 txt 文本分词存放到 words 中
words = jieba.lcut(txt)
# 对 words 中的词进行词频统计
wordset = {}
for word in words:
    word = word.lower()
    wordset[word] = wordset.get(word,0) + 1
# 说明（3）把 ex 集合中特定的词排除
ex = {" ","if","the","and","of","\n"}
for word in ex:
    del(wordset[word])
# 说明（4）将词和次数字典变成列表后，按照次数从大到小排序
items = list(wordset.items())
items.sort(key=lambda x:x[1],reverse=True)
```

```
# 说明（5）出现次数大于 1 的词显示词和次数，仅出现一次的词集中显示
n = 1
for i in range(0,len(items)):
    word, count = items[i]
    if count>1:
        print("{0:<10}{1:>5}".format(word,count))
    else:
        if n%10!=0:
            print(word,end=',')
        else:
            print(word,end='\n')
        n = n+1
```

运行后，词频云图文件显示如图 8.3 所示。

图8.3　词频云图

运行显示的内容如下：

```
lord         15
to           12
a            10
you           8
seamstress    8
thimble       8
into          7
with          7
is            7
your          6
her           6
asked         6
replied       5
that          5
...
story         2
think,never,lie,guess,little,white,moreserious,variety,most,women
will,curtail,truth,at,point,relationship,hermotivation,lying,can,stem
wanting,protect,feelings,or,sure,enough,saveher,own,butt,one
day,sewing,while,sitting,close,dear,child,needed,helpher,making
living,their,family,his,hand,andpulled,set,sapphires,he,held
studded,rubies,reached,leather,pleasedwith,honesty,gave,thimbles,wenthome,happy
years,later,walking,along,riverbank,herhusband,disappeared,under,lordagain,has
went,furious,lied,an,untruth,theseamstress,forgive,misunderstanding,see,brad
pitt,youwould,given,m,health,be,able,takecare,husbands,let
moral,whenever,good,honorable,reason,interest,ofothers,our,we,re
sticking,
```

（1）为统一分隔方式，可以将各种特殊字符和标点符号使用 replace() 方法替换成空格，存放在 txt 中，这样可以直接用此字符串生成词频云图，同时据此字符串分词。

（2）对 txt 分词后将分出的词存放到 words 中，遍历 words 将词语及频率存放在字典 wordset 中。

采用下列语句：

```
wordset[word] = wordset.get(word,0) + 1
```

无论词是否在字典中，都要加入字典 wordset 中。

get(word,0) 方法表示：如果 word 在 wordset 中，则返回 word 对应的值；如果 word 不在 wordset 中，则返回 0。

lower() 函数将字母变成小写，排除原文大小写差异对词频统计的干扰。

（3）采用 del() 方法，把 ex 集合中特定的、在 wordset 字典中的词排除。

（4）wordset 字典中的词需要存放到列表中才能排序。

本案例的第三步是对单词的统计值从高到低进行排序，输出统计大于 1 的单词，并格式化输出。由于字典类型数据没有顺序，需要将其转换为有顺序的列表类型数据，再使用 sort() 方法和 lambda 函数配合实现根据单词次数对元素进行排序。

（5）对于出现次数大于 1 的词，输出词和次数，只出现 1 次的词集中输出。

8.3 网络信息爬取

Python 的爬虫模块包括 requests 与 beautifulsoup4 两个库，它们相互配合实现从网络上爬取所需信息的操作。这两个库皆可在 Windows 命令提示符窗口下用“pip install”命令联网安装。

8.3.1 爬虫库基本使用

requests 用于向要爬取信息的页面 URL 发起请求，获取页面完整源码并将其转换为可读的文本字符串；beautifulsoup4（bs4）则负责对获取的字符串文本进行解析，按 HTML（Hypertext Markup Language，超文本标记语言）语法提取出其中有用的信息。

一个典型爬虫程序的工作步骤如下。

（1）导入爬虫库

在程序开头用如下语句即可导入爬虫库：

```
import requests
from bs4 import BeautifulSoup
```

（2）使用 requests 获取页面源码

互联网页面的许多有用信息都包含在其源码中，获取到源码也就得到了原始数据，requests() 以 get() 函数向用户指定的 URL 发起请求，如下：

```
htmlsrc = requests.get(url, timeout=30)
```

然后通过返回内容的 text 属性获取源码的可读文本字符串：

```
text = htmlsrc.text
```

（3）生成 BeautifulSoup 对象

requests 获取的文本字符串（text）交给 BeautifulSoup() 函数，如下：

```
soup = BeautifulSoup(text, 'html.parser')
```

其中，html.parser 是一个 HTML 解析库，BeautifulSoup() 函数使用它对文本字符串（text）进行解析后生成并返回一个 BeautifulSoup 类型的对象（soup），html.parser 为树形结构，可解析 HTML 页面中的每一个标签元素。

（4）爬取信息

当需要获取网页某个标签下的信息内容时，只需调用 BeautifulSoup 对象的 find() 或 find_all() 方法。例如：

```
ldiv = soup.find('div')                         # 获取页面第一个 <div> 标签的内容
ltr = soup.find_all('tr')                        # 获取页面所有 <tr> 标签的内容
```

因 HTML 标签是分层组织的，在每一个标签下可能嵌套一层或多层不同种类的子标签，故可以用 for 循环获取指定名称的子标签内容。比如想要进一步获取 <tr> 标签下所有超链接（<a> 标签）的内容，可以使用如下代码段：

```
for tr in ltr:
    la = tr.find_all('a')
    for a in la:
        print(a.string)                          # 输出超链接文字
```

8.3.2 【典型案例】：大学排名爬取

8-3 【例 8.4】

本小节通过大学排名爬取典型案例来介绍 Python 爬虫爬取信息的方法。

【例 8.4】用爬虫爬取网上的中国大学排名数据，以“软科中国大学排名”为例，访问其 2022 中国大学排名主页 https://www.shanghairanking.cn/rankings/bcur/202211，看到如图 8.4 所示页面。

现要将国内排名前 20 的大学基本信息（包括排名、学校名称、英文全称、办学层次、总分等）从这个页面中提取出来，并单独列表显示。

1. 分析页面

爬虫编程只有针对特定页面的具体结构才有效，故在写程序之前需要对想爬取的信息在页面中所处的位置和结构分布进行分析。

（1）获取源码

在主页的空白区域上右击，在弹出的快捷菜单中单击“查看网页源代码”，可看到该页面完整的源码，所有大学的信息都位于一个表格中，而每一所大学信息条目对应表格的一行，以南京大学为例，其信息所在的源码片段如图 8.5 所示。

图8.4 “软科中国大学排名”（2022）主页

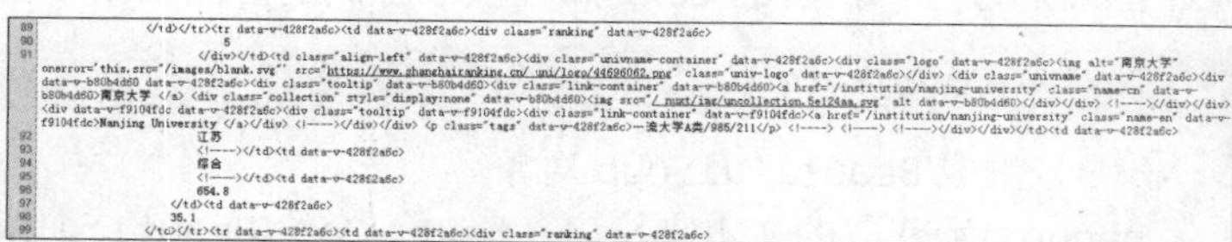

图8.5 南京大学信息所在的源码片段

（2）简化结构

图 8.5 中的源码由于含有大量样式代码而无法看清其基本结构，故需要进一步简化，清除标签中的样式及额外属性设置代码，得到简化后的代码如下：

```
    <tr>
       <td>
          <div>5</div>                                         <!-- 排名 -->
       </td>
       <td>
          <div>
             <div>
                 <img alt="南京大学">
             </div>
             <div>
                 <div>
                    <div>
                       <div>
                          <a href="/institution/nanjing-university"> 南京大学 </a>
                                                               <!-- 学校名称 -->
                          <div>
                             <img src="/_nuxt/img/uncollection.5e124aa.svg">
                          </div>
                       </div>
                    </div>
                 </div>
                 <div>
                    <div>
                       <div>
                         <a href="/institution/nanjing-university">Nanjing
University</a>                                                 <!-- 英文全称 -->
                       </div>
                    </div>
                 </div>
                 <p> 一流大学 A 类 /985/211</p>        <!-- 办学层次 -->
             </div>
          </div>
       </td>
       <td>
          江苏
       </td>
       <td>
          综合
       </td>
       <td>
          654.8
       </td>                                                   <!-- 总分 -->
       <td>
          35.1
       </td>
    </tr>
```

这样一看就很清楚了：大学排名位于第 1 个 <div> 标签内；学校名称和英文全称分别都位于 <a> 标签中；办学层次位于 1 个单独的 <p> 标签中；总分则位于表格的一列 <td> 标签中。

2. **编写程序**

代码如下（univrank.py）：

```
import requests                               # 导入 requests 库
from bs4 import BeautifulSoup                 # 导入 beautifulsoup4 库

url = "https://www.shanghairanking.cn/rankings/bcur/202211"
                                              # “软科中国大学排名”（2022）主页地址
univlist = []                                 # 全局列表（用于存放爬取到的大学信息条目）
def getSrcText(url):                          # 自定义函数（获取网页源码）
    try:
        htmlsrc = requests.get(url, timeout=30)
        htmlsrc.raise_for_status()            # 说明（1）
        htmlsrc.encoding = 'utf-8'            # 说明（2）
        return htmlsrc.text                   # 返回源码的可读文本字符串
    except:
        return ""
def findUnivList(soup):                       # 自定义函数（从 BeautifulSoup 解析内容）
    data = soup.find_all('tr')                # 找到所有的 <tr> 标签
    for tr in data:
      curuniv = []                            # 局部列表（暂存当前遍历大学的各项信息）
      # 排名
      ldiv = tr.find('div')                   # 从第 1 个 <div> 标签获取排名
      for div in ldiv:
        curuniv.append(div.string)            # 添加到 curuniv 列表
      # 学校名称、英文全称
      la = tr.find_all('a')                   # 从 <a> 标签中获取学校名称和英文全称
      if len(la) == 0:
        continue                              # 说明（3）
      for a in la:
        curuniv.append(a.string)
      # 办学层次
      lp = tr.find('p')                       # 从 <p> 标签中获取办学层次
      for p in lp:
        curuniv.append(p.string)
      # 总分
      ltd = tr.find_all('td')                 # 从 <td> 标签中获取总分
      for td in ltd:
        curuniv.append(td.string)
      univlist.append(curuniv)                # 将当前遍历的大学条目存入全局列表结构
def convert(str):                             # 自定义函数（去除爬取信息项的空格和换行符）
   return str.strip().replace('\n','')
def showUnivRank(num):                        # 自定义函数（输出显示指定条数的大学信息）
   print("{:^5}{:^15}{:^45}{:^25}{:^15}".format("排名", "学校名称", "英文全称", "办学
层次", "总分"))
    for i in range(num):
      u = univlist[i]
      print("{:^5}{:^15}{:^45}{:^30}{:^10}".format(convert(u[0]), convert(u[1]),
```

```
convert(u[2]), convert(u[3]), convert(u[8])))
                                          # 说明（4）
    def main(num):                        # 主函数
        text = getSrcText(url)            # 使用 requests 获取页面源码
        soup = BeautifulSoup(text, 'html.parser')
                                          # 生成 BeautifulSoup 对象
        findUnivList(soup)                # 爬取信息
        showUnivRank(num)                 # 输出显示
    main(20)
```

（1）htmlsrc.raise_for_status()：requests 的 get() 函数返回的页面源码是以 Response 对象的形式存在的，它的 raise_for_status() 方法用于产生异常，只要返回的状态码不是 200，就会抛出异常。在使用 get() 函数后立即调用 raise_for_status() 方法将可能产生的任何类型的异常都抛给 try...except... 语句去处理，可使程序专注于正常数据的处理流程，提高效率。

（2）htmlsrc.encoding = 'utf-8'：requests 默认的编码方式是 ISO-8859-1，网页源码内的中文会显示为乱码，为能正确显示爬取到的中文信息，通常要将编码方式改为 UTF-8。

（3）if len(la) == 0: continue：因网页上可能还存在其他超链接，所以当 len(la) == 0 时说明当前获取的标签内容不是大学信息项，直接跳出本次循环，以免将空的 curuniv 列表误作为一个大学条目添加进 univlist 全局列表，产生不正确的信息且浪费存储空间。

（4）print("{:^5}{:^15}{:^45}{:^30}{:^10}".format(convert(u[0]), convert(u[1]), convert(u[2]), convert(u[3]), convert(u[8])))：通过 format() 方法的 {:N} 规格化方式限定每项输出变量占用的字符个数，使输出内容整齐清楚。由于爬取到的信息项中还可能存在冗余的空格和换行符，导致输出内容错行混乱，因此先要使用自定义 convert() 函数对每一个输出项进行预处理。此外，还要注意输出项的索引要与列表中对应要显示的信息项索引一致。

说明

最后运行程序，输出大学排名如图 8.6 所示。

排名	学校名称	英文全称	办学层次	总分
1	清华大学	Tsinghua University	双一流/985/211	999.4
2	北京大学	Peking University	双一流/985/211	912.5
3	浙江大学	Zhejiang University	双一流/985/211	825.3
4	上海交通大学	Shanghai Jiao Tong University	双一流/985/211	783.3
5	复旦大学	Fudan University	双一流/985/211	697.8
6	南京大学	Nanjing University	双一流/985/211	683.4
7	中国科学技术大学	University of Science and Technology of China	双一流/985/211	609.9
8	华中科技大学	Huazhong University of Science and Technology	双一流/985/211	609.3
9	武汉大学	Wuhan University	双一流/985/211	607.1
10	西安交通大学	Xi'an Jiaotong University	双一流/985/211	570.2
11	四川大学	Sichuan University	双一流/985/211	561.7
12	中山大学	Sun Yat-Sen University	双一流/985/211	559.4
13	哈尔滨工业大学	Harbin Institute of Technology	双一流/985/211	549.8
14	同济大学	Tongji University	双一流/985/211	548.4
15	北京航空航天大学	Beihang University	双一流/985/211	546.7
16	东南大学	Southeast University	双一流/985/211	538.5
17	北京师范大学	Beijing Normal University	双一流/985/211	534.7
18	北京理工大学	Beijing Institute of Technology	双一流/985/211	530.9
19	中国人民大学	Renmin University of China	双一流/985/211	514.7
20	南开大学	Nankai University	双一流/985/211	497.4

图8.6 输出大学排名

8.4 图像数据处理和显示

Pillow（简称 PIL）库是 Python 最为流行的图像处理模块之一，它实现和封装了很多图像

处理的算法，以增强类和滤波器的方式提供给用户使用，并实现了方便的调用接口，用户只需简单地给出参数，就可以随心所欲地调整图像的任何属性，相比于原始的编程实现处理算法的方式，PIL 库的使用极大地提高了效率。

在 Windows 命令提示符窗口下用“pip install pillow”命令联网安装 PIL 库。

8.4.1　图像基本处理方式

从基础方面来说，PIL 提供了 3 种图像基本处理方式：模式转换、图像增强与使用滤波器，下面分别进行介绍。

1. 模式转换

所谓“模式”，就是图像所使用的像素编码格式，计算机存储的图像信息都是以二进制位对色彩进行编码的。表 8.1 列出了 Python 所支持的常用图像模式。

表 8.1　Python 所支持的常用图像模式

模式	说明
1	黑白 1 位像素
L	黑白 8 位像素
P	可用调色板映射到任何其他模式的 8 位像素
RGB	24 位真彩色
RGBA	32 位含透明通道的真彩色
CMYK	32 位全彩印刷模式
YCbCr	24 位彩色视频模式
I	32 位整型像素
F	32 位浮点型像素

在 PIL 中要想知道一幅图像的模式，可通过其 mode 属性进行查看，在程序中调用该属性的方式为：

```
图像对象名 .mode
```

通过改变图像模式，可设置一幅图像最基本的显示方式，如显示为黑白、真彩色或更佳的印刷出版质量色等。PIL 中转换图像模式用 convert() 方法，语法格式为：

```
新图像对象名 = 原图像对象名 .convert( 模式名 )
```

其中的“模式名”也就是表 8.1 中列出的那些模式，以单引号标识名称来引用。

2. 图像增强

图像增强就是在给定的模式下，改变和调整图像在某一方面的显示特性，如对比度、饱和度和亮度等。使用增强手段可在很大程度上变换图像的外观，以达到显著的美化效果，这也是艺术、摄影领域最常用的技术之一。PIL 的 ImageEnhance 子库专用于图像的增强，它提供了一组类，分别处理不同方面的增强功能，如表 8.2 所示。

表 8.2　ImageEnhance 子库提供的增强类

类名	功能
Contrast	增强图像对比度
Color	增加色彩饱和度
Brightness	调节场景亮度
Sharpness	增加图像清晰度

所有这些类都实现了一个统一的接口，接口中有 enhance() 方法，该方法返回增强处理过

的结果图像，其调用方式是一致的，如下所示：

```
新图像对象名 = ImageEnhance.增强类名(原图像对象名).enhance(增强因子)
```

其中，“增强类名”就是表8.2中所列出的类名，用户可以根据需要增强的功能选用不同的类；“增强因子”表示增强效果，其值越大增强的效果越显著，若值为1就直接返回原图对象的副本（无增强），但若设为<1的某个数值则表示逆向的增强（即减弱）效果。

3. 使用滤波器

PIL还提供了诸多可对图像的像素进行整体处理的滤波器，所有滤波器都预定义在ImageFilter模块中，表8.3列出了各滤波器的名称及功能。

表8.3 Python用于处理图像的滤波器

名称	功能
BLUR	均值滤波
CONTOUR	提取轮廓
FIND_EDGES	边缘检测
DETAIL	显示细节（使画面变清晰）
EDGE_ENHANCE	边缘增强（使棱线分明）
EDGE_ENHANCE_MORE	边缘增强更多（棱线更加分明）
EMBOSS	仿嵌入浮雕状
SMOOTH	平滑滤波（模糊棱线）
SMOOTH_MORE	增强平滑滤波（使棱线更加模糊）
SHARPEN	图像锐化（整体线条变得分明）

其中，SHARPEN滤波器与ImageEnhance子库的Sharpness增强类在功能和处理效果上是等同的，而几个边缘检测及增强用途的滤波器，如FIND_EDGES、EDGE_ENHANCE和EDGE_ENHANCE_MORE，在处理的效果上也都类似于Sharpness增强类。读者可根据需要及使用习惯选用。

滤波器的调用语句如下：

```
新图像对象名 = 原图像对象名.filter(ImageFilter.滤波器名)
```

其中，“滤波器名”就是表8.3中所列出的那些滤波器的名称。

8.4.2 【典型案例】：天池和水怪图片处理

本小节通过天池和水怪图片处理典型案例介绍Python PIL图像处理技术。

8-4 【例8.5】

【例8.5】使用Python PIL图像处理技术研究一个著名的自然界未解之谜——天池水怪。

1. 基本图片

长白山坐落在吉林省东南部，长白山天池南北长约4.4km，东西宽约3.37km，水面面积约9.82km²，如图8.7所示。

图8.7 美丽的天池

在 2013 年 11 月 24 日，有近百名游客现场目睹了体型硕大的不知名动物浮出水面，有人还拍下了照片，其中的一张如图 8.8 所示。

动物学界的一种假说认为尼斯湖怪是已经灭绝的史前动物蛇颈龙的后代。图 8.9 所示是根据已发掘的化石材料用电脑合成的远古蛇颈龙形态三维复原图。

图8.8　天池水怪照片

图8.9　远古蛇颈龙形态三维复原图

只有将天池水怪、蛇颈龙以及尼斯湖怪三者的照片加以比对，从形态学上进行细致的分析方能提供破解的线索。下面就用 Python PIL 对水怪照片进行处理，根据处理的结果为研究人员提供帮助。

为进行对比，我们从网上找到了有关尼斯湖怪的照片，如图 8.10 所示。

图8.10　有关尼斯湖怪的照片

2. **水怪照片处理**

对以上天池水怪、蛇颈龙和尼斯湖怪的 3 张照片用 PIL 编程处理，再粘贴到同一幅背景画面上加以比较和观察。

代码如下（image_monster.py）：

```
from PIL import Image
from PIL import ImageEnhance
from PIL import ImageFilter
# 载入各原始资料图片
mylake = Image.open("images/ 美丽的天池 .jpg")
myfoss = Image.open("images/ 化石 .jpg")
myness = Image.open("images/ 尼斯湖怪 .jpg")
mytian = Image.open("images/ 天池水怪 .jpg")
mysnake = Image.open("images/ 蛇颈龙 .jpg")
# 生成背景和缩略图
mylake = mylake.resize((1560, 1170))                          # 设置背景画面尺寸
myfoss = ImageEnhance.Contrast(myfoss).enhance(2.618)
myfoss = myfoss.filter(ImageFilter.EMBOSS)
myfoss.thumbnail((300,300))
mylake.paste(myfoss, (5, 5))
# 处理尼斯湖怪照片                                            # 说明（1）
myness = myness.resize((500, 400))
myness = ImageEnhance.Brightness(myness).enhance(1.2)
myness = myness.filter(ImageFilter.DETAIL).filter(ImageFilter.SHARPEN)
mylake.paste(myness, (20, 740, 520, 1140))
```

```
# 处理天池水怪照片                                    # 说明（2）
region = (230, 100, 380, 220)
mytian = mytian.crop(region)
mytian = mytian.resize((500, 400))
mytian = ImageEnhance.Contrast(mytian).enhance(2.618)
mytian = ImageEnhance.Color(mytian).enhance(1.618)
mytian = ImageEnhance.Brightness(mytian).enhance(1.2)
mytian = mytian.filter(ImageFilter.DETAIL)
mytian = mytian.filter(ImageFilter.BLUR)
mytian = mytian.filter(ImageFilter.SHARPEN)
mytian = mytian.convert('F')
mylake.paste(mytian, (530, 740, 1030, 1140))
# 处理远古蛇颈龙形态三维复原图
mysnake = mysnake.transpose(method=Image.Transpose.FLIP_LEFT_RIGHT)
                                                      # 说明（3）
mysnake = mysnake.resize((500, 400))
mysnake = ImageEnhance.Contrast(mysnake).enhance(2.618)
mysnake = ImageEnhance.Brightness(mysnake).enhance(2.618)
mysnake = mysnake.convert('F')
mylake.paste(mysnake, (1040, 740, 1540, 1140))

mylake.save("./images/长白山天池水怪研究.png")
mylake.show()
```

（1）为便于比较，将所有照片都用 resize() 方法重设为同样大小的尺寸，这里设为 500 像素 ×400 像素。尼斯湖怪照片为老照片，处理方式为：用 Brightness 增强类提高其亮度，用 DETAIL 和 SHARPEN 滤波器显示细节并增加清晰度。

（2）天池水怪照片由于拍摄的距离较远，采用 PIL 图像截取技术，先将有疑似水怪的部分剪切下来并放大，然后用一系列增强类 Contrast、Color 和 Brightness 增加图像的对比度、色彩饱和度和亮度，再通过一系列滤波器 DETAIL、BLUR 和 SHARPEN 增加细节和提高清晰度。为与尼斯湖怪的照片进行对比，还要将最终照片转换为黑白照片，这里转换为“F”（32 位浮点型像素）是为了尽可能不损失原照片的信息。

（3）**mysnake = mysnake.transpose(method=Image.Transpose.FLIP_LEFT_RIGHT)**：用 transpose() 对照片进行翻转操作，这里用参数“method=Image.Transpose.FLIP_LEFT_RIGHT”执行水平方向翻转，以使蛇颈龙的头部朝向与湖怪、水怪的头部朝向一致，便于比较。

运行程序，输出画面如图 8.11 所示。

图8.11　湖怪、水怪与蛇颈龙的形态比较

奇妙的大自然中存在着太多的未解之谜，除水怪外，还有神农架野人、UFO（Unidentified Flying Object，不明飞行物）等，掌握 Python PIL 图像处理技术且有志于此的读者，可以自己去探索。

8.5 人脸检测和比对

计算机视觉是 AI（Artificial Intelligence，人工智能）领域近年来十分流行的新技术，它使得计算机像人一样具有用眼睛“看”和“认识”人的神奇能力。

Python 支持计算机视觉 OpenCV 库，其视觉模块的常用功能包括人脸检测和人脸比对等。

（1）人脸检测：用事先训练好的分类器（由 OpenCV 官方提供）从给定的图像数据中搜索人脸信息，将画面中包含的人脸辨别并标识出来。

（2）人脸比对：将人脸数据（通常是摄像头抓拍的照片）与目标图像（给定的人像照片）进行比较，根据面部特征相似程度来判断两张照片中的人是否为同一人，这在身份识别、刑侦办案中已得到广泛应用。

在 Python 环境中 OpenCV 库的安装非常简单。在 Windows 命令提示符窗口执行如下语句：

```
pip install opencv-python -i https://pypi.tuna.tsinghua.edu.cn/simple
```

系统自动联网下载并安装 OpenCV 库，完成后可通过如下命令查看是否安装成功：

```
python -m pip list
```

在列表中看到有“opencv-python”即表示安装成功。

8.5.1 图像预处理

使用 OpenCV 提供的分类器检测人脸对待检测的图像有一定的要求，即照片中的人脸占画面的比例大小要适中，且必须是正脸（不能倾斜或仰头、低头），为此需要对图像进行预处理。OpenCV 也具有处理图像的功能，可以进行读取、缩放、旋转等操作。

通常对一张照片在检测之前进行预处理的步骤如下。

（1）导入 OpenCV 库

```
import cv2
```

这里的 cv2 并不表示 OpenCV 库的版本 2，而表示该库在底层是采用 C++ 语言（可看作 C 语言第 2 版）实现的。

（2）读取图像

调用 cv2.imread() 函数。例如：

```
img_f0 = cv2.imread('./images/face0.jpg')
```

读取当前 images 目录下的 face0.jpg 图像文件。

（3）图像缩放

OpenCV 用 resize() 函数缩放图像，将其调整到合适的大小。例如：

```
scale = 0.17
img_f0 = cv2.resize(img_f0, (int(img_f0.shape[1] * scale), int(img_f0.shape[0] * scale)))
```

需要给出缩放因子 scale，该因子等比作用于图像的宽和高上。图像对象的 shape 存储有关图像形状的数据，其中，shape[1] 是宽度，shape[0] 是高度。

（4）图像旋转

如果画面中的人脸位置不正，就必须先对照片进行旋转。在 OpenCV 中，图像旋转通过仿射变换实现，它是一种二维坐标变换。

首先用 getRotationMatrix2D() 函数定义一个二维旋转仿射矩阵。例如：

```
center = (w // 2, h // 2)
M = cv2.getRotationMatrix2D(center, -50, 1.0)
```

其中，第 1 个参数 center 是旋转中心点，第 2 个参数是旋转角度（-50 表示顺时针旋转 50°），第 3 个参数是缩放因子，若前面已用 resize() 函数进行过缩放，此处可以不再缩放，将该参数设为 1.0 可保持图像现有尺寸。

然后用 warpAffine() 函数以该仿射矩阵对图像进行变换处理。例如：

```
h, w = img_f1.shape[:2]
img_f1_rotated = cv2.warpAffine(img_f1, M, (w, h))
```

其中，(w, h) 是最终输出图像的宽和高，与原图尺寸（由 shape[:2] 得到）一样。

8.5.2 【典型案例】：图像人脸检测

本小节通过图像人脸检测典型案例介绍 OpenCV 库的应用。

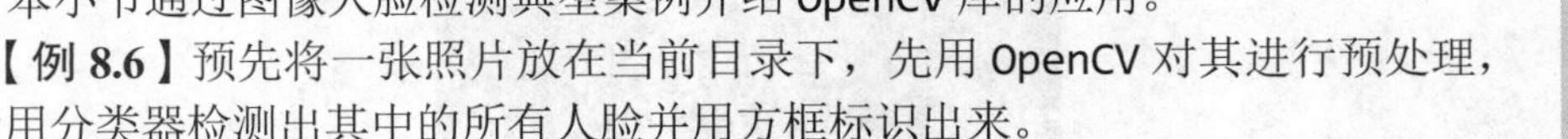

【例 8.6】预先将一张照片放在当前目录下，先用 OpenCV 对其进行预处理，然后用分类器检测出其中的所有人脸并用方框标识出来。

8-5 【例 8.6】

代码如下（facedetector.py）：

```
import cv2

# 读取
img_f0 = cv2.imread('images/family.jpg')
# 缩放
scale = 0.9
img_f0 = cv2.resize(img_f0, (int(img_f0.shape[1] * scale), int(img_f0.shape[0] *
scale)))

# 创建分类器
face_detector = cv2.CascadeClassifier("detector/haarcascade_frontalface_alt.xml")
                                                    # 说明（1）

# 搜索人脸数据
faces = face_detector.detectMultiScale(img_f0, scaleFactor=1.19, minNeighbors=5)
                                                    # 说明（2）
for x, y, w, h in faces:
   img_f0 = cv2.rectangle(img_f0, (x, y), (x + w, y + h), (0, 255, 255), 3)
cv2.imshow("Faces", img_f0)

# 按任意键结束程序
cv2.waitKey(0)
cv2.destroyAllWindows()
```

（1）**face_detector=cv2.CascadeClassifier("detector/haarcascade_frontalface_alt.xml")**：OpenCV 官方以 XML（eXtensible Markup Language，可扩展标记语言）形式提供很多现成的训练好的分类器，如 haarcascade_frontalface_alt.xml（检测正脸）、haarcascade_eye.xml（检测双眼）、haarcascade_smile.xml（检测微笑）等，用 CascadeClassifier() 将其载入程序中，创建分类器对象，就可以直接使用。

（2）**faces=face_detector.detectMultiScale(img_f0,scaleFactor=1.19, minNeighbors=5)**：调用分类器对象的 detectMultiScale() 方法进行检测，传入的第 1 个参数是待检测图像；第 2 个参数 scaleFactor 是检测过程中每次迭代图像缩小的比例；第 3 个参数 minNeighbors 是每次迭代时相邻矩形的最小个数（默认 3 个），方法执行后返回检测到的所有人脸数据列表。

最后，遍历人脸数据列表，用 OpenCV 的 rectangle() 方法绘制矩形框以框出照片上所有的人脸，程序运行效果如图 8.12 所示。

图8.12　程序运行效果

8.5.3 【典型案例】：摄像头抓拍人脸比对

本小节通过摄像头抓拍人脸比对典型案例介绍有关技术。

【例 8.7】用电脑摄像头实时抓拍人脸，再将其与预先保存的一张目标人像照片进行比对，判断两者是否为同一人。

8-6 【例 8.7】

1. 使用百度 AI 接口

人脸比对单靠 OpenCV 是不够的，需要使用第三方公司的人工智能接口。本例选用百度智能云提供的接口，需要先安装其 AI 接口库 baidu-aip，在 Windows 命令提示符窗口执行“pip install baidu-aip”即可。

然后，要在百度智能云上创建一个应用，步骤如下。

（1）注册百度云账号

访问百度 AI 官网，单击页面右上角“控制台”，出现登录页面。如果读者已有百度账号，登录后进入“百度智能云”控制台；如果没有，以个人身份注册一个账号，再进行登录即可。

（2）开通人脸识别服务

在控制台左侧导航中找到“产品服务”→“人脸识别”，在弹出的对话框中勾选“我已阅读并同意”按钮，进入人脸识别概览页面，勾选“人脸对比”接口，如图 8.13 所示，进行获取相应资源的操作。

（3）创建应用

在应用列表中创建一个新应用，创建完成可看到其“AppID”“API Key”“Secret Key”，如图 8.14 所示，这些都是应用的关键标识信息，编程中会用到。

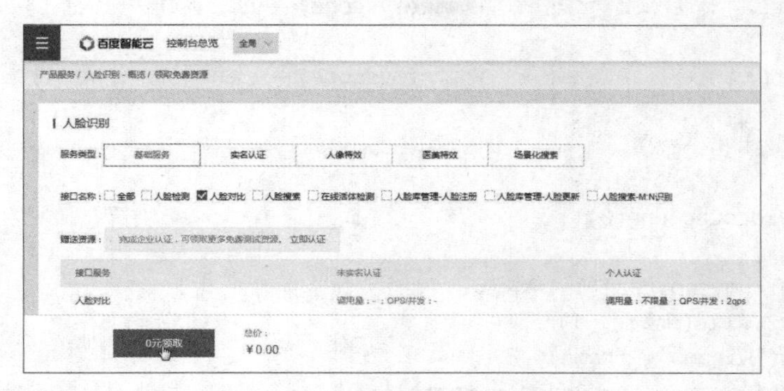

图8.13　领取资源

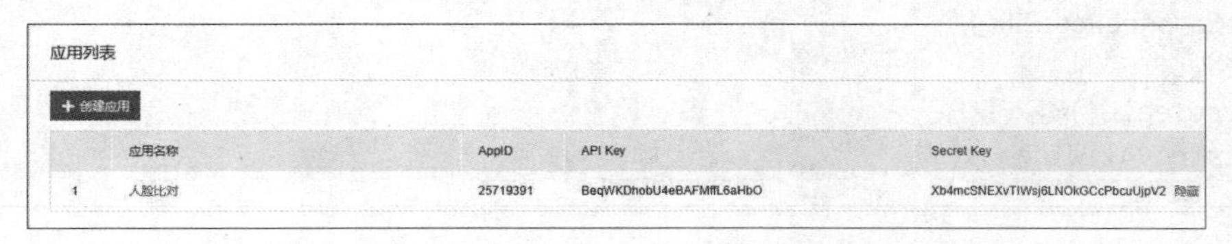

图8.14　创建的应用及其标识信息

2. 编写程序

代码如下（facecomparator.py）：

```
import cv2
import base64
from aip import AipFace                                        # 导入百度 AI 接口库

# 以下为所创建应用的 3 个标识信息
APP_ID = '25719391'
API_KEY = 'BeqWKDhobU4eBAFMffL6aHbO'
SECRET_KEY = 'Xb4mcSNEXvTIWsj6LNOkGCcPbcuUjpV2'

myclient = AipFace(APP_ID, API_KEY, SECRET_KEY)                # 调用百度 AI 接口

def getCompareResult():
   myresult = myclient.match([
      {
         'image': str(base64.b64encode(open('images/zhou1.jpg', 'rb').read()), 'utf-
8'), 'image_type': 'BASE64',
      },                                                       # 目标人像照片
      {
         'image': str(base64.b64encode(open('images/zhou2.jpg', 'rb').read()), 'utf-
8'), 'image_type': 'BASE64',
      }                                                        # 抓拍的人像照片
   ])
   if myresult['error_msg'] == 'SUCCESS':
```

```
    # 人脸相似度得分存储在结果的myscore中
        myscore = myresult['result']['score']
        if (myscore >= 85):
            print('面部特征相似度达到' + str(myscore) + '%，是同一个人！')
        else:
            print('面部特征相似度不足' + str(myscore) + '%，不是一个人。')
    else:
        print('比对出错！')

mycap = cv2.VideoCapture(0)                                  # 打开摄像头
while True:
    ret, frame = mycap.read()
    frame = cv2.flip(frame, 1)
    cv2.imshow('window', frame)
    cv2.imwrite('images/zhou2.jpg', frame)                   # 保存摄像头抓拍的照片
    cv2.waitKey(2000)
    getCompareResult()
    break;
mycap.release()                                              # 关闭摄像头
cv2.destroyAllWindows()
```

在这段程序中，OpenCV 的作用主要是控制摄像头开关及保存抓拍的照片，而对照片的比对分析和判断任务则是交由百度 AI 接口去完成的。

在带有摄像头的笔记本电脑上运行本例中的程序，结果如图 8.15 所示。

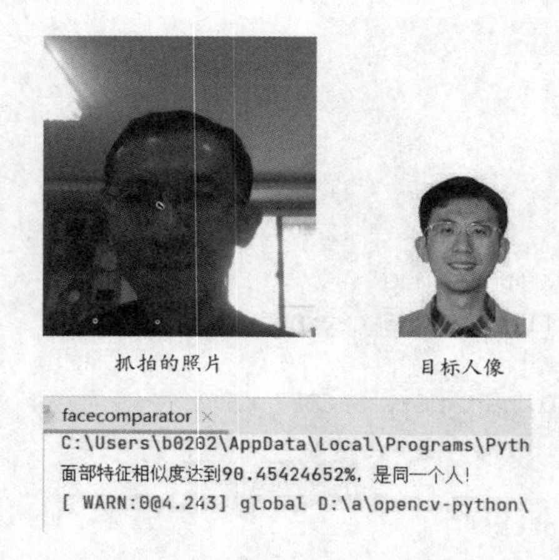

图8.15　人脸比对程序运行结果

【实训】

一、文本分词、语音合成和播放实训

1. 输入并运行【例 8.1】和【例 8.2】中的程序，观察运行结果。

2. 自己设计熟悉的应用场景，给定字符串、分词字典和分词录音，修改【例 8.2】中的程序，合成音频文件并播放验证。

二、词频分析和词云可视化实训

1. 输入并运行【例 8.3】中的程序，观察运行结果。

2. 在网上下载《红楼梦》文本文件，修改【例 8.3】中的程序，统计频次排列前 20 个人物，并且生成词云图。

三、网络信息爬取实训

1. 输入并运行【例 8.4】中的程序，在 https://www.shanghairanking.cn/rankings/bcur/202211 网页爬取 2022 年最新大学排名内容，观察表格输出结果。

2. 寻找自己感兴趣的网页，分析网页结构，修改【例 8.4】中的程序，爬取感兴趣的内容，并进行测试。

四、图像数据处理和显示实训

1. 输入【例 8.5】中的程序，观察运行结果。

2. 修改【例 8.5】中的程序，调整图像处理参数（如图的亮度、对比度，子图的位置、大小、个数等），观察运行结果。

五、人脸检测和比对实训

1. 输入【例 8.6】和【例 8.7】中的程序，采用本书提供的素材，运行程序，观察运行结果。

2. 自己准备不同种类的素材，运行【例 8.6】和【例 8.7】中的程序，观察运行结果，总结本模块人脸检测的特点。

【习题】

一、填空题

1. 生成词云的字符串中，词与词之间的分隔符为＿＿＿＿＿＿＿＿。

2. pydub 库默认只支持通用的＿＿＿＿＿＿＿＿音频文件格式。

3. requests.get() 方法的作用是＿＿＿＿＿＿＿＿。

4. 网络信息爬取需要熟悉＿＿＿＿＿＿＿＿。

5. 当需要获取网页某个标签下的信息内容时，只需调用 BeautifulSoup 对象的＿＿＿＿＿＿方法。

6. 采用＿＿＿＿＿＿＿＿图像处理技术处理图像。

二、简答题

1. 说明音频格式文件的主要参数的作用。

2. 采用内置字典和自定义字典进行分词的结果有什么不同？

3. 说明 OpenCV 在人脸识别中的作用。

4. 说明百度 AI 接口的作用。

第9章 项目实战：商品销售和数据分析

本章通过商品销售和数据分析项目实战，综合应用 Python，帮助读者提高解决问题的能力。

9.1 商品销售和数据分析

下面先介绍程序设计方法，然后用该方法设计商品销售和数据分析方案。

9.1.1 程序设计方法

软件开发包括需求分析、软件设计、编写代码和程序测试等阶段，有时也包括维护阶段。

对于不同的软件系统，可以采用不同的开发方法，使用不同的编程语言。对于目前的许多应用而言，采用 Python 语言进行设计非常方便。

对于规模较小的应用，直接编写程序，运行测试即可。对于具有一定规模的应用，可以采用自顶向下的程序设计方法，再自底向上执行测试。

1. 自顶向下设计

自顶向下的设计方法是以一个要解决的问题 A 开始的，把大的问题 A 分解为若干个较小问题 $B_1,B_2,\cdots,B_n$，然后把每一个问题 B_i 再分解为 $C_{i1},C_{i2},\cdots,C_{im}$，将 C_{ij} 分解为 $D_{ijx}(x=1,2,3,\cdots)$，以此类推，直到可以很容易用算法实现为止。也就是把大问题变成小问题，以至于可以很容易地解决问题。最后把所有解决小问题的程序一层一层组合起来，就可以得到一个解决问题 A 的应用程序。

2. 自底向上执行

对于大规模的程序，可以按照程序分成的小部分逐个测试。先编写完成最底层的小程序（如 $D_{ijx}(x=1,2,3,\cdots)$），测试保证它们功能的正确性，然后组合成 C_{ij} 测试正确性，再组合成 B_i 测试，最后组合成 A。

9.1.2 商品销售和数据分析方案

通过对应用需求的分析，按照自顶向下的设计方法，可将商品销售和数据分析系统分为商品信息管理、用户管理、商品销售、销售分析等模块。

说明

商品信息管理模块包括商品管理和商品分类管理，而每一方面的管理又包括数据输入、修改、查询、删除等。

用户管理模块包括登录和注册功能。

商品销售模块包括商品选购和下单结算功能。

销售分析模块包括按类别分析和按月份分析功能。

整个系统的层次结构如图 9.1 所示。

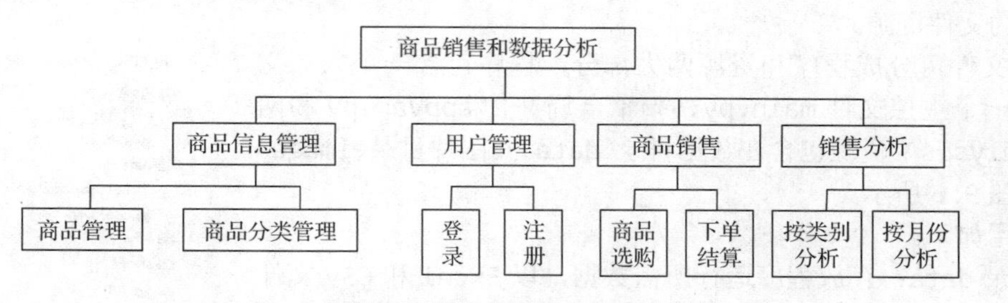

图9.1 商品销售和数据分析系统的层次结构

9-1 商品销售和数据分析方案

为简化系统，本实战中用到的所有商品信息数据都作为基础数据预先准备好，不开发商品信息管理的功能。

9.2 系统各功能模块设计与开发

各功能模块调试需要数据，本节先准备数据，再介绍项目结构，然后分别介绍各模块的开发。

9.2.1 数据准备

新建一个 Excel 购物文件 netshop.xlsx，其中包含商品分类表、商品表、订单表和订单项表 4 个工作表。初始数据分别如图 9.2 ～图 9.5 所示。

类别编号	类别名称
1	水果
1A	苹果
1B	梨
1C	橙
1D	柠檬
1E	香蕉
1F	芒果
1G	车厘子
1H	草莓
2	肉禽
2A	猪肉
2B	鸡鸭鹅肉
2C	牛肉
2D	羊肉
3	海鲜水产
3A	鱼
3B	虾
3C	海参
4	粮油蛋
4A	鸡蛋
4B	调味料

图9.2 商品分类表

商品号	类别编号	商品名称	价格	库存量
1	1A	洛川红富士苹果冰糖心10斤箱装	44.8	3601
2	1A	烟台红富士苹果10斤箱装	29.8	5698
4	1A	阿克苏苹果冰糖心5斤箱装	29.8	12680
6	1B	库尔勒香梨10斤箱装	69.8	8902
1001	1B	砀山梨10斤箱装大果	19.9	14532
1002	1B	砀山梨5斤箱装特大果	16.9	6834
1901	1G	智利车厘子2斤大樱桃整箱顺丰包邮	59.8	5420
2001	2A	[王明公]农家散养猪冷冻五花肉3斤装	118	375
2002	2B	Tyson/泰森鸡胸肉454g*5去皮冷冻包邮	139	1682
2003	2B	[周黑鸭]卤鸭脖15g*50袋	99	5963
3001	3B	波士顿龙虾特大鲜活1斤	149	2800
3101	3C	[参王朝]大连6～7年深海野生干海参	1188	1203
4001	4A	农家散养草鸡蛋40枚包邮	33.9	690
4101	4C	青岛啤酒500ml*24听整箱	112	23427

图9.3 商品表

订单号	用户账号名	支付金额	下单时间
1	easy-bbb.cox	129.4	2021.10.01 16:04:49
2	sunrh-phei.nex	495	2021.10.03 09:20:24
3	sunrh-phei.nex	171.8	2021.12.18 09:23:03
4	231668-aa.cox	29.8	2022.01.12 10:56:09
5	easy-bbb.cox	119.6	2022.01.06 11:49:03
6	sunrh-phei.nex	33.8	2022.03.10 14:28:10
8	easy-bbb.cox	358.8	2022.05.25 15:50:01
9	231668-aa.cox	149	2022.11.11 22:30:18
10	sunrh-phei.nex	1418.6	2022.06.03 08:15:23

图9.4 订单表

订单号	商品号	订货数量	状态
1	2	2	结算
1	6	1	结算
2	2003	5	结算
4	2	1	结算
3	1901	1	结算
3	4101	1	结算
5	1901	2	结算
6	1002	2	结算
8	1901	6	结算
10	2001	10	结算
10	6	2	结算
10	2003	1	结算
9	2	5	结算

图9.5 订单项表

9.2.2 项目结构

商品销售和数据分析系统是采用 Tkinter 开发的多窗口应用程序，涉及多个模块（.py 文件）

及图片和数据文件，通常开发这类较复杂的 Python 系统，需要在项目中用不同的包和目录来分类存放不同类型的文件资源。

本项目所有文件可分成程序和资源两大部分，程序包含一个入口文件 logreg.py、一个主控文件 main.py、一个全局文件 appvar.py 和两个包（shop 和 analysis）；资源包含在数据目录（data）和图片目录（image）中。项目结构如图 9.6 所示。

各部分的作用如下。

（1）数据目录 data：存放程序运行所需数据，以 Excel 和 CSV 文件的形式存储，其中 Excel 文件 netshop.xlsx 就是 9.2.1 小节准备的数据；CSV 文件 user.csv 存储系统中已注册的用户账号和密码。

（2）图片目录 image：存储商品图片（为简单起见，一律以“商品号 .jpg”命名）、“选购”按钮图标（cart.jpg）及默认显示图片（pic.jpg）。

（3）包 shop：存放商品选购和下单结算两个业务功能模块，其中，商品选购模块 preshop.py 实现商品信息的查询及商品选购功能；下单结算模块 confirmshop.py 实现商品订购、取消订购、调整订货数量及结算功能。

D9 E:\MyPython\Code\D9
analysis
__init__.py
saleanalysis.py
data
netshop.xlsx
user.csv
image
shop
__init__.py
confirmshop.py
preshop.py
venv
appvar.py
logreg.py
main.py
External Libraries
Scratches and Consoles

图9.6 项目结构

（4）包 analysis：存放销售分析模块 saleanalysis.py。

（5）入口文件 logreg.py：程序启动时首先运行该文件，实现登录和注册功能，登录成功后自动关闭。

（6）主控文件 main.py：实现主窗口，负责整个系统的功能导航，登录成功后进入，在系统运行期间始终可操作。

（7）全局文件 appvar.py：集中定义系统中各模块都要使用的公共全局变量。

9.2.3 用户管理模块开发

用户管理模块对应“用户登录”窗口，它是程序启动后最先出现的窗口，运行效果如图 9.7 所示，在登录成功之后即关闭。

图9.7 用户管理模块运行效果

9-2 用户管理模块开发

该模块对应程序入口文件，代码框架如下（logreg.py）：

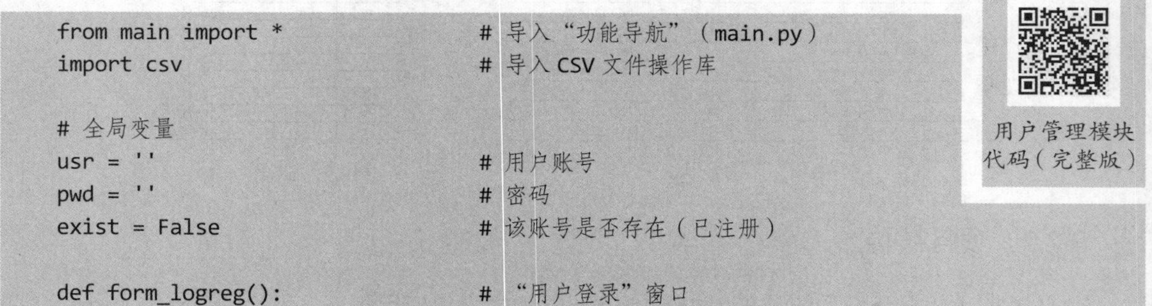

```
from main import *                   # 导入“功能导航”（main.py）
import csv                           # 导入 CSV 文件操作库

# 全局变量
usr = ''                             # 用户账号
pwd = ''                             # 密码
exist = False                        # 该账号是否存在（已注册）

def form_logreg():                   # “用户登录”窗口
```

用户管理模块代码（完整版）

```
    # 功能函数定义                                    # 说明（1）
    def check():                                      # 说明（2）验证用户函数
        ......
    def login():                                      # 登录函数
        check()                                       # 说明（2）
        ......
    def register():                                   # 注册函数
        check()                                       # 说明（2）
        ......
    # 以下是窗口创建及布局设计代码                      # 说明（3）
    master = Tk()
    master.geometry('320x250')
    master.title('用户登录')
    Label(master, text='用 户 登 录', justify=CENTER, font=(myFType, 18)) \
        .grid(row=0, column=0, columnspan=2, pady=20)
    Label(master, text='账  号', font=myFSize) \
        .grid(row=1, column=0, padx=30)
    Label(master, text='密  码', font=myFSize) \
        .grid(row=2, column=0, padx=30)
    # 输入框用于接收用户输入的账号、密码
    entry_usr = Entry(master, font=myFSize, width=15)
    entry_usr.grid(row=1, column=1, padx=12, pady=15)
    entry_pwd = Entry(master, font=myFSize, width=15, show='·')
    entry_pwd.grid(row=2, column=1, padx=12, pady=15)
    Button(master, text=' 确定 ', font=myFSize, command=login)  \
        .grid(row=3, column=0, sticky=E)
    Button(master, text=' 注册 ', font=myFSize, command=register) \
        .grid(row=3, column=1)
    master.mainloop()                           # 一直在等待接收用户登录窗口事件，不会进入其他窗口

form_logreg()                                   # 系统启动首先显示“用户登录”窗口
```

说明

（1）为使程序代码结构清晰，统一将所有功能函数集中定义在前面，接着编写窗口创建及布局设计代码，后续每个模块的开发都按这个模式来编写程序。

（2）不管是登录还是注册账号，在业务逻辑的一开始都要先判断这个账号是否已存在，故本程序将这个公共的操作抽取出来，独立封装成一个验证用户函数（check()），分别供登录函数、注册函数在开始时调用。

（3）为做到风格一致，系统所有界面上的文字统一字号，所有窗口标题文字统一字体，为此，在全局文件 appvar.py 中设置：

```
myFSize = 14                # 界面文字统一字号
myFType = '微软雅黑'         # 窗口标题文字统一字体
```

这样在设计界面的时候，直接引用全局变量赋值“font=myFSize”“font=(myFType, 18)”就可以了。

1. 验证用户

系统将所有注册的用户账号信息都存储在数据目录 data 下的 user.csv 文件中，初始内容如图 9.8 所示，每行记录为一个用户的账号信息，账号名与密码间以逗号分隔。

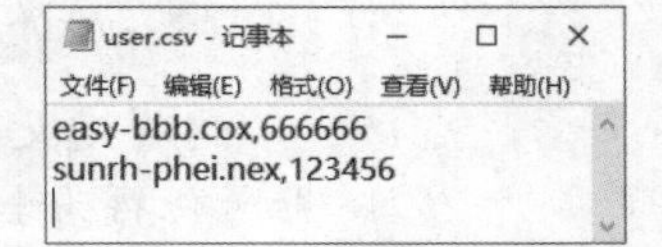

图9.8　user.csv初始内容

验证用户的 check() 函数定义如下：

```
def check():                                # 验证用户函数
   global usr, pwd, exist
   with open(r'data/user.csv', 'r') as fu:
      reader = csv.reader(fu)
      for row in reader:
         usr, pwd = row
         if usr == entry_usr.get():
            exist = True
            break
         usr = ''
         pwd = ''
      fu.close()
```

程序打开 user.csv 文件后，将其中的记录逐行读入变量 usr、pwd 中，与在用户界面输入的账号进行比对，一旦匹配，就说明该账号已注册过，就将变量 exist 置为 True，结束程序。执行过 check() 函数，全局变量 usr、pwd、exist 中就保存了已有匹配账号的信息，可供接下来的登录和注册函数作为判断依据。

2. 登录

登录函数 login() 定义如下：

```
def login():                                # 登录函数
   check()
   if exist == False:
      messagebox.showwarning('提示', '用户不存在！')
   else:
      if pwd != entry_pwd.get():            # 登录失败
         messagebox.showwarning('提示', '密码错误！')
      else:                                 # 登录成功
         master.destroy()                   # 关闭“用户登录”窗口
         appvar.setID(usr)                  # 保存当前登录用户的账号
         form_main()                        # 进入“功能导航”窗口
```

（1）因为前面进行了验证用户是否存在（check() 函数）的操作，登录函数就无须再访问 user.csv 文件，可以直接根据变量 usr、pwd、exist 中的内容进行判断。

（2）由于当前登录用户的账号还要供其他窗口使用，因此要将其作为全局数据保存。在 Python 中，对于需要修改内容的全局数据，通常将其定义成类的属性，并提供 get() 或 set() 方法供其他模块的程序存取。在全局文件 appvar.py 中定义：

```
class myUSR:
   userID = ''
def setID(uid):
   myUSR.userID = uid
def getID():
   return myUSR.userID
```

这样定义之后，在程序中用“appvar.setID(usr)”就可以将当前登录用户的账号保存为全局数据，后面的商品选购和下单结算功能就都可以引用该账号。

3. 注册

注册函数 register() 定义如下：

```
def register():                                            #注册函数
    check()
    if exist == True:
        messagebox.showwarning('提示', '账号已注册！')
    else:
        tup_user = entry_usr.get(),entry_pwd.get()
        # 以 a 方式追加到文件的结尾就不会影响原有记录
        with open(r'data/user.csv', "a") as fu:
            writer = csv.writer(fu)
            writer.writerow(tup_user)
            fu.close()
            messagebox.showinfo('提示', '注册成功！')
```

至此，用户管理模块就开发好了。运行程序时，读者可以以 user.csv 文件中初始已有的账号和密码登录，并尝试往系统中注册一个新的用户账号，查看结果。

9.2.4 功能导航开发

用户登录成功后就进入“功能导航”窗口，界面如图 9.9 所示，这是整个程序的主窗口，程序运行期间要一直显示，通过它控制打开其他不同功能模块的窗口。

9-3 功能导航开发

图9.9 功能导航界面

功能导航代码如下（main.py）：

```
from shop.preshop import *                  # 导入“商品选购”模块（preshop.py）
from shop.confirmshop import *              # 导入“下单结算”模块（confirmshop.py）
from analysis.saleanalysis import *         # 导入“销售分析”模块（saleanalysis.py）

def form_main():                            #“功能导航”窗口
    def navigate():                         # 导航函数
        if val.get() == 0:
            form_preshop()                  # 进入“商品选购”窗口
        elif val.get() == 1:
            form_confirmshop()              # 进入“下单结算”窗口
        elif val.get() == 2:
            analybytype()                   # “按类别分析”绘图
        elif val.get() == 3:
            analybymonth()                  # “按月份分析”绘图

    master = Tk()
    master.geometry('550x380')
    master.title('功能导航')
    create()                                # 构造销售数据（用于绘图）
    Label(master, text='功 能 导 航', justify=CENTER, font=(myFType, 18)).grid(row=0,
column=0, columnspan=2, sticky=W, padx=180, pady=20)
    val = IntVar()
    Radiobutton(master, text='商 品 选 购', font=myFSize, variable=val, value=0).
```

```
grid(row=1, column=0, sticky=W, padx=50, pady=20)
        Radiobutton(master, text='下单结算', font=myFSize, variable=val, value=1).grid(row=2, column=0, sticky=W, padx=50, pady=15)
        Radiobutton(master, text='按类别分析', font=myFSize, variable=val, value=2).grid(row=3, column=0, sticky=W, padx=50, pady=15)
        Radiobutton(master, text='按月份分析', font=myFSize, variable=val, value=3).grid(row=4, column=0, sticky=W, padx=50, pady=15)
        Button(master, text=" 确定 ", width=10, font=myFSize, command=navigate).grid(row=2, column=1, sticky=NSEW, padx=100)
        master.mainloop()
```

代码中调用了销售分析模块的 create()、analybytype() 和 analybymonth() 函数，这几个函数的具体实现将在 9.2.7 小节介绍销售分析模块开发时再给出。读者若想阶段性地运行并测试这个系统，可以先将 create() 函数调用语句注释掉，用 pass 语句在另两个函数的调用处占位，待后面开发好这些函数后，再恢复执行真实的调用语句。

9.2.5 商品选购模块开发

在“商品选购”窗口，用户可输入商品号，然后单击“查询”按钮（或直接按“Enter”键）查看对应的商品信息（含图片），单击界面底部右下角“选购”按钮预选该商品，界面如图 9.10 所示。

9-4 商品选购模块开发

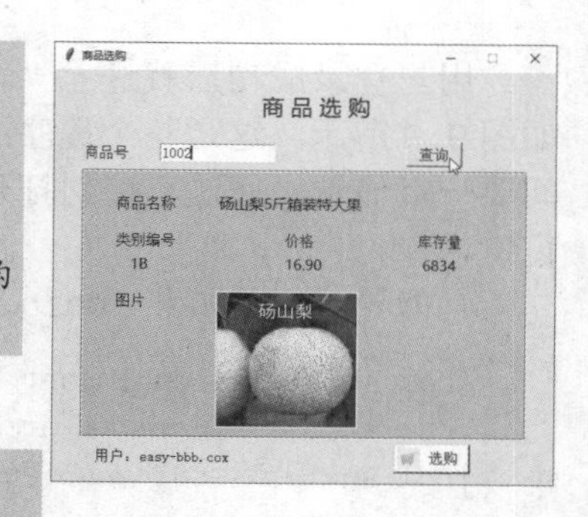

图9.10 商品选购界面

“商品选购”窗口上要显示的信息内容比较多，需要进行布局设计，代码框架如下（preshop.py）：

```
import appvar                    # 引用系统全局变量（appvar.py）
from appvar import myFSize, myFType, myGC# 说明（1）
from tkinter import *
from tkinter import messagebox
from PIL import Image, ImageTk              # 说明（2）
import openpyxl                             # 导入操作 Excel 文件的库
from openpyxl.styles import Alignment       # 导入设置 Excel 单元格内容对齐样式的类

def form_preshop(uid):                      # “商品选购”窗口
    # 功能函数定义
    def bsearch(lst, k, low, high):         # 对半查找函数
        ......
    def query(event):                       # 查询函数
        ......
    def preshop():                          # 选购函数
        ......
    # 以下是窗口创建及布局设计代码
    master = Toplevel()                     # 说明（3）
    master.geometry('540x460')
    master.title('商品选购')
    master.resizable(0,0)
```

商品选购模块代码（完整版）

```
    Label(master, text='商 品 选 购', justify=CENTER, font=(myFType, 18)).grid(row=0, column=0,
columnspan=3, sticky=W, padx=220, pady=20)
    Label(master, text='商品号', font=myFSize).grid(row=1, column=0, padx=30)
    entry_pid = Entry(master, font=myFSize, width=15)
    entry_pid.grid(row=1, column=1)
    # 绑定 <Return> 事件，接受直接按“Enter”键进行操作
    entry_pid.bind('<Return>', query)
    Button(master, text=' 查询 ', font=myFSize, command=lambda :query(None)).grid(row=1,
column=2, padx=140)
    # 商品信息显示区（容器）                            # 说明（4）
    labelframe_main = LabelFrame(master, bg=myGC, width=480, height=300)
    labelframe_main.grid(row=2, column=0, columnspan=3, sticky=W, padx=30, pady=5)
    # 商品名称
    Label(labelframe_main, text='商品名称', font=myFSize, bg=myGC).place(relx=0.07, rely=0.08)
    label_pname = Label(labelframe_main, font=(myFType, myFSize-2), bg=myGC)
    label_pname.place(relx=0.3, rely=0.07)
    # 类别编号
    Label(labelframe_main, text='类别编号', font=myFSize, bg=myGC).place(relx=0.07, rely=0.22)
    label_tcode = Label(labelframe_main, font=(myFType, myFSize-2), bg=myGC)
    label_tcode.place(relx=0.10, rely=0.3)
    # 价格
    Label(labelframe_main, text='价格', font=myFSize, bg=myGC).place(relx=0.45, rely=0.22)
    label_pprice = Label(labelframe_main, font=(myFType, myFSize-2), bg=myGC)
    label_pprice.place(relx=0.45, rely=0.3)
    # 库存量
    Label(labelframe_main, text='库存量', font=myFSize, bg=myGC).place(relx=0.75, rely=0.22)
    label_stocks = Label(labelframe_main, font=(myFType, myFSize-2), bg=myGC)
    label_stocks.place(relx=0.76, rely=0.3)
    # 图片
    Label(labelframe_main, text='图片', font=myFSize, bg=myGC).place(relx=0.07, rely=0.45)
    image = Image.open(r'image/pic.jpg')            # 初始显示的默认图片
    mypic = ImageTk.PhotoImage(image.resize((150,150), Image.LANCZOS))
                                                    # 说明（2）
    label_image = Label(labelframe_main, image=mypic, width=150, height=150)
    label_image.place(relx=0.3, rely=0.45)
    # 显示当前登录用户名
    Label(master, text='用户：'+appvar.getID(), font=myFSize).grid(row=3, column=0,
columnspan=2)
    # “选购”按钮
    icon = Image.open(r'image/cart.jpg')            # 按钮带购物车图标
    myicon = ImageTk.PhotoImage(icon.resize((25, 25), Image.LANCZOS))
                                                    # 说明（2）
    Button(master, text=' 选 购 ', font=myFSize, bg='white', image=myicon, compound=
LEFT, command=preshop).grid(row=3, column=2, sticky=W, padx=130)
    master.mainloop()
```

（1）商品选购界面上不仅要统一文字字号、字体，还要将所有界面标签的背景色设为与中央商品信息显示区的底色一致，在全局文件 appvar.py 中可进行如下设置：

```
    myFSize = 14                    # 界面文字统一字号
```

```
myFType = '微软雅黑'          # 窗口标题文字统一字体
myGC = 'lightgray'            # 界面标签统一背景色
```

在程序开头用“from appvar import myFSize, myFType, myGC”导入这 3 个全局变量，布局界面的时候就可以直接引用它们以达到想要的效果。

（2）Tkinter 原生的 PhotoImage() 方法只能实例化 GIF 格式的图片对象，而实际应用中其他格式（如 JPG、PNG 等）更常用，所以本程序改用 Python 图片库 PIL 的图像处理类来处理和显示各种类型的图片。

（3）Tkinter 多窗口程序要求同时在运行状态的有且只能有一个主窗口（用 Tk() 创建），因为前面的“功能导航”窗口已经作为主窗口了，故系统中其他模块的窗口只能以 Toplevel() 创建。只有这样，才能在各功能模块窗口正常显示各种类型的控件，如图片标签等。

（4）为了将当前查询到的商品信息集中显示在中央灰底的区域，程序定义了一个容器类 LabelFrame 控件对象，每一项商品信息的显示控件都以 place() 方法布局在其中，布局时以参数 relx、rely 分别设定子控件位置坐标相对于容器控件宽和高所占的比例（取值范围为 0 ～ 1）。

1. 查询商品信息

由于 Excel 商品表中存储记录的商品号是按照顺序（升序）排列的，为提高检索效率，本程序使用了对半查找算法来查询给定商品号的商品信息。

（1）先编写一个实现算法的功能函数 bsearch()，这是一个递归函数，定义如下：

```
def bsearch(lst, k, low, high):              # 对半查找函数
   if low <= high:
      mid = (low + high) // 2
      if k < lst[mid]:                       # 检索前半段
         return bsearch(lst, k, low, mid-1)
      elif k > lst[mid]:                     # 检索后半段
         return bsearch(lst, k, mid+1, high)
      else:
         return mid
   return -1
```

（2）实现查询功能的 query() 函数，代码如下：

```
def query(event):                                    # 查询函数
   pid = entry_pid.get()
   book = openpyxl.load_workbook(r'data/netshop.xlsx')
   sheet = book['商品表']                            # 打开 Excel 商品表
   # 读取“商品号”列数据生成一个列表，再调用对半查找函数 bsearch() 执行查询
   list_pid = [cell.value for cell in tuple(sheet.columns)[0][1:]]
   r = bsearch(list_pid, eval(pid), 0, len(list_pid)-1) + 1
   if r == 0:
       messagebox.showwarning('提示', '未检索到匹配的商品！')
   else:                                             # 检索到
       # 读取匹配的商品记录行的数据
       commodity = [cell.value for cell in tuple(sheet.rows)[r]]
       # 显示查询到的商品信息（含图片）
       label_pname.configure(text=commodity[2]) # 商品名称
```

```
        label_tcode.configure(text=commodity[1])                    # 类别编号
        label_pprice.configure(text='%.2f' % commodity[3])          # 价格
        label_stocks.configure(text=str(commodity[4]))              # 库存量
        try:                                                        # 图片存在
            image = Image.open(r'image/' + pid + '.jpg')
        except:                                                     # 不存在（用默认图片）
            image = Image.open(r'image/pic.jpg')
        mypic = ImageTk.PhotoImage(image.resize((150,150),Image.LANCZOS))
        label_image.config(image=mypic)
        label_image.image = mypic                                   # 显示图片
    book.close()
```

在显示查询到的商品信息时，需要对界面上的相应控件执行操作（如调用 configure() 方法修改文本、调用 config()、image 设置图片），这里要提醒读者特别注意的是，凡是需要在功能函数中引用操作的控件，在前面设计界面布局的时候，必须为其生成对象引用，用如下两行代码可以实现：

```
label_xxx = Label(labelframe_main, font=(myFType, myFSize-2), bg=myGC)
label_xxx.place(relx=..., rely=...)
```

而对于那些不需要引用操作的控件（如固定的文字标签），在布局时只用一行代码就可以了，形如：

```
    Label(labelframe_main, text='...', font=myFSize, bg=myGC).place(relx=...,
rely=...)
```

2. 选购商品

（1）业务逻辑分析

选购过程中，在对 Excel 的订单项表和订单表进行操作时，需要考虑如下两种不同情形。

第一种情形：用户为初次选购。用户从未购买过商品或已购买的商品皆已结算，此种情形下要做如下两步操作：

① 向订单项表中写入预备订单项（状态为“选购”）；

② 向订单表中写入预备订单（只有订单号和用户账号，支付金额和下单时间空缺）。

第二种情形：用户此前已选购（或订购）过商品。此种情形下，预备订单已经有了，只需往订单项表中添加用户此次选购所对应的订单项即可。

（2）程序实现

按上述分析的思路编写程序，使用函数 preshop() 实现选购功能，代码如下：

```
def preshop():                                          # 选购函数
    book = openpyxl.load_workbook(r'data/netshop.xlsx')
    sheet1 = book['订单项表']
    sheet2 = book['订单表']
    ### 首先判断该用户在此前有没有选/订购（即尚未结算）过商品 ###
    # （1）找出“订单项表”中所有状态不为“结算”的记录，将它们对应的订单号放入一个集合
    r = 0
    set_oid = set()
    for cell_stat in tuple(sheet1.columns)[3][1:]:
        r += 1
        if cell_stat.value != '结算':
            orderitem = [cell.value for cell in tuple(sheet1.rows)[r]]
```

```
        set_oid.add(orderitem[0])
    # （2）读取“订单表”的“订单号”“用户账号名”列，合成字典
    list_oid = [cell.value for cell in tuple(sheet2.columns)[0][1:]]
    list_uid = [cell.value for cell in tuple(sheet2.columns)[1][1:]]
    dict_ouid = dict(zip(list_oid, list_uid))
    # （3）将第（1）步得到的订单号集合与第（2）步得到的字典进行比对
    oid = 0
    exist = False
    for id in enumerate(set_oid):
        for key_oid, val_uid in dict_ouid.items():
            if (id[1] == key_oid) and (appvar.getID() == val_uid):
                exist = True
                oid = id[1]
                break
    # 若无匹配项，说明是初次选购
    if exist == False:
        # 读取“订单项表”的“订单号”列，生成预备订单号（当前已有订单号最大值+1)
        list_oid = [cell.value for cell in tuple(sheet1.columns)[0][1:]]
        oid = max(list_oid) + 1
        pid = eval(entry_pid.get())
        # 写入预备订单项
        s1r = str(sheet1.max_row + 1)    # 确定插入记录的行号
        sheet1['A' + s1r].alignment = Alignment(horizontal='center')
        sheet1['B' + s1r].alignment = Alignment(horizontal='center')
        sheet1['C' + s1r].alignment = Alignment(horizontal='center')
        sheet1['A' + s1r] = oid
        sheet1['B' + s1r] = pid
        sheet1['C' + s1r] = 1
        sheet1['D' + s1r] = '选购'
        # 写入预备订单
        s2r = str(sheet2.max_row + 1)
        sheet2['A' + s2r].alignment = Alignment(horizontal='center')
        sheet2['A' + s2r] = oid
        sheet2['B' + s2r] = appvar.getID()
    # 若有匹配项，说明该用户此前已有选/订购过商品
    else:
        pid = eval(entry_pid.get())
        # 添加此次选购的订单项
        s1r = str(sheet1.max_row + 1)    # 确定插入记录的行号
        sheet1['A' + s1r].alignment = Alignment(horizontal='center')
        sheet1['B' + s1r].alignment = Alignment(horizontal='center')
        sheet1['C' + s1r].alignment = Alignment(horizontal='center')
        sheet1['A' + s1r] = oid
        sheet1['B' + s1r] = pid
        sheet1['C' + s1r] = 1
        sheet1['D' + s1r] = '选购'
    book.save(r'data/netshop.xlsx')
    book.close()
    messagebox.showinfo('提示', '已选购。')
```

3. 运行数据演示

接下来运行程序模拟选购商品操作，看一下 Excel 工作表中数据的变化。

（1）先以账号 easy-bbb.cox 登录，先后选购 1002、1、3001 号商品。

（2）再以账号 sunrh-phei.nex 登录，选购 1002 号商品。

操作完成打开 netshop.xlsx，其中订单项表和订单表的数据如图 9.11 所示。

	A	B	C	D
1	订单号	商品号	订货数量	状态
2	1	2	2	结算
3	1	6	1	结算
4	2	2003	5	结算
5	4	2	1	结算
6	3	1901	1	结算
7	3	4101	1	结算
8	5	1901	2	结算
9	6	1002	2	结算
10	8	1901	6	结算
11	10	2001	10	结算
12	10	6	2	结算
13	10	2003	1	结算
14	9	2	5	结算
15	11	1002	1	选购
16	11	1	1	选购
17	11	3001	1	选购
18	12	1002	1	选购

（a）订单项表

	A	B	C	D
1	订单号	用户账号名	支付金额	下单时间
2	1	easy-bbb.cox	129.4	2021.10.01 16:04:49
3	2	sunrh-phei.nex	495	2021.10.03 09:20:24
4	3	sunrh-phei.nex	171.8	2021.12.18 09:23:03
5	4	231668-aa.cox	29.8	2022.01.12 10:56:09
6	5	easy-bbb.cox	119.6	2022.01.06 11:49:03
7	6	sunrh-phei.nex	33.8	2022.03.10 14:28:10
8	8	easy-bbb.cox	358.8	2022.05.25 15:50:01
9	9	231668-aa.cox	149	2022.11.11 22:30:18
10	10	sunrh-phei.nex	1418.6	2022.06.03 08:15:23
11	11	easy-bbb.cox		
12	12	sunrh-phei.nex		
13				

（b）订单表

图9.11　选购商品后的数据变化

9.2.6　下单结算模块开发

在“下单结算”窗口，显示了当前用户已经订购的商品，可单击界面底部左下方的指示按钮翻页查看商品信息；可单击“订购”按钮进行订购，已订购商品信息显示区右下角会出现“已订购”字样，单击“取消”按钮可退订；对于已订购的商品，可单击“数量”栏的上下箭头调整订货数量，底部“金额”栏也会随之更新；确认购买后单击“结算”按钮，可对当前所有订购的商品下单，界面如图 9.12 所示。

9-5　下单结算模块开发

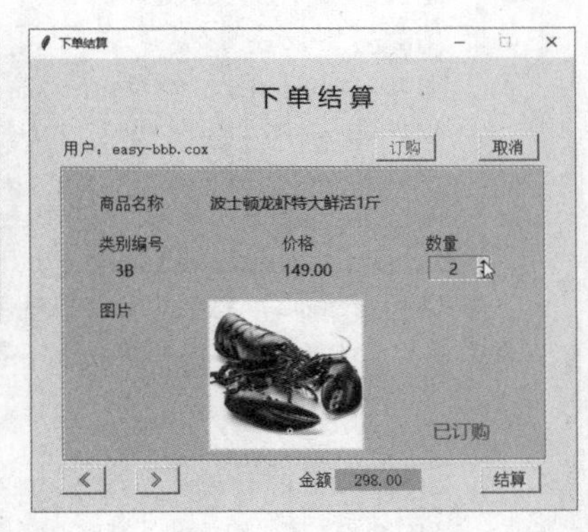

图9.12　下单结算界面

这个界面的布局与商品选购界面的差不多，也用了容器类 LabelFrame 集中显示商品信息。关键部分代码框架如下（confirmshop.py）：

```
import appvar                          # 引用系统全局变量（appvar.py）
from appvar import myFSize, myFType, myGC
from tkinter import *
from tkinter import messagebox
from PIL import Image, ImageTk
import openpyxl
from openpyxl.styles import Alignment
import datetime                        # 日期时间库（用于生成和处理下单时间）

# 全局变量
```

下单结算模块代码（完整版）

```
    cart = []                              # 用户所有已选 / 订购的商品
    index = 0                              # 当前页显示的商品记录索引
    oid = 0                                # 当前用户的预备订单号
    total = 0.00                           # 订购商品的总金额

    def form_confirmshop(uid):             # "下单结算"窗口
        # 功能函数定义
        def loadshop():                    # 加载已选 / 订购商品函数
            ......
        def showcart():                    # 显示已选 / 订购商品函数
            ......
        def forward():                     # 向前翻页函数
            ......
        def backward():                    # 向后翻页函数
            ......
        def confirm():                     # 订购函数
            ......
        def cancel():                      # 取消函数
            ......
        def changecnum():                  # 调整数量函数
            ......
        def payorder():                    # 结算函数
            ......
        # 以下是窗口创建及布局设计代码
        master = Toplevel()
        ......
        Label(master, text='用户：'+appvar.getID(), font=myFSize).grid(...)
        button_confirm = Button(master, text=' 订购 ', ..., command=confirm)
        button_confirm.grid(row=1, column=3)
        button_cancel = Button(master, text=' 取消 ', ..., command=cancel)
        button_cancel.grid(row=1, column=4, sticky=W)
        labelframe_main = LabelFrame(master, bg=myGC, width=480, height=300)
        labelframe_main.grid(row=2, column=0, columnspan=5, sticky=W, padx=30, pady=5)
        ......
        # 数量
        Label(labelframe_main, text='数量', ...).place(...)
        spinbox_cnum = Spinbox(labelframe_main, from_=1, to=100, increment=1, width=5,
justify=CENTER, ...command=changecnum)
        spinbox_cnum.place(relx=0.76, rely=0.3)
        # 状态
        label_status = Label(labelframe_main, ..., fg='green')
        label_status.place(relx=0.76, rely=0.85)
        # 底部"金额"栏和"结算"按钮
        Button(master, text=' 《 ', ..., command=backward).grid(...)
        Button(master, text=' 》 ', ..., command=forward).grid(...)
        Label(master, text='金额', font=myFSize).grid(...)
        label_total = Label(master, ..., bg='#ABCE99', relief='flat', ...)
        label_total.grid(row=3, column=3, sticky=W)
        Button(master, text=' 结算 ', ..., command=payorder).grid(...)
        loadshop()                                      # 加载用户已选 / 订购的所有商品数据
        master.mainloop()
```

1. 显示已选 / 订购的商品

（1）加载数据

下单结算模块在初始启动时首先要加载当前用户已经选购和订购的所有商品数据。为便于存储和管理，程序将这部分数据以字典的形式载入内存，并定义为全局变量 cart[]（其中数据形式如图 9.13 所示），其他任何函数都可快速地访问到它。

```
[{'商品号': 1002, '商品名称': '砀山梨5斤箱装特大果', '类别编号': '1B', '价格': 16.9, '数量': 1, '状态': '选购'}, {'
商品号': 1, '商品名称': '洛川红富士苹果冰糖心10斤箱装', '类别编号': '1A', '价格': 44.8, '数量': 1, '状态': '订购'},
{'商品号': 3001, '商品名称': '波士顿龙虾特大鲜活1斤', '类别编号': '3B', '价格': 149, '数量': 2, '状态': '订购'}]
```

图9.13　cart[]中的数据形式

加载已选 / 订购商品函数 loadshop() 代码如下：

```
def loadshop():                                        # 加载已选 / 订购商品函数
    book = openpyxl.load_workbook(r'data/netshop.xlsx')
    sheet1 = book['订单项表']
    sheet2 = book['订单表']
    sheet3 = book['商品表']
    # （1）到“订单表”中找到“用户账号名”为当前用户 uid 且“下单时间”为空的记录的订单号
    global oid, total
    r = 0
    for cell_uid in tuple(sheet2.columns)[1][1:]:
        r += 1
        if cell_uid.value == appvar.getID():
            order = [cell.value for cell in tuple(sheet2.rows)[r]]
            if order[3] == None:
                oid = order[0]
                # 顺便读取支付金额（如果有的话）用于填写下单结算界面的“金额”栏
                if order[2] != None:
                    total = order[2]
                break
    # （2）根据第（1）步得到的订单号到“订单项表”中查询当前用户已选 / 订购商品的记录
    global cart
    cart = []
    list_key = ['商品号', '商品名称', '类别编号', '价格', '数量', '状态']
    list_val = []
    pid = 0
    pname = ''
    tcode = ''
    pprice = 0.00
    cnum = 0
    status = ''
    r = 0
    for cell_oid in tuple(sheet1.columns)[0][1:]:
        r += 1
        if cell_oid.value == oid:
            orderitem = [cell.value for cell in tuple(sheet1.rows)[r]]
            pid = orderitem[1]
            cnum = orderitem[2]
            status = orderitem[3]
            # 根据商品号到“商品表”进一步获取该商品的其他信息
```

```
        n = 0
        for cell_pid in tuple(sheet3.columns)[0][1:]:
            n += 1
            if cell_pid.value == pid:
                commodity = [cell.value for cell in tuple(sheet3.rows)[n]]
                pname = commodity[2]
                tcode = commodity[1]
                pprice = commodity[3]
                break
        # 填写 list_val[]，并与 list_key[] 合成一个字典记录
        list_val.append(pid)
        list_val.append(pname)
        list_val.append(tcode)
        list_val.append(pprice)
        list_val.append(cnum)
        list_val.append(status)
        dict_shop = dict(zip(list_key,list_val))
        cart.append(dict_shop)  # 将字典记录添加到列表
        list_val = []
        pid = 0
        pname = ''
        tcode = ''
        pprice = 0.00
        cnum = 0
        status = ''
    if len(cart) != 0:
        showcart()                                          # 显示数据
```

（2）显示数据

有了数据，要显示就十分方便了，由于 cart[] 中的每一个记录都是字典的形式，因此可以通过键名访问其数据项，然后直接将数据显示在界面控件上。

显示已选 / 订购商品函数 showcart() 代码如下：

```
def showcart():                                  # 显示已选 / 订购商品函数
    global index
    label_pname.configure(text=cart[index]['商品名称'])
    label_tcode.configure(text=cart[index]['类别编号'])
    label_pprice.configure(text='%.2f' % cart[index]['价格'])
    spinbox_cnum.delete(0, END)
    spinbox_cnum.insert(0, cart[index]['数量'])
    try:
        image = Image.open(r'image/' + str(cart[index]['商品号']) + '.jpg')
    except:
        image = Image.open(r'image/pic.jpg')
    mypic = ImageTk.PhotoImage(image.resize((150, 150), Image.LANCZOS))
    label_image.config(image=mypic)
    label_image.image = mypic
    if cart[index]['状态'] == '订购':
        label_status.configure(text='已订购')
        button_confirm.configure(state='disabled')
        button_cancel.configure(state='normal')
```

```
    else:
        label_status.configure(text='')
        button_confirm.configure(state='normal')
        button_cancel.configure(state='disabled')
    label_total.configure(text='%.2f' % total)            # 显示底部“金额”栏
```

（3）翻页

通常用户选购和订购的商品肯定不止一个，故需要提供翻页浏览功能。由于所有数据都已经放在一个字典中了，只需将索引 index 定义为全局变量，通过控制其加减即可轻松实现翻页功能。

分别将界面底部左下角的两个按钮与向前翻页、向后翻页的功能函数绑定在一起，代码如下：

```
def forward():                                  # 向前翻页函数
    global index, cart
    if len(cart) == 0:
        pass
    elif index < len(cart)-1:
        index = index + 1
        showcart()
    else:
        index = 0                               # 如果已是最后一页，回到第 1 页
        showcart()

def backward():                                 # 向后翻页函数
    global index, cart
    if len(cart) == 0:
        pass
    elif index == 0:                            # 如果已是第 1 页，接着显示最后一页
        index = len(cart) - 1
        showcart()
    else:
        index = index - 1
        showcart()
```

每次改变索引 index 后都要调用一次显示函数 showcart() 才能刷新界面。

2. 订购商品

（1）订购

订购商品的实质就是确定商品购买数量，并将用户需要支付的金额写入订单，故它包含以下一系列操作：

① 根据商品数量和价格算出支付金额；

② 填写订单项表的订货数量、修改订单项状态为“订购”；

③ 更新订单的支付金额。

（2）订购程序实现

按上述 3 个操作步骤编写程序，实现订购函数 confirm()，代码如下：

```
def confirm():                                          #订购函数
    global cart, index, oid, total
    book = openpyxl.load_workbook(r'data/netshop.xlsx')
```

```
    sheet1 = book['订单项表']
    sheet2 = book['订单表']
    # （1）根据当前 index 从 cart[] 中读取“商品号”“价格”，根据“数量”算出支付金额
    pid = cart[index]['商品号']
    cnum = eval(spinbox_cnum.get())
    pay = cart[index]['价格'] * cnum
    # （2）根据订单号 oid 和“商品号”到“订单项表”中定位，填写订货数量、修改订单项状态
    r = 0
    for cell_oid in tuple(sheet1.columns)[0][1:]:
        r += 1
        if cell_oid.value == oid:
            orderitem = [cell.value for cell in tuple(sheet1.rows)[r]]
            if orderitem[1] == pid:
                sheet1['C' + str(r+1)] = cnum
                sheet1['D' + str(r+1)] = '订购'
                break
    # （3）根据订单号 oid 到“订单表”中定位，金额 total 累加之后更新订单的支付金额
    r = 0
    for cell_oid in tuple(sheet2.columns)[0][1:]:
        r += 1
        if cell_oid.value == oid:
            sheet2['C' + str(r+1)].alignment = Alignment(horizontal='center')
            sheet2['C' + str(r+1)] = total + pay
            break
    book.save(r'data/netshop.xlsx')
    book.close()
    # （4）刷新界面
    loadshop()
```

由于在执行订购操作后，当前用户订单项的数据已经改变，因此还要调用载入函数 loadshop() 重新加载一次 cart[] 的数据，才能在界面上实时反映出最新的商品状态信息。

（3）取消订购

取消订购业务的操作步骤与订购业务的操作步骤完全一样，只是需要将订单项表订货数量改回默认值 1，状态改回“选购”，而更新订单支付金额是进行减少而非增加操作。

程序实现如下：

```
def cancel():                                               #取消函数
    global cart, index, oid, total
    book = openpyxl.load_workbook(r'data/netshop.xlsx')
    sheet1 = book['订单项表']
    sheet2 = book['订单表']
    # （1）根据当前 index 从 cart[] 中读取“商品号”“数量”和“价格”，算出支付金额
    pid = cart[index]['商品号']
    cnum = cart[index]['数量']
    pay = cart[index]['价格'] * cnum
    # （2）根据订单号 oid 和“商品号”到“订单项表”中定位，订货数量置为 1、修改状态
    r = 0
    for cell_oid in tuple(sheet1.columns)[0][1:]:
```

```
        r += 1
        if cell_oid.value == oid:
            orderitem = [cell.value for cell in tuple(sheet1.rows)[r]]
            if orderitem[1] == pid:
                sheet1['C' + str(r+1)] = 1
                sheet1['D' + str(r+1)] = '选购'
                break
    # （3）根据订单号 oid 到“订单表”中定位，total 减去相应金额之后更新支付金额
    r = 0
    for cell_oid in tuple(sheet2.columns)[0][1:]:
        r += 1
        if cell_oid.value == oid:
            sheet2['C' + str(r+1)].alignment = Alignment(horizontal='center')
            sheet2['C' + str(r+1)] = total - pay
            break
    book.save(r'data/netshop.xlsx')
    book.close()
    # （4）刷新界面
    loadshop()
```

3. 调整订货数量

对于已订购的商品，用户可通过界面操作调整数量，订单金额会同步更新显示，但订单项的状态保持不变（仍为“订购”状态）。需要注意的是：调整数量只针对已订购的商品，而对于尚未订购（选购）的商品，调整其数量是没有意义的，程序也不会“记住”这个数量值，且不会进行任何动作。

该功能业务的操作步骤同订购业务和取消订购业务的操作步骤，实现如下：

```
def changecnum():                                   # 调整数量函数
    global cart, index, oid, total
    book = openpyxl.load_workbook(r'data/netshop.xlsx')
    sheet1 = book['订单项表']
    sheet2 = book['订单表']
    # （1）根据当前 index 从 cart[] 中读取“商品号”“数量”（调整前）“价格”和“状态”，从
spinbox_cnum 获取“数量”（调整后），根据“价格”和数量差算出要调整的金额
    status = cart[index]['状态']
    if status != '订购':                              # 调整数量只针对已订购的商品
        pass
    else:
        pid = cart[index]['商品号']
        cnum_old = cart[index]['数量']
        cnum_new = eval(spinbox_cnum.get())
        pay_add = cart[index]['价格'] * (cnum_new - cnum_old)
        # （2）根据订单号 oid 和“商品号”到“订单项表”中定位，修改订货数量
        r = 0
        for cell_oid in tuple(sheet1.columns)[0][1:]:
            r += 1
            if cell_oid.value == oid:
                orderitem = [cell.value for cell in tuple(sheet1.rows)[r]]
                if orderitem[1] == pid:
                    sheet1['C' + str(r + 1)] = cnum_new
                    break
```

```
    # （3）根据订单号 oid 到“订单表”中定位，金额 total 累加之后更新支付金额
    r = 0
    for cell_oid in tuple(sheet2.columns)[0][1:]:
        r += 1
        if cell_oid.value == oid:
            sheet2['C' + str(r + 1)].alignment = Alignment(horizontal='center')
            sheet2['C' + str(r + 1)] = total + pay_add
            break
    book.save(r'data/netshop.xlsx')
    book.close()
    # （4）刷新界面
    loadshop()
```

4. 结算

（1）结算的业务逻辑

结算只针对“订购”状态的商品，但当前用户除了订购了一些商品可能还有一些选购的商品并不参与本次结算，而一旦执行结算操作，原订单表里的预备订单就变成了实际订单，故必须再为该用户生成一个新的预备订单，将其剩余的选购商品与这个新订单的订单号关联。按这个思路设计结算程序的步骤如下：

① 将状态为“订购”的订单项状态改为“结算”，同时更新商品表对应商品的库存（原库存量减去订货数量）；

② 填写下单时间；

③ 确定新的预备订单号；

④ 将该用户尚未结算（“选购”状态）的商品订单项关联新的预备订单号；

⑤ 生成新的预备订单。

（2）结算程序实现

按上述设计的步骤去编写程序，实现结算函数 payorder()，代码如下：

```
def payorder():                                          # 结算函数
    global cart, index, oid, total
    book = openpyxl.load_workbook(r'data/netshop.xlsx')
    sheet1 = book['订单项表']
    sheet2 = book['订单表']
    sheet3 = book['商品表']
    # （1）将当前订单号 oid 状态为“订购”的记录状态改为“结算”
    r = 0
    for cell_oid in tuple(sheet1.columns)[0][1:]:
        r += 1
        if cell_oid.value == oid:
            orderitem = [cell.value for cell in tuple(sheet1.rows)[r]]
            if orderitem[3] == '订购':
                sheet1['D' + str(r + 1)] = '结算'
                # 更新“商品表”库存
                n = 0
                for cell_pid in tuple(sheet3.columns)[0][1:]:
                    n += 1
                    if cell_pid.value == orderitem[1]:
                        commodity = [cell.value for cell in tuple(sheet3.rows)[n]]
                        sheet3['E' + str(n + 1)] = commodity[4] - orderitem[2]
```

```
    # （2）根据订单号 oid 到“订单表”中定位，填写“下单时间”
    r = 0
    for cell_oid in tuple(sheet2.columns)[0][1:]:
        r += 1
        if cell_oid.value == oid:
            sheet2['D' + str(r + 1)].alignment = Alignment(horizontal='center')
            sheet2['D' + str(r + 1)] = datetime.datetime.strftime(datetime.datetime.
now(),'%Y.%m.%d %H:%M:%S')
            break
    # （3）读取“订单项表”的“订单号”列，生成新的预备订单号（当前已有订单号最大值+1）
    list_oid = [cell.value for cell in tuple(sheet1.columns)[0][1:]]
    oid_new = max(list_oid) + 1
    # （4）修改尚未结算的订单号为新订单号
    r = 0
    for cell_oid in tuple(sheet1.columns)[0][1:]:
        r += 1
        if cell_oid.value == oid:
            orderitem = [cell.value for cell in tuple(sheet1.rows)[r]]
            if orderitem[3] != '结算':
                sheet1['A' + str(r + 1)] = oid_new
    # （5）写入预备订单
    oid = oid_new
    s2r = str(sheet2.max_row + 1)
    sheet2['A' + s2r].alignment = Alignment(horizontal='center')
    sheet2['A' + s2r] = oid
    sheet2['B' + s2r] = appvar.getID()
    book.save(r'data/netshop.xlsx')
    book.close()
    messagebox.showinfo('提示', '下单成功！')
    # （6）刷新界面
    index = 0
    total = 0.00
    loadshop()
```

5. 运行程序

接下来运行程序模拟订购商品、结算操作，看一下 Excel 工作表中数据的变化。

（1）以账号 easy-bbb.cox 登录，从已选购的 1002、1、3001 号商品中，订购 1 号商品 1 件、3001 号商品 2 件。

完成后 netshop.xlsx 中的记录如图 9.14 所示。

	A	B	C	D
1	订单号	商品号	订货数量	状态
2	1	2	2	结算
3	1	6	1	结算
4	2	2003	5	结算
5	4	2	1	结算
6	3	1901	1	结算
7	3	4101	1	结算
8	5	1901	2	结算
9	6	1002	2	结算
10	8	1901	6	结算
11	10	2001	10	结算
12	10	6	2	结算
13	10	2003	1	结算
14	9	2	5	结算
15	11	1002	1	选购
16	11	1	1	订购
17	11	3001	2	订购
18	12	1002	1	选购

（a）订单项表

	A	B	C	D
1	订单号	用户账号名	支付金额	下单时间
2	1	easy-bbb.cox	129.4	2021.10.01 16:04:49
3	2	sunrh-phei.nex	495	2021.10.03 09:20:24
4	3	sunrh-phei.nex	171.8	2021.12.18 09:23:03
5	4	231668-aa.cox	29.8	2022.01.12 10:56:09
6	5	easy-bbb.cox	119.6	2022.01.06 11:49:03
7	6	sunrh-phei.nex	33.8	2022.03.10 14:28:10
8	8	easy-bbb.cox	358.8	2022.05.25 15:50:01
9	9	231668-aa.cox	149	2022.11.11 22:30:18
10	10	sunrh-phei.nex	1418.6	2022.06.03 08:15:23
11	11	easy-bbb.cox	342.8	
12	12	sunrh-phei.nex		

（b）订单表

图9.14　订购商品后的数据变化

（2）单击“结算”按钮，弹出消息框提示下单成功。

再次打开 netshop.xlsx，看到内容如图 9.15 所示。

订单号	商品号	订货数量	状态
1	2	2	结算
1	6	1	结算
2	2003	5	结算
4	2	1	结算
3	1901	1	结算
3	4101	1	结算
5	1901	2	结算
6	1002	2	结算
8	1901	6	结算
10	2001	10	结算
10	6	2	结算
10	2003	1	结算
9	2	5	结算
13	1002	1	选购
11	1	1	结算
11	3001	2	结算
12	1002	1	选购

（a）订单项表

订单号	用户账号名	支付金额	下单时间
1	easy-bbb.cox	129.4	2021.10.01 16:04:49
2	sunrh-phei.nex	495	2021.10.03 09:20:24
3	sunrh-phei.nex	171.8	2021.12.18 09:23:03
4	231668-aa.cox	29.8	2022.01.12 10:56:09
5	easy-bbb.cox	119.6	2022.01.06 11:49:03
6	sunrh-phei.nex	33.8	2022.03.10 14:28:10
8	easy-bbb.cox	358.8	2022.05.25 15:50:01
9	231668-aa.cox	149	2022.11.11 22:30:18
10	sunrh-phei.nex	1418.6	2022.06.03 08:15:23
11	easy-bbb. cox	342. 8	2023. 01. 31 16:44:34
12	sunrh-phei. nex		
13	easy-bbb. cox		

（b）订单表

图9.15　结算后的数据变化

可见，对于剩下的那一件未结算的 1002 号商品，系统已经为其分配了新的预备订单号 13。

9.2.7　销售分析模块开发

9-6　销售分析模块开发

为了解商品的销售情况，需要将销售额按一定要求进行统计分析，绘出可视化图表以供市场调研使用。

1. 程序框架

销售分析模块包含在 saleanalysis.py 中，其中定义了 3 个函数 create()、analybytype() 和 analybymonth()，分别实现准备数据、按类别分析和按月份分析绘图的功能，代码框架如下：

```
import openpyxl
import matplotlib.pyplot as plt                       # 导入绘图库
plt.rcParams['font.sans-serif'] = ['SimHei']          # 正常显示中文
# 商品销售数据
saledata = []                                         # 存放全部销售数据（二维列表）
type = []                                             # 商品大类名称列表
money_t = []                                          # 对应大类的金额列表
month = ['01', '02', '03', '04', '05', '06', '07', '08', '09', '10', '11', '12']
                                                      # 月份列表
money_m = [0.00 for i in range(12)]                   # 对应月份的金额列表

def create():                                         # 构造销售数据函数
    ......
def analybytype():                                    #按类别分析函数
    ......
def analybymonth():                                   # 按月份分析函数
    ......
```

说明

定义 create() 函数构造用于绘图的销售数据，准备的数据存放在几个全局变量结构中，供另外两个函数在绘图时使用。

在“功能导航”窗口（main.py）中调用销售分析模块的函数，完成分析绘图的功能。其中，按类别绘图的函数调用在导航函数 navigate() 值为 2 的选项分支中，按月份绘图的函数调用在值为 3 的选项分支中。

2. 数据准备

因为要基于所有已结算的订单项数据绘图，为方便统计，将数据预处理后加载到一个二维列表 saledata[] 中，该列表每行记录各字段的含义为：

[订单号 , 商品号 , 数量 , 价格 , 金额 , 类别 , 月份]

加载后的数据形式如图 9.16 所示。

```
[[1, 2, 2, 29.8, 59.6, '水果', '10'],
 [1, 6, 1, 69.8, 69.8, '水果', '10'],
 [2, 2003, 5, 99, 495, '肉禽', '10'],
 [4, 2, 1, 29.8, 29.8, '水果', '01'],
 [3, 1901, 1, 59.8, 59.8, '水果', '12'],
 ……                                  ]]
```

图9.16 saledata[]中的数据形式

create() 函数负责准备数据，生成以上形式的二维列表，其代码如下：

```
def create():                    #构造销售数据函数
    global saledata,type,money_t,money_m
    book = openpyxl.load_workbook(r'data/netshop.xlsx')
    sheet1 = book['订单项表']
    sheet2 = book['订单表']
    sheet3 = book['商品表']
    sheet4 = book['商品分类表']
    # 从“订单项表”中读取所有“状态”为“结算”的记录
    r = 0
    for cell_status in tuple(sheet1.columns)[3][1:]:
        r += 1
        if cell_status.value == '结算':
            orderitem = [cell.value for cell in tuple(sheet1.rows)[r]]
            # [ 订单号 , 商品号 , 数量 , 价格 , 金额 , 类别 , 月份 ]
            saleitem = [orderitem[0],orderitem[1],orderitem[2],0.00,0.00,'','']
            saledata.append(saleitem)
    # 由每一项saleitem的“商品号”到“商品表”中查出价格、算出金额，查出“类别编号”，再根据“类别编号”到“商品分类表”中查出大类名称，写入saledata[]
    for k,saleitem in enumerate(saledata):
        n = 0
        for cell_pid in tuple(sheet3.columns)[0][1:]:
            n += 1
            if cell_pid.value == saleitem[1]:
                commodity = [cell.value for cell in tuple(sheet3.rows)[n]]
                # 写价格、金额
                saleitem[3] = commodity[3]
                saleitem[4] = saleitem[3] * saleitem[2]
                # 写类别
                tid = commodity[1][0]
                i = 0
                for cell_tid in tuple(sheet4.columns)[0][1:]:
                    i += 1
                    if cell_tid.value == eval(tid):
                        tname = [cell.value for cell in tuple(sheet4.rows)[i]]
                        saleitem[5] = tname[1]
                        break
                break
    # 由每一项saleitem的“订单号”到“订单表”中查出“下单时间”、截取月份字段，写入saledata[]
    for k,saleitem in enumerate(saledata):
        n = 0
```

```
        for cell_oid in tuple(sheet2.columns)[0][1:]:
            n += 1
            if cell_oid.value == saleitem[0]:
                order = [cell.value for cell in tuple(sheet2.rows)[n]]
                # 写月份
                saleitem[6] = order[3][5:7]
                break
    # 按类别分析
    typeset = {}
    for saleitem in saledata:
        typeset[saleitem[5]] = typeset.get(saleitem[5],0) + saleitem[4]
    typeset = dict(sorted(typeset.items(), key=lambda x:x[1], reverse=True))
    type = typeset.keys()
    money_t = typeset.values()
    # 按月份分析
    for saleitem in saledata:
        money_m[eval(saleitem[6].lstrip('0')) - 1] += saleitem[4]
```

说明

统计完成的数据存放进几个全局变量结构中，它们的作用如下。

type[] 存储商品大类名称，具体为：

['肉禽', '水果', '海鲜水产', '粮油蛋']

money_t[] 存储大类名称对应的销售金额，具体为：

[1774, 1064.6000000000001, 298, 112]

money_m[] 存储各月份对应的销售金额，具体为：

[149.4, 0.0, 33.8, 342.8, 358.79999999999995, 1418.6, 0.0, 0.0, 0.0, 624.4, 149.0, 171.8]

有了这些数据，就可以使用它们来绘图了。

3. 按类别分析绘图

analybytype() 函数使用 type[] 和 money_t[] 的数据，按商品各个大类销售额占比绘制饼图，代码如下：

```
def analybytype():  # 按类别分析函数
    plt.figure(figsize=(5, 3))
    plt.pie(money_t, labels=type, radius=0.8, autopct='%1.1f%%', shadow=True,
explode=[0.1, 0, 0, 0])
    plt.title('商品按类别销售数据分析', fontname='SimHei', fontsize=18)
    plt.show()
```

explode 参数指定将饼图中的某一块分离以突出显示，由于 money_t[] 中的数据已经按从大到小的顺序排列，设置 explode=[0.1,0,0,0] 就将占比最大的一块数据项突显出来了。

运行程序，显示效果如图 9.17 所示。

4. 按月份分析绘图

analybymonth() 函数使用 money_m[] 中的数据，按月份销售额变化绘制柱形图和折线图，代码如下：

```
def analybymonth():                                          # 按月份分析函数
    plt.figure(figsize=(10, 6))
```

```
plt.bar(month, money_m, color='lightblue')              # 绘制柱形图
plt.plot(month, money_m, color='red')                   # 绘制折线图
plt.title('商品按月份销售数据分析', fontname='SimHei', fontsize=18)
plt.xlabel('月份', loc='right')
plt.ylabel('金额 / 元', rotation=0, loc='top')
plt.show()
```

运行程序，显示效果如图 9.18 所示。

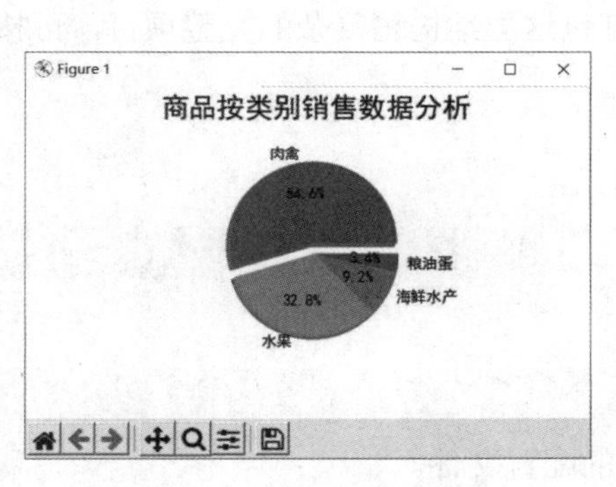

图9.17　按类别分析绘图

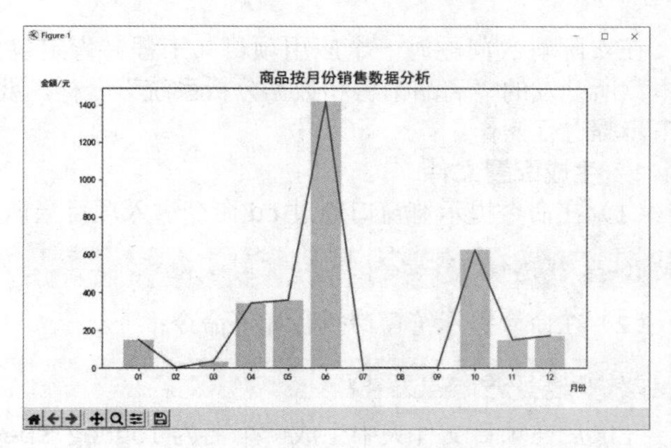

图9.18　按月份分析绘图

9.3　Python 应用程序打包发布

9-7　Python 应用程序打包发布

对于初学者而言，在 Python 集成开发环境窗口中，通过直接执行 Python 语句和 Python 程序来学习 Python 非常方便。但在实际应用中，Python 程序编写完成后应该编译成可执行文件（扩展名为 .exe），这样就可以脱离 Python 集成开发环境直接运行。

PyInstaller 是 Python 的第三方打包库，它具备将 .py 文件源代码转换成 Windows、Linux、MacOS X 下的可执行文件的功能。对于 Windows，PyInstaller 可以将 Python 源代码变成 .exe 文件。

在命令提示符窗口中运行 pip 命令安装 PyInstaller。例如：

```
C:\..>pip install Pyinstaller -i https://pypi.tuna.tsinghua.edu.cn/simple
```

在 PyInstaller 安装完成后，Python 目录的 Scripts 子目录下会生成运行文件（Pyinstaller.exe）。

9.3.1　单程序文件打包

单程序文件仅由一个 .py 文件构成，一般用于测试某个单一的功能。在命令提示符窗口中使用下列命令可以打包单个 .py 文件：

```
PyInstaller 命令选项 <.py 文件路径和文件名 >
```

例如，在 Windows 下用 test1.py 生成 .exe 文件，命令如下：

```
C:\...>PyInstaller -F 文件路径 \test1.py
```

PyInstaller 运行后会产生 dist 文件夹（文件夹位置需要注意看提示信息），其中就有 .exe 文件。

PyInstaller 常用命令选项如下。

-h：查看帮助。

--clean：清理打包过程中产生的临时文件。

-D,--onedir：指定创建包含 .exe 文件的文件夹 dist。

-F,--onefile：在文件夹 dist 中只生成独立的打包文件，这个文件可以完整地实现与 .py 文件源代码的相同功能。

-i < 图标文件名 .ico>：指定打包文件使用的图标（文件扩展名为 .ico）。

9.3.2 多程序文件项目的打包

在实际解决问题时一个应用项目（工程）肯定包含若干个 .py 文件，还有配套的资源，就像本章所开发的“商品销售和数据分析系统”一样。要打包这类结构稍复杂的完整项目，可按照如下步骤进行操作。

1. 生成配置文件

（1）在命令提示符窗口通过 cd 命令进入项目当前目录：

```
cd E:\MyPython\Code\D9
```

（2）在命令提示符窗口执行如下命令：

```
pyi-makespec logreg.py
```

完成后在项目文件夹中生成一个名为 logreg.spec 的配置文件。

只有针对项目的入口文件（本项目中为 logreg.py）生成的配置文件才可以用于接下来的打包。

2. 修改配置文件

用记事本打开 logreg.spec 文件，在其中添加、修改的内容如下（加黑处）：

```
# -*- mode: python ; coding: utf-8 -*-

block_cipher = None

a = Analysis(['logreg.py', 'main.py', 'appvar.py', 'D:\\MyPython\\Code\\D9\\shop\\preshop.py', 'D:\\MyPython\\Code\\D9\\shop\\confirmshop.py', 'D:\\MyPython\\Code\\D9\\analysis\\saleanalysis.py'],
             pathex=['D:\\MyPython\\Code\\D9'],
             binaries=[],
             datas=[('D:\\MyPython\\Code\\D9\\data', 'data'), ('D:\\MyPython\\Code\\D9\\image', 'image')],
             hiddenimports=[],
             hookspath=[],
             hooksconfig={},
             runtime_hooks=[],
             excludes=[],
             win_no_prefer_redirects=False,
             win_private_assemblies=False,
             cipher=block_cipher,
             noarchive=False)
pyz = PYZ(a.pure, a.zipped_data,
             cipher=block_cipher)
```

```
exe = EXE(pyz,
          a.scripts,
          [],
          exclude_binaries=True,
          name='logreg',
          debug=False,
          bootloader_ignore_signals=False,
          strip=False,
          upx=True,
          console=True,
          disable_windowed_traceback=False,
          target_arch=None,
          codesign_identity=None,
          entitlements_file=None )
coll = COLLECT(exe,
               a.binaries,
               a.zipfiles,
               a.datas,
               strip=False,
               upx=True,
               upx_exclude=[],
               name='logreg')
```

（1）在 Analysis() 的第一个列表中填写项目所有的 .py 文件，与 logreg.py 在同一个文件夹的（如 main.py、appvar.py）可以直接写文件名，不在同一个文件夹的文件（如 preshop.py、confirmshop.py、saleanalysis.py）则需要写出完整的文件路径。

（2）在 pathex 列表中填写项目所在的根目录路径。

（3）datas 中的元素是元组类型的，用于配置项目的资源。每个元组包含两个元素：第一个是该资源在原项目中的路径；第二个是打包生成的 .exe 文件所在目录中用来保存此资源的文件夹名，注意要与项目中的资源文件夹名相同。

logreg.py 是项目入口文件，生成的 logreg.spec 配置文件中调用的所有 .py 文件的路径都是以它所在的目录进行定位的，故通常将 logreg.py 放在最外层项目文件夹中。

3. 用配置文件打包

在生成并正确地设置了配置文件后，打包操作就非常简单了，只要在项目目录下执行如下命令：

```
pyinstaller -D logreg.spec
```

然后屏幕上会显示很多信息，只需稍候片刻，打包即可完成。在原项目目录下生成了一个 dist 文件夹，打开它后可看到里面有一个 logreg（与入口文件同名）目录，这个就是打包后项目发布到的目录，将其复制到任何地方（甚至脱离 Python 集成开发环境）都可以运行项目。在 logreg 目录中有一个 logreg.exe 文件，双击它即可启动系统运行。

【实训】

1. 逐步输入【项目实战】中的代码，运行代码，测试功能正确性。

2．修改“用户管理模块”logreg.py 中的注册函数 register()，控制注册用户账号名必须以字母开头，中间不能包含空格；密码必须由 6 位以上字符组成，而且同时包含字母和数字。

3．在“功能导航”窗口中增加“本 App 功能介绍”项，选择该项后单击“确定”，出现一个新窗口，窗口中显示“这是新窗口显示内容！”。

4．完善商品选购模块，单击“选购”按钮，判断该商品是否已经选购但未结算，如果是，则弹窗显示相应提示信息。

5．在下单结算模块中对已经结算的商品增加“退货”功能。

6．修改销售分析模块，按季度汇总销售数据并将其用饼图展示，按商品分类汇总销售数据并用柱形图和折线图展示。

【习题】

一、选择题

1．下列说法错误的是（　　）。

A．程序设计方法主要用于构建中大规模应用系统

B．一个 .py 文件可以不包含函数

C．一个 App 可以有多个入口

D．除了主窗口以 Tk() 创建，其他窗口只能以 Toplevel() 创建

2．下列说法错误的是（　　）。

A．一个 App 的所有 .py 文件可以放在同一个目录中

B．使用包主要是为了方便组织文件

C．一个 App 的所有 .py 文件除了入口文件均不能单独运行

D．除了入口文件，其他文件应该放在与入口文件相同的目录或该目录的子目录中

3．下列说法错误的是（　　）。

A．一个 .py 文件中非函数中的变量可以在本文件各函数中使用

B．共享的变量可以被它存放的文件外的其他程序修改

C．以 place() 方法布局在 LabelFrame 容器中的控件，都以参数 relx、rely 设定其位置坐标相对于容器宽和高所占的比例

D．访问其他包中的模块以“from 包名 . 模块名 import *” 导入

4．下列说法错误的是（　　）。

A．打包项目只支持指定格式的图片文件

B．打包生成的 .exe 文件可以脱离 Python 集成开发环境运行，但文件的绝对路径需要相同

C．打包生成的 .exe 文件和生成的其他文件一起配合才能运行

D．CSV 文件、Excel 文件、文本文件和图像文件均为资源文件

二、说明题

1．自顶向下方法一般在什么情况下采用？

2．在 PyCharm 与 IDLE 中开发应用程序各有什么优点？

3．什么情况需要使用 LabelFrame 容器？

4．为什么说采用 Tkinter 的图形界面程序设计是面向对象程序设计？

附录 A Python 生态

目前，Python 语言有超过 12 万个第三方库，覆盖了信息技术几乎所有领域。即使在同一个技术方向，也会有大量的专业人员开发多个库以满足不同设计需求。下面对这些库进行简单分类，并介绍其中的一部分。

1. 数据分析

NumPy：Python 进行科学计算所需的基础包。用来存储和处理大型矩阵，如矩阵运算、矢量处理、*n* 维数据变换等。

SciPy：基于 Python 的 MATLAB 实现，旨在实现 MATLAB 的所有功能，在 NumPy 库的基础上增加了众多的数学、科学以及工程计算中常用的库函数。

pandas：一个强大的分析结构化数据的工具集，基于 NumPy 扩展而来，提供了一批标准的数据模型和大量便捷处理数据的函数和方法。

jieba：用于中英文分词。

SymPy：全功能的计算机代数系统。它代码简洁、易于理解，支持符号计算、高精度计算、模式匹配、绘图、解方程、微积分、组合数学、离散数学、几何学、概率与统计、物理学等领域的计算和应用。

2. 数据可视化

Matplotlib：一个 Python 2D 绘图库，可以生成各种达到出版品质的硬拷贝格式和跨平台交互式环境数据。可用于 Python 脚本、Python、MATLAB 和 Mathematica 等，也可作为 Web 应用程序服务器和各种 GUI 工具包。

pyecharts：用于生成 ECharts 图表的类库。

Plotly：可以进行在线 Web 交互，并提供具有出版品质的图形，支持线图、散点图、区域图、柱形图、误差条、框图、热图、子图、多轴图、极坐标图、气泡图、玫瑰图、热力图、漏斗图等众多图形。

wordcloud：词云生成器。

TVTK：是在标准的 VTK 库之上用 Traits 库进行封装的 Python 视觉工具函数库。它开源、跨平台、支持平行处理的图形，是专业可编程的三维可视化工具。TVTK 的作用等同于 VTK 的作用。

Mayavi：基于 VTK 开发，完全用 Python 编写，提供了一个更为方便实用的可视化软件，可以简洁地嵌入用户编写的 Python 程序，也可以直接使用其面向脚本的 API（Application Program Interface，应用程序接口）快速绘制三维可视化图形。Mayavi 也被称为 Mayavi2。

MyQR：是一个能够产生基本二维码、艺术二维码和动态效果二维码的 Python 第三方库。

3. 办公自动化

XlsxWriter：用于操作 Excel 工作表的文字、数字、公式、图表等。

win32com：有关 Windows 系统操作、Office（Word、Excel 等）文件读写等的综合应用。

PyMySql：用于操作 MySQL 数据库。

PyMongo：用于将数据写入 MongoDB。

Smtplib：发送电子邮件模块。

Selenium：可以直接调用浏览器完成某些操作，比如输入验证码。常用来进行浏览器的自动化工作。

PDFMiner：可以从 PDF 文件中提取各类信息。它能够完全获取并分析 PDF 的文本数据。

PyPDF2：能够分割、合并和转换 PDF 页面的库。

openpyxl：处理 Microsoft Excel 文件，支持读写 Excel 的 .xls、.xlsx、.xlsm、.xltx、.xltm 文件。

python-docx：处理 Microsoft Word 文件，支持读取、查询以及修改 .doc、.docx 等文件，并能够对 Word 常见样式进行编程设置。

4. 图形界面设计

Python 标准库内置了一个 GUI 库——Tkinter，它能够提供图形界面编程框架。这里介绍几个高质量的用户图形界面 Python 第三方库。

PyQt5：Qt5 应用框架的 Python 第三方库，它有超过 620 个类和近 6000 个函数和方法。它可以在 Windows、Linux 和 MacOS X 等操作系统上跨平台使用。

wxPython：它是跨平台 GUI 库 wxWidgets 的 Python 封装，能够轻松地创建具有可靠的、功能强大的 GUI 的程序。其中，wxWidgets 使用 C++ 语言编写。

PyGTK：基于 GTK+ 的跨平台（Windows、macOS、Linux 等）Python 语言封装，它提供了各种可视化元素和功能，能够轻松创建具有 GUI 的程序。

IPython：一个基于 Python 的交互式 Shell，比默认的 Python Shell 好用得多，支持变量自动补全、自动缩进、交互式帮助、魔法命令、系统命令等，内置了许多很有用的功能和函数。

PTVS：Microsoft Visual Studio 的 Python 工具。

5. 多媒体处理

Python 标准库内置了一个绘图库——turtle，便于实现画线、画圆等一系列绘图功能。这里介绍几个多媒体处理第三方库。

pydub：支持多种格式音频文件，可实现多种信号处理、信号生成、音效注册、静音处理等功能。

PyAudio：语音播放库。

TimeSide：能够进行音频分析、成像、转码、流媒体和标签处理的 Python 框架。

PIL：能够进行图像处理，支持图像存储、处理和显示。它能够处理几乎所有的图片格式，可以完成对图像的缩放、剪裁、叠加以及向图像添加线条、图像和文字等操作。

OpenCV：图像和视频工作库。

SDL：通过 OpenGL 和 Direct3D 底层函数提供对音频、键盘、鼠标和图形硬件的简洁访问。

WeRoBot：是一个微信公众号开发框架，可以解析微信服务器发来的消息，并将消息转换成 Message 或者 Event 类型。其中，Message 表示用户发来的消息，如文本消息、图片消息；Event 则表示用户触发的事件，如关注事件、扫描二维码事件。在消息解析、转换完成后，WeRoBot 会将消息转交给 Handler 进行处理，并将 Handler 的返回值返回给微信服务器，进而实现完整的微信机器人功能。

6. 网络爬虫方向

网络爬虫是自动进行 HTTP（Hypertext Transfer Protocol，超文本传送协议）访问并捕获 HTML（Hypertext Markup Language，超文本标记语言）页面的程序。

requests：对 HTTP 进行高度封装，最大优点是更接近正常 URL 访问过程。

PySpider：一个国人编写的强大的网络爬虫系统，带有强大的 WebUI。

beautifulsoup4：用于解析和处理 HTML 页面和 XML 页面。

Scrapy：是一个很强大的爬虫框架，用于抓取网站并从其页面中提取结构化数据。可用于从数据挖掘到监控和自动化测试的各个方面。

Crawley：高速爬取对应网站的内容，支持关系数据库和非关系数据库，数据可以导出为 JSON、XML 等格式。

Portia：可视化爬取网页内容。

cola：分布式爬虫框架。

newspaper：提取新闻、文章以及进行内容分析。

lxml-lxml：是 Python 的一个解析库，支持 HTML、XML 和 XPath 等解析方式。

7. Web 开发

Django：最流行的开源 Web 应用框架，采用 MTV 模式。

Pyramid：通用、开源的 Python Web 应用程序开发框架。让 Python 开发者能够更容易地创建 Web 应用，相比 Django，它较为小巧、快速、灵活。

Tornado：一种 Web 服务器软件的开源版本。它采用非阻塞式服务器，速度较快。

Flask：轻量级 Web 应用框架，被称为微框架，使用几行代码即可建立一个小型网站。它不直接包含诸如数据库访问等的抽象访问层，而是通过扩展模块形式来支持。

dnspython：DNS 工具包。

8. 机器学习

NLTK：自然语言处理库，可进行语料处理、文本统计、内容理解、情感分析等。与 Matplotlib 结合，可实现可视化。

TensorFlow：谷歌第二代机器学习系统。它使用数据流图进行数值计算。从语音识别或图像识别到机器翻译或自主跟踪等方面都有它的应用。它既可以运行在包含数万台服务器的数据中心中，也可以运行在智能手机或嵌入式设备中。

Keras：高级神经网络 API，用 Python 编写，可在 TensorFlow、CNTK 或 Theano 上进行快速实验，把想法变成结果。

Caffe：深度学习框架，主要用于计算机视觉。

Theano：它为深度学习中大规模神经网络算法的运算而设计，擅长处理多维数组。它与 NumPy 紧密集成，支持 GPU 计算、单元测试和自我验证。

scikit-learn：也称为 sklearn，是一个简单且高效的数据挖掘和数据分析工具。它基于 NumPy、SciPy 和 Matplotlib 构建，基本功能主要包括分类、回归、聚类、数据降维、模型选择和数据预处理。

9. 游戏开发方向

游戏开发是一个有趣的方向，在游戏逻辑和功能实现层面，Python 已经成为重要的支撑性语言。

Pygame：在 SDL 库基础上进行封装的、面向游戏开发入门的库，除了用于制作游戏外，还用于制作多媒体应用程序。

Panda3D：3D 渲染和游戏开发库。它是一个 3D 游戏引擎，由迪士尼和卡内基梅隆大学娱乐技术中心共同开发，支持 Python 和 C++ 两种语言，但对 Python 的支持更全面。支持如法线贴图、光泽贴图、HDR（High Dynamic Range，高动态范围）、卡通渲染和线框渲染等先进特性。

Cocos2d：构建 2D 游戏和图形界面交互式应用的框架，它包括 C++、JavaScript、Swift、Python 等多个版本。它基于 OpenGL 进行图形渲染，能够利用 GPU 进行加速。它的引擎采用树形结构来管理游戏对象，它将一个游戏划分为不同场景，一个场景又分为不同层，每个层处理并响应用户事件。

附录  Python 关键字

Python 关键字

and	as	assert	async
await	break	class	continue
def	del	elif	else
except	False	finally	for
from	global	if	import
in	is	lambda	None
nonlocal	not	or	pass
raise	return	True	try
with	while	yield	

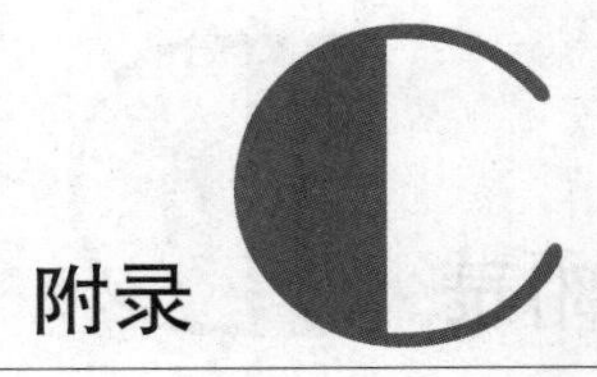

附录 C Python 内置函数

Python 内置函数

_ import_()*	divmod()	isinstance()*	property()*
abs()	enumerate()*	issubclass()*	range()
all()	eval()	iter()*	repr()*
any()	exec()	len()	reversed()
ascii()*	filter()*	list()	round()
bin()	float()	locals()*	set()
bool()	format()*	map()*	setattr()*
bytearray()*	frozenset()*	max()	slice()*
bytes()*	getattr()*	memoryview()*	sorted()
callable()*	globals()*	min()	staticmethod()*
chr()	hasattr()*	next()*	str()
classmethod()*	hash()*	object()*	sum()
compile()*	help()*	oct()	super()*
complex()	hex()	open()	tuple()*
delattr()*	id()*	ord()	type()
dict()	input()	pow()	vars()*
dir()*	int()	print()	zip()*

Python 内置函数在程序中可通过函数名直接使用，标记 * 的内置函数不在 Python 语言程序设计基本要求范围内。

附录  常用 RGB 色彩对应

常用 RGB 色彩对应

色彩	英文名表示	RGB 十六进制表示	RGB 十进制表示	RGB（0～1）表示
白色	white	#FFFFFF	255,255,255	1,1,1
象牙色	ivory	#FFFFF0	255,255,240	1,1,0.94
黄色	yellow	#FFFF00	255,255,0	1,1,0
海贝色	seashell	#FFF5EE	255,245,238	1,0.96,0.93
橘黄色	bisque	#FFE4C4	255,228,196	1,0.89,0.77
金色	gold	#FFD700	255,215,0	1,0.84,0
粉红色	pink	#FFC0CB	255,192,203	1,0.75,0.80
亮粉红色	lightpink	#FFB6C1	255,182,193	1,0.71,0.76
橙色	orange	#FFA500	255,165,0	1,0.65,0
珊瑚色	coral	#FF7F50	255,127,80	1,0.50,0.31
番茄色	tomato	#FF6347	255, 99, 71	1,0.39,0.28
洋红色	magenta	#FF00FF	255,0,255	1,0,1
小麦色	wheat	#F5DEB3	245,222,179	0.96,0.87,0.70
紫罗兰色	violet	#EE82EE	238,130,238	0.93,0.51,0.93
银白色	silver	#C0C0C0	192,192,192	0.75,0.75,0.75
棕色	brown	#A52A2A	165,42,42	0,65,0.16,0.16
灰色	gray	#808080	128,128,128	0.50,0.50,0.50
橄榄色	olive	#808000	128,128,0	0.50,0.50,0
紫色	purple	#800080	128,0,128	0.50,0,0.50
宝石绿色	turquoise	#40E0D0	64, 224, 208	0.25,0.88,0.82
海洋绿色	seagreen	#2E8B57	46,139,87	0.18,0.55,0.34
青色	cyan	#00FFFF	0,255,255	0,1,1
纯绿色	green	#008000	0,128,0	0,0.50,0
纯蓝色	blue	#0000FF	0.0.255	0,0,1
深蓝色	darkblue	#00008B	0,0,139	0,0,0.55
海军蓝	navy	#000080	0,0,128	0,0,0.50
黑色	black	#000000	0,0,0	0,0,0

附录 E Unicode 常用字符编码范围

Unicode 常用字符编码范围

名称	编码范围
基本汉字	[0x4e00 ～ 0x9fa5]
数字	[0x0030 ～ 0x0039]
小写字母	[0x0061 ～ 0x007a]
大写字母	[0x0041 ～ 0x005a]
箭头	[0x2190 ～ 0x21ff]
数字运算符	[0x2200 ～ 0x22ff]
带圈字母数字	[0x2460 ～ 0x24ff]
制表符	[0x2500 ～ 0x257f]
一般标点符号	[0x2000 ～ 0x206f]
韩文	[0xAC00 ～ 0xD7A3]
货币符号	[0x20a0 ～ 0x20ef]
中日韩符号	[0x3000 ～ 0x303f]
中日韩括号数字	[0x3200 ～ 0x32ff]

附录 F 网络文档索引

F.1　Python 标准库分类
F.2　全国计算机等级考试二级 Python 语言程序设计考试大纲（2022 版）
F.3　江苏省高等学校计算机等级考试二级 Python 语言考试大纲（2020 版）
F.4　PyCharm 环境调试 Python 程序

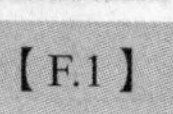

【F.1】

【F.2】

【F.3】

【F.4】